A Responsibilist
Account of
Knowledge

责任知识论

胡星铭 著

北京大学出版社
PEKING UNIVERSITY PRESS

图书在版编目(CIP)数据

责任知识论 / 胡星铭著. -- 北京 : 北京大学出版社, 2025. 5. -- ISBN 978-7-301-36038-5

Ⅰ. G302

中国国家版本馆 CIP 数据核字第 20250UG557 号

书　　名	责任知识论 ZEREN ZHISHILUN
著作责任者	胡星铭　著
责任编辑	魏冬峰
标准书号	ISBN 978-7-301-36038-5
出版发行	北京大学出版社
地　　址	北京市海淀区成府路 205 号　100871
网　　址	http://www.pup.cn　　新浪微博：@北京大学出版社
电子邮箱	zpup@pup.cn
电　　话	邮购部 010-62752015　发行部 010-62750672 编辑部 010-62750673
印 刷 者	三河市北燕印装有限公司
经 销 者	新华书店
	965 毫米×1300 毫米　16 开本　18 印张　226 千字 2025 年 5 月第 1 版　2025 年 5 月第 1 次印刷
定　　价	88.00 元

未经许可，不得以任何方式复制或抄袭本书之部分或全部内容。

版权所有，侵权必究

举报电话：010-62752024　电子邮箱：fd@pup.cn

图书如有印装质量问题，请与出版部联系，电话：010-62756370

致　谢

本书得益于许多师友的反馈。感谢陈敬坤、陈泉舟、陈施羽、董翟、邓小川、杜小鸥、范思瑞、方环非、房祥坤、冯黔兰、高洁、黄远帆、蒋运鹏、江怡、姜一诺、赖长生、李麒麟、李诗颖、李宇泽、梁亦斌、刘晓飞、刘则赋、史季、施璇、舒卓、苏昱蓉、田晓韵、童苏彤、文学平、王悦、徐向东、徐召清、徐子涵、叶茹、虞若昀、曾彦、张昊正南、张可旺、张明君、张小星、张智慧、张昱顾、张子夏、赵斌、赵守卿、周理乾、朱圣龙、朱哲、朱俞瑾,以及复旦大学、清华大学、武汉大学、上海大学、山西大学、云南大学和浙江大学的听众。特别感谢樊岸奇和赵海丞。感谢陈嘉明、魏冬峰和杨书澜三位老师对本书写作和出版的支持和帮助。最后,感谢 Nathan Ballantyne, Stephen Grimm 和胡军三位老师在知识论上给我的启蒙、训练与指引。

目 录

导 论

2010年之前,美国最流行的手机品牌是黑莓(BlackBerry)。许多政要和明星——比如,美国总统奥巴马和流行女王麦当娜——都是黑莓的粉丝。2010年,苹果发布了新一代iPhone 4智能触屏手机,一上市就受到了极大欢迎。看到苹果的成功,黑莓的一些员工觉得有必要向苹果学习。但黑莓的创始人Mike Lazaridis对iPhone 4嗤之以鼻。他认为触屏是一个愚蠢的设计,因为大家更喜欢在键盘上打字,而黑莓的键盘设计是一流的。同时,他坚信iphone 4的多任务处理(multitasking)功能是不必要的,因为大多数人都不希望把手机变成一台小型电脑。

2011年,黑莓股价大跌,但Mike Lazaridis不为所动。他在接受BBC采访时说:"(黑莓)是一个标志性的产品。它被企业使用,被领袖使用,被名人使用。”[①]2012 年苹果手机占据了全球智能手机市场的 1/4 份额,但 Mike Lazaridis 依旧相信键盘比触屏更受用户欢迎,拒绝改变黑莓的设计。很快,黑莓的销售急剧下滑。2013 年,黑莓在北美智能手机市场的占有率只有 3.4%。Mike Lazaridis 被过去的竞争对手嘲讽道:“谁收购黑莓,谁就有恋尸癖。”[②]

当我们深信一件事时,我们认为自己没有偏见,冷静客观,清楚地知道这件事的真相。但很多时候,我们跟黑莓的创始人 Mike Lazaridis 一样,只是自以为知道,其实并不知道。[③]

自以为知道与真正知道的区别是什么?当一个人满足什么条件时,他才算真正知道一件事的真相?这是本书要回答的问题。[④]

一、流行的观点

根据一种流行的观点,知道一件事的真相是 p=不仅仅相信这件

① 转引自 Adam Grant (2021: 29)。

② 见 https://archive.nytimes.com/dealbook.nytimes.com/2013/08/12/blackberry-to-explore-strategic-alternatives-including-a-sale-again。访问日期:2025 年 3 月 5 日。

③ 误以为自己知道,是许多失败和灾难的原因。古人很早注意到这个道理。《老子》说:“不知(而自以为)知,病也。”《吕氏春秋》也说:“不知而自以为知,百祸之宗也。”《庄子》写了一个寓言来阐明这个道理:“南海的帝王名叫倏,北海的帝王名叫忽,中央的帝王名叫浑沌。倏和忽在浑沌这里相遇了,浑沌对待他们非常友好。倏和忽商量着报答浑沌的恩情,说:‘人都有七窍,用来看外界、听声音、吃食物、呼吸空气,唯独浑沌没有七窍,让我们试着给他凿出七窍。’于是倏和忽每天替浑沌开一窍,但是到了第七天浑沌就死了。”倏和忽是帝王,自以为天纵英明,知道什么对浑沌最好,结果害死了浑沌。

④ “知道一件事的真相”似乎与“知道如何做一件事”不同。前者是命题知识(know-that),后者是实践知识(know-how)。本书讨论的是命题知识。关于实践知识的讨论,英文见 Stanley(2011)和 Zhang (2023)。中文见郁振华 (2012)。实践知识是否可以还原为命题知识,是有争议的问题。此外,一些哲学家区分了标准与定义,参见 Fred Feldman (1992: 14-18)的讨论。本书且不讨论这一区分。

事的真相是 p,还要拿出证据来证明 p。[①] 黑莓的创始人只是基于自己的主观愿望(wishful thinking)相信黑莓手机的设计最受欢迎。他拿不出证据来证明这一点(如果足够理性,他会发现大量反面证据)。因此,他并不知道黑莓手机在多大程度上受欢迎。同样,如果一些科学家拿不出证据证明双黄连具有抑制新冠肺炎病毒的作用,那么他们不知道双黄连具有抑制新冠病毒的作用。[②]注意:拿出证据来证明 p,与蒙对不同。比如,《周髀算经》的作者和阿那克萨哥拉认为月亮不发光,月光只是太阳光的反射。但如果他们拿不出证据证明这一点,那么他们并不知道月亮不发光,只是蒙对。[③]

我们不但可以用"是否可以拿出证据?"来判断别人是否知道,也可以用它来自我反思:我们真的知道我们自以为知道的东西吗?比如,我们都觉得自己知道一个历史事实——中国最早的王朝是夏朝。但不是所有的历史学家都同意这一"事实"。[④]

1920 年左右,北大哲学系的一个学生受到其导师胡适——20 世纪中国最著名的证据主义者——的影响,开始思考我们到底有没有证据可以证明大禹和夏朝曾经存在过。他发现不同的古代典籍对大禹和夏朝的记载并不相同,并且呈现出一个规律:最早的典籍的记载

---

① 一些哲学家(如 Alvin Goldman)在不会造成严重误解的情况下,选择用"="符号讨论知识的定义。

② 参见 2020 年 2 月 3 日《北京商报》的报道《国家卫健委专家:没有证据证明双黄连可以预防新型肺炎》。

③ 《周髀算经》的作者和阿那克萨哥拉对于天体有许多错误的观点。比如,《周髀算经》的作者认为"方属地、圆属天,天圆地方";阿那克萨哥拉则认为大地是平的,月食有时候是大地挡住了太阳光,有时候则是其他天体挡住了太阳光。鉴于这些错误的观点,他们不太可能在"月亮是否发光"这个问题上拥有很强的靠谱证据。

④ 的确,专家的证词对于外行构成证据,但如果外行意识到专家的证词互相矛盾,这些证词的证据效力就被削弱了。参见胡星铭《为什么相信专家》。

非常简略,越晚出的记载越为详细。最早提到禹的典籍成书于西周时期。西周开始于公元前1046年左右,离传说中禹建立夏朝的时间——公元前2070年左右——已相隔一千年。在最早的典籍中,禹不是作为凡人出现,而是一个下凡的神。东周时期(公元前770年至前256年)的典籍开始把大禹作为一个人间之王来传颂,但没有提到大禹与夏朝的关系。到了战国中期(公元前300年左右),《左传》《墨子》《孟子》等书中才有了"夏禹"的记载。关于夏朝的其他故事,也跟大禹的情况差不多。1923年,这个哲学系的毕业生发表了他的研究,其结论是:我们不知道历史上有没有大禹这个人,也不知道夏朝是否真的存在过。他的观点在史学界立刻引起了轰动。他的名字是顾颉刚。①

当然,顾颉刚等人的观点后来遭到了一些历史学家的质疑:他们认为,关于大禹与夏朝的记载,见于众多古代典籍,比如《史记·夏本纪》《竹书纪年》《尚书》《孟子》《周礼》《左传》《国语》等。的确,这些典籍的成书时间距离夏朝有1500多年,但并不意味着它们关于夏朝的叙述是凭空虚构。事实上,1956年在河南登封玉村发现的二里头文化遗址,同古籍中夏朝的地域大致吻合,并且碳十四测定表明该遗址约在公元前2395年到公元前1625年,与古籍中的夏朝纪年相当。一些历史学家认为,把古代典籍和考古发现结合起来,可以证明夏朝曾经存在过。

然而,二里头考古队队长、中国社会科学院考古研究所研究员许宏却认为(i)"仅凭文献无法证明夏王朝存在",因为"有关早期王朝历史的文献掺杂传说,且经数千年的口传手抄,甚至人为篡改,究竟

---

① 顾颉刚的观点获得很多学者的赞同。比如,杨宽在《说夏》中明确强调夏史系周人所编造,完全将夏史判为伪史。陈梦家在《商代的神话与巫术》中指出夏朝与商朝的世系是一回事,也比较接近顾颉刚的观点。

能否一概被视为信史,历来都有学者提出质疑”;(ii)“二里头的王朝归属问题仍旧是待解之谜”,因为“迄今为止没有发现像甲骨文那样可以确证当时历史状况的文字材料”。[①]同样,复旦大学考古学教授陈淳也认为,“要用传统的二重证据法(即把古代典籍和考古发现结合起来)来确立夏朝的信史,显然是无望的”[②]。

虽然历史学家对夏朝是否存在有很大争议,但他们都认可一个原则:如果拿不出证据证明夏朝存在,我们关于夏朝就只有信念,没有知识。你可以相信夏朝存在,但这与“知道夏朝存在”不是一回事。

二、JTB 定义

说“如果拿不出证据来证明 p,就不知道 p 是否为真”,听起来很有道理,也可以有效地指导我们的学术研究。但细加考察,我们会发现它无法解释日常知识。比如,我不会证明“a+b=b+a”“白色和黑色是两种看起来不同的颜色”等命题,但我显然知道这些命题为真。又比如,我知道自己刚才突然感到心脏刺痛,持续时间不超过 2 秒钟,但我似乎拿不出证据证明我刚才感到了极其短暂的刺痛。

为了解释日常知识,一些哲学家(如 Roderick M. Chisholm 1957:16)把流行的观点修改如下:

> S 知道 p,当且仅当:(i) p 为真,(ii) S 认为 p 为真,并且(iii) S 拥有支持 p 的充分证据。

---

① 引自新华网的报道:http://m.xinhuanet.com/2017-08/12/c_1121472944_2.htm,访问日期:2025 年 3 月 5 日。

② 引自“中国共产党新闻网”下属的“全国哲学社会科学工作办公室”网站报道:http://www.nopss.gov.cn/n1/2019/0610/c219470-31127449.html,访问日期:2025 年 3 月 5 日。

其中,“S 拥有支持 p 的充分证据”≠“S 能够拿出证据证明 p 为真”,因为 S 拥有支持 p 的充分证据,不一定意味着 S 能够拿出证据证明 p 为真。首先,有时候,我们有证据,但我们拿不出。因为能够拿出的证据是其他人能够看到的,但不是所有证据都是其他人能够看到的。假设你和室友因为一件琐事而争吵。室友一时激动,打了你一记耳光。你为了防止矛盾升级,立刻报警。警察来了之后,你告诉警察室友刚刚打了你一记耳光。但室友极力否认,跟警察说你在造谣,他连碰都没碰到你。你对室友的抵赖非常愤怒,因为你清楚地记得室友刚刚打了你。你的记忆对你而言是非常有力的证据。然而,你无法将你的记忆拿出来给警察看。如果你们的房间没有监控,也没有其他人,而你的脸上也没有任何伤,那么你拿不出任何有力的证据向警察证明室友打了你。在这种情况下,你自己知道你被室友打了,但你无法让警察知道你被室友打了。对警察而言,你和室友各执一词,你的证词不足以证明“你被室友打了”。①

其次,即使 S 拥有支持 p 的充分证据,这些证据也可能是非命题性的,不能用来证明 p 为真。“证明 p 为真”是给出一个支持 p 的论证,而任何论证的前提都必须是命题,但有些哲学家认为,不是所有证据都是命题性的,非命题性的证据不能成为任何论证的前提。具体言之,证据分两种:一种是我们的知觉经验(观察)、直觉和记忆等,比如,我观察到树上有一只黑色的乌鸦,这一知觉经验本身不是命题,但对我而言是支持“我观察到树上有一只黑色的乌鸦”这一命题

---

① 当你知道某人伤害了你,而公权力又无法替你主持正义(因为你无法让公权力知道那人伤害了你)的时候,你是否可以自己给自己主持正义(比如找个机会报复那人)? 这是一个有趣的道德问题。

的证据,也是支持“树上有一只黑色的乌鸦”这一命题的证据。[①] 又比如,“a+b=b+a”在我看来显然为真,这一直觉本身不是命题,但对我而言是支持“a+b=b+a 符合我的直觉”这一命题的证据,也是支持“a+b=b+a”这一命题的证据。另一种证据是受到第一种证据支持的命题,比如,对我而言,“树上有一只黑色的乌鸦”是支持“方圆十里内有乌鸦吃的食物”的证据。只有后一种证据——命题性的证据——可以成为论证的前提。前一种证据不是命题性的,不能用来证明“树上有一只黑色的乌鸦”“a+b=b+a”等命题。[②](即使所有证据原则上都可以用命题来表述,也不意味着“拥有支持 p 的充分证据”=“能证明 p 为真”,因为一个人可能没有足够的反思和语言能力,无法用语言表述自己拥有的证据如何支持 p。比如,一个小孩子能够通过自己的观察相信树上有一只黑色的乌鸦,但可能无法用语言说明自己的观察如何支持“树上有一只黑色的乌鸦”这一命题。)

此外,“S 能够拿出证据证明 p 为真”容易被理解成“S 拿出的证据是板上钉钉的,100%地确定了 p 为真,无法被推翻”。但很多哲学家认为,要知道 p,不需要“板上钉钉的证据”(conclusive evidence),只需要“充分证据”(sufficient evidence)。如果我们拥有支持 p 的板上钉钉的证据,那 p 一定为真。但如果我们只是拥有支持 p 的充分证据,p 不一定为真。注意:“充分证据” 和 “充分条件”是两个不同

---

① 我们平常会把一些实物(如指纹、脚印、监控录像等)当作证据。但根据哲学界的主流观点,实物本身不是证据,我们对实物的观察才是证据。当不同人都观察到 x,他们共同的观察是支持“x 存在”的公共证据。法庭和科学研究中,只认可公共证据。

② 有人会说虽然知觉经验(观察)、直觉和记忆等本身不是命题,但包含命题性的内容。这一点有争议,此处不讨论(参考 Tang 2022)。如果知觉经验(观察)、直觉和记忆等本身不是命题,也不包含命题性的内容,那它们如何成为支持某些命题的证据?一种有影响的观点是:证据支持关系不(仅仅)是命题之间的逻辑关系,而是因果或解释关系。我们将在“过程可靠主义”和“新证据主义”两章详细讨论。

的概念。如果 e 是 p 的充分条件,那么给定 e,p 必然为真。但“充分证据” =“足够好(good enough)的证据”。足够好的证据是那种能够排除合理怀疑的证据。比如,我们通过分析医院和公安部门关于死亡年龄的记录,推出“没有人能活到 200 岁”。前者是支持后者的充分证据,能够排除对后者的合理怀疑,但不能 100%排除“历史上曾有人活到 200 岁以上”的可能。

有人可能会说:要知道 p,的确不需要板上钉钉的证据,但“p 为真”也不是“知道 p”的必要条件。因为我们永远没法判断一个命题是否为真。如果“p 为真”是“知道 p”的必要条件,那么我们永远无法判断自己或别人是否知道 p。为了避免这种怀疑主义,我们应该把【S 知道 p,当且仅当:(i) p 为真,(ii) S 认为 p 为真,并且(iii) S 拥有支持 p 的充分证据】改成【S 知道 p,当且仅当:(i) S 认为 p 为真,并且(ii) S 拥有支持 p 的充分证据】。

然而,许多哲学家会反对这一修改。他们认为,一个好的知识定义必须能够解释一些假设/虚构的情况。假设我们观看一部关于盗窃名画的电影。电影中,包法官认定张三是盗窃毕加索《鸽子与青豆》的贼,并拥有充分的证据——警方收集的所有证据都指向张三,排除了任何合理的怀疑。换作任何其他法官,都会基于警方提供的证据判定张三是窃贼。但事实上,张三并非窃贼,他是被燕三的高明手法构陷了。对于我们观众而言,合理的判断是:包法官并不知道谁是真正的窃贼。为什么不知道?合理的解释是:“p 为真”是“知道 p”的必要条件。如果知道 p=认为 p 为真+拥有支持 p 的充分证据,就很难解释为什么包法官不知道谁是真正的窃贼。此外,否定“p 为真”是“知道 p”的必要条件,并不能避免上一段提到的那种怀疑主义,因为如果我们永远没法判断 p 是否为真,那么我们似乎也永远无法判断“S 认为 p 为真”和“S 拥有支持 p 的充分足够”这两个命题是否为真。

【S 知道 p,当且仅当:(i)p 为真,(ii)S 认为 p 为真,并且(iii)S 拥有支持 p 的充分证据】这一知识定义被美国哲学家 Edmund L. Gettier(1963)视为 JTB 定义的代表。要理解这一点,需要先准确地理解 JTB 定义。

Gettier 对 JTB 定义的英文表述是:S knows that p iff (i) p is true, (ii) S believes that p, and (iii) S is justified in believing that p。更简洁的表述是:Knowledge is justified true belief。这一观点被称为"JTB 定义",因为 Justified True Belief 三个单词首字母的缩写是 JTB。中文知识论界对 Knowledge is justified true belief 的流行翻译是"知识是受到辩护的真信念"。[①] 然而,这个翻译可能会引起一些误解。首先,在英文知识论语境中,knowledge 是指 knowing 这种认知状态,而非指我们知道的对象。但在中文日常语境中,知识通常指我们知道的对象,比如,"1+1=2","地球是太阳系的一个行星","秦始皇统一了六国"是知识,是我们知道的对象。在英文知识论语境中,这些知道的对象被称为"真命题",而非"知识";知识(knowing)是主体对真命题的一种认知状态。[②] 其次,在英文知识论语境中,belief 和 opinion 是同义词,指看法、观点或意见。Believe that p 是指认为 p 为真(不一定是 100%地确定,但必须超过 50%地确定),Believe that ¬p 是指认为 p 为假。假设 p 为真,那么 belief that p 就是 true belief,而 belief that ¬p 则是 false belief。但在中文日常语境中,"信念"通常指宗教、政治或人生信仰(faith),"真信念"则指比较坚定真诚的信

① 参见徐向东(2006)《怀疑论,知识与辩护》。

② 英文知识论语境中的"知识"属于波普尔所谓的"第二世界",而中文日常语境中的"知识"属于"第三世界"。波普尔自己把第三世界称为"客观知识"。但这一用法并没有被英美知识论学界广泛接受。

仰。虽然宗教、政治或人生信仰也算是一种看法或意见,但不是所有的看法或意见都是宗教、政治或人生信仰。再次,在英文知识论语境中,justification 的原意是 good reasons,因此,S is justified in believing that p 是说 S 拥有相信 p 的好理由。[①] justified belief 是指受到好理由支持的看法或意见。[②]假设一个中学生基于正确的证明而相信直角三角形的两条直角边的平方和等于斜边的平方(勾股定理),那么他就有一个 justified belief。但在中文日常语境中,"受到辩护的信念"指面对质疑有人为之辩护的信念。这与英文的 justified belief 差异很大,因为即使一个人的观点没有受到任何质疑,或者受到质疑但没有人为之辩护,他的观点也可以是 justified belief。[③]

然而,鉴于"知识是受到辩护的真信念"是比较流行的翻译,我们不必提出一个新翻译出来取代它,只要大家理解它要表达的意思不是"知识=面对质疑有人为之辩护的真正信仰",而是:

> S 知道 p,当且仅当:(i) p 为真;(ii) S 相信 p(=S 认为 p 为真),并且(iii) S 拥有相信 p 的好理由。

许多哲学家认为,理由=证据,而 S 拥有相信 p 的好理由=S 拥有支持 p 的充分证据。[④]所以,Gettier 把【S 知道 p,当且仅当:(i)p 为真,(ii)S 认为 p 为真,并且(iii)S 拥有支持 p 的充分证据】当作 JTB 定

① 参见 Richard Feldman (2014)在"Justification is internal"一文中对 justification 的讨论。

② 这里暂不考虑 Propositional Justification 与 Doxastic Justification 的区分。

③ 另一些中国学者把 justification 翻译成"证成""确证""核证"等。参见陈嘉明(2003a)《知识与确证》和胡军(2006)《知识论》。

④ Goldman (1976: 773)也认为 JTB 定义的 justification 原是指"证据"。

义的代表。[①]学术界一般把 JTB 定义称为“传统的知识定义”。接下来我们也把【S 知道 p,当且仅当:(i)p 为真,(ii)S 认为 p 为真,并且(iii)S 拥有支持 p 的充分证据】这一观点称为“传统证据主义”,以便与 1985 年之后 Conee & Feldman 提出的新证据主义区分开。

三、本书的目标与结构

JTB 定义(传统证据主义版)看上去很有道理。然而,绝大多数当代知识论学者——研究知识论的哲学家——都认为它是错误的,并提出了各种各样的替代性理论。传统证据主义究竟错在哪里?用来取代它的理论中有哪些是影响较大的?它们比传统证据主义好在哪里?它们之间的区别又是什么?如何比较它们的优劣?是否存在一种比它们更好的理论?本书旨在回答这些问题。

本书共分七章。第一章试图打消一个疑虑:有人可能认为“传统证据主义究竟错在哪里?”是个不值得讨论的问题,因为历史上没有一个伟大哲学家认可这一 JTB 定义。最近,“JTB 定义是传统的知识定义”这一观点遭到了一些哲学家(如 Julien Dutant 2015; Pierre Le Morvan 2017)的质疑。他们认为柏拉图、笛卡尔、康德等伟大哲学家不认同任何版本的 JTB 定义。本章论证了即使传统证据主义版 JTB 定义不是传统的知识定义,也值得认真对待,因为它可被视为对皮浪式怀疑主义和笛卡尔式怀疑主义的一个有潜力的回应。首先,我简

① Gettier 在他的论文中引用了 Roderick M. Chisholm 和 A. J. Ayer 两个证据主义者的观点,作为 JTB 定义的典型代表。Chisholm 显然是证据主义者。Ayer 似乎也是,因为他用 having the right to be sure about the truth of p 去定义知识,而他似乎把 having the right to be sure about the truth of p 等同于在相关语境中拥有充分的证据。

单介绍了皮浪式怀疑主义和笛卡尔式怀疑主义,并说明二者的关系。其次,我说明了笛卡尔自己如何回应笛卡尔式怀疑主义,如何避免所谓的“笛卡尔循环”,以及他的知识论在去上帝化后如何接近 JTB 定义。最后,我说明了 JTB 定义如何回应皮浪式怀疑主义和笛卡尔式怀疑主义。

第二章解释了为什么当代大多数哲学家认为 JTB 定义不能成立。具体言之,以传统证据主义为代表的 JTB 定义至少面临着五个问题:(1) 奠基问题:有时候 S 拥有支持 p 的证据,但不是基于这些证据相信 p。(2) Gettier 问题:在有些情况下,S 基于充分的证据相信真命题 p,但 S 仍然不知道 p。(3) 彩票问题:假设你基于中奖概率非常小而相信你的彩票不会中奖,即使你是正确的,在开奖之前,你仍不知道你的彩票不会中奖。(4) 新怀疑主义问题:即使我事实上是具有可靠认知能力的正常人,生活在正常的世界中,清清楚楚地看到前方有两个人,也不知道前方有两个人,因为我拥有的证据虽然支持“那两个人真实存在”这一命题,但同等地支持“我被恶魔操控,不具有可靠的认知能力,感知到的一切都是幻象”这一假设。换言之,我拥有的证据不但不能让我彻底排除怀疑主义假设,也不表明怀疑主义假设为真的可能性非常小。(5) 无证据的知识问题:有时候 S 知道 p,但缺乏支持 p 的证据。本章试图阐明这五个问题,并在此基础上说明为什么“什么是知识?”是个值得研究的问题,而不是知识论小圈子制造出来的无聊问题。

鉴于 JTB 定义面临着各种问题,当代知识论学者提出了许多修补或替代 JTB 定义的理论,其中最有影响的是过程可靠主义、德性知识论和新证据主义。本书的第三、四、五章详细讨论了这三种理论。就我所知,对于这三种理论的核心区别以及各自(相比较而言)的优缺点,已有知识论著作常常只有某一面或粗线条的讨论。[①] 本书试图给出一个比较全面且细致的阐发。

第三章批判地考察了 Alvin Goldman 的过程可靠主义。在一系列的经典论文中,Alvin Goldman(1976; 1979; 1988; 2008)否定了“发现的语境”和“辩护的语境”的区分,反驳了传统证据主义,逐渐发展出一种他称之为“过程可靠主义”的理论。本章批判地考察了过程可靠主义的知识定义,说明了它的优点与缺陷。首先,我给出了对过程可靠主义的一种解读,初步说明它与传统证据主义的不同,以及它为什么会否定“发现的语境”和“辩护的语境”的区分。其次,我通过说明过程可靠主义会如何克服/避免(传统证据主义版)JTB 定义面临的问题,来阐明(Goldman 眼中)过程可靠主义的优点。最后,我批判地考察了过程可靠主义遭到的一些批评:(a) 新归纳问题,(b) 不理性问题,(c) 新恶魔问题,以及(d) 美诺问题。我试图论证 Goldman 对这四个问题的回应是不充分的。

第四章批判地考察了德性知识论。我们通常区分“靠自己的能力获得成功”和“通过其他因素获得成功”。这一区分可以追溯到亚里士多德。一些哲学家在这一区分的基础上,提出了一个新的知识定义:知识是一种通过运用可靠的认知能力获得的认知成功。他们把可靠的认知能力称为“理智德性”(intellectual virtue),把自己的核心观点称为“德性知识论”(virtue epistemology)。不同的德性知识论者提出了不同的德性知识论版本。本章主要讨论 Sosa(及其捍卫者 John Greco)的德性知识论,说明它的优点与缺陷。首先,我给出了一

---

① 我们会期待一个关于“可靠主义”的百科全书词条会对“过程可靠主义相对于传统证据主义有哪些优点?”这一问题有总结性的回答。然而,在 Alvin Goldman 和 Bob Beddor 为《斯坦福哲学百科全书》合写的“Reliabilist Epistemology”词条中,并没有对“过程可靠主义相对于传统证据主义有哪些优点?”这一问题的讨论。

个对 Sosa 德性知识论的解读，初步说明它与过程可靠主义的异同，它为什么会区分动物知识和反省知识，以及它如何解决 Gettier 问题。其次，我通过说明 Sosa 的德性知识论会如何克服/避免过程可靠主义面临的问题，来阐明（Sosa 眼中）德性知识论的优点。最后，我批判地考察德性知识论所面临的三个问题：（a）否定彩票问题的问题，（b）轻易知识问题，（c）超常发挥问题。对于其中的某些问题，其他哲学家已有或多或少的讨论，Sosa（及其捍卫者 Greco）也给出了回应。我试图在一些讨论和回应的基础上，给出一个更深入一点的分析，论证 Sosa 对彩票问题的处理不比 Goldman 的处理更好，而 Goldman 的过程可靠主义比 Sosa 的德性知识论能更好地处理轻易知识和超常发挥问题。

第五章批判地考察了 Earl Conee 和 Richard Feldman 的新证据主义。自 1985 年开始，Earl Conee 和 Richard Feldman 发表了一系列捍卫证据主义、反驳可靠主义（Sosa 等人的德性知识论也是一种可靠主义）的经典论文。这些论文在 2004 年被汇编成书 *Evidentialism: Essays in Epistemology*，代表着新证据主义的兴起。在这一章，我首先通过说明 Conee & Feldman 会如何解决/避免传统证据主义面临的问题，来澄清他们的新证据主义知识定义。其次，我通过说明 Conee & Feldman 会如何解决/避免过程可靠主义和德性知识论面临的问题，来进一步澄清他们的新证据主义知识定义。最后，我论证了 Conee & Feldman 的新证据主义不能成立，因为它无法很好地处理四个问题：（a）知识存储问题，（b）对新怀疑主义的让步问题，（c）本应拥有的证据问题，以及（d）理性主义的价值问题。

第六章提出了一个新的知识定义：责任知识论（a responsibilist theory of knowledge）。很多哲学家认为，“以认知上负责的方式相信 p”是“知道 p”的必要条件。比如，传统的内在主义者（如 Chisholm

1977; BonJour 1985)主张,要知道 p,S 的信念 p 必须是受到辩护的(justified),而"S 的信念 p 是受到辩护的"="S 以认知上负责的方式相信 p"。一些同情传统内在主义的证据主义者(如 Feldman 2000; Dougherty 2010)主张"基于充分的证据相信 p"="以认知上负责的方式相信 p"。因此,他们也同意如果 S 不是以认知上负责的方式相信 p,那么 S 不知道 p。此外,一些外在主义者如 John Greco(2010)和 Sandy Goldberg(2018)主张要知道 p,既需要以认知上负责的方式相信 p,也需要通过运用可靠的认知能力相信 p。我同意"以认知上负责的方式相信 p"是"知道 p"的必要条件。但我不赞同"S 基于充分的证据相信 p"="S 以认知上负责的方式相信 p",也不赞同"通过运用可靠的认知能力相信 p"是"知道 p"的必要条件,更不赞同把"认知上负责"和传统内在主义的"辩护"等同起来。本章论证了(在 t 时刻)S 知道 p,当且仅当:(i) p 为真,(ii) (在 t 时刻)S 以认知上负责的方式相信 p,并且(iii) 不存在削弱者:(在 t 时刻)S 相信 p 的方式之所以是认知上负责的,不是因为缺乏相关信息。首先,我通过说明这一定义会如何处理过程可靠主义、德性知识论与新证据主义共同面临的问题来初步阐明责任知识论与这三个理论的区别。然后,我说明了责任知识论会如何处理过程可靠主义、德性知识论与新证据主义各自面临的问题。最后,我回应了一些针对责任知识论的可能反驳,并简单说明了责任知识论与中国古代知识论的关系。

第七章是最后一章,对前几章采用的研究方法进行了反思性的讨论。分析哲学家似乎普遍采取"用直觉检验理论"的方法。[①] 对于哲学问题,先给出一个假设性回答 T(T 是哲学理论),然后通过构建一个反例——常常是虚构性的例子——来反驳 T。反例的显著特点

① 少数哲学家不同意这个观点,如 Herman Cappelen (2012)。

是:根据 T,反例中的主体具有 F 属性;但我们共同的直觉性判断是:反例中的主体显然不具有 F 属性。因此,T 是错误的。一个好的哲学理论应该能够尊重和解释(而不是否定)大多数人关于具体例子(通常是虚构性例子,如恶魔假设和 Gettier 情况)的直觉性判断。如果 T1 能够尊重和解释大多数人关于某些具体例子的直觉性判断,而 T2 不能尊重和解释,那么在其他条件相同的情况下,T1 是比 T2 更好的理论。然而,这个方法让一些哲学家很失望。他们认为,多年的哲学实践(比如对 Gettier 问题的回应)已经表明:任何假设都会遭遇新的反例。为避免新的反例而提出一个新假设,继续为避免新的反例而提出一个新假设,继续避免新的反例而提出一个新假设……不仅是一个没完没了的过程,而且是一个没有价值的智力游戏。本章试图为"用直觉检验理论"的方法做出新的辩护:这是一个好方法,不是因为它能帮助我们获得一个合理的哲学信念系统,也不是因为它能帮助我们获得反思平衡,而是因为它能帮助我们获得一种特殊的理解。这一辩护不依赖于"大多数人的直觉性判断一定(或很可能)为真"这一观点。

第一章

JTB 定义的重要性

古代安槐国的前线有一位叫小葛的士兵，常常被派去巡逻。有一天，小葛在巡逻途中看见一只之前从未见过的动物，有些害怕，便开枪射杀了这只动物。当小葛把猎杀的动物带回营地时，他的一些战友非常激动，说这只动物是敌人重兵保护的图腾，将小葛捧为英雄。这一说法渐渐蔓延开来，成为小葛所在军队辉煌战绩的典型实例：小葛巧妙地突破了敌人的防线，成功地杀死了敌方的图腾，并且全身而退，是史上第一位成功完成这项任务的士兵。这个虚构的英雄事迹甚至被一些官方历史学家写入国史。然而，真相总是会浮出水面。几十年后，一位严谨的历史学家怀疑这一英雄故事,决定去敌国考察。他发现小葛猎杀的那只动物只是一种普通的山地生物,并非敌人的图腾。

有些人认为,当代英美知识论中的 Gettier 故事与上面这个故事很像。1962 年,美国韦恩州立大学助理教授 Gettier 迫于教研压力,写了一篇不到 1000 字的论文,批评了一个叫"JTB 定义"的观点。一年后,这篇论文发表在著名哲学期刊 *Analysis* 上。他的一些同行读完后非常激动,宣称 JTB 定义是西方哲学史上的标准知识定义,[①]而 Gettier 是质疑这一定义的第一人,作出了石破天惊的贡献。[②] 这一说法渐渐蔓延开来,渗透到整个分析哲学界,成为分析哲学成就的典型案例,并被写入哲学史。然而,最近有些哲学家(如 Julien Dutant 2015; Pierre Le Morvan 2017)提出,JTB 定义并非传统的知识定义:柏拉图、笛卡尔、康德等伟大哲学家都不认同 JTB 定义。[③] 有人可能会进一步说,如果历史上没有一个伟大哲学家认可 JTB 定义(除了 Gettier 引用的那两个 20 世纪分析哲学家),那么 JTB 定义并不值得认真对待,尽管围绕它的讨论产生了大量的哲学文献,解决了很多哲学工作者的就业和晋升问题。[④]

本章将论证即使 JTB 定义不是传统的知识定义,也值得认真对待,因为它可被视为对皮浪式怀疑主义和笛卡尔式怀疑主义的一个

---

① 比如,Paul Moser(1987)将之追溯到柏拉图,Laurence BonJour(2009)将之追溯到笛卡尔,Robert Shope(1983)将之追溯到康德。

② 我们将在下一章讨论 Gettier 对 JTB 定义的批评。

③ 不是每个哲学史专家都持有这个观点。有些著名的柏拉图专家(如 Gail Fine 2021)认为柏拉图在很大程度上认可 Gettier 所反驳的那个定义。有些著名的笛卡尔专家(如 Lex Newman 2019)认为笛卡尔是否认可 Gettier 所反驳的那个定义,是个开放的问题。

④ 我听到国内少数学者表达过这一观点。他们认为 Gettier 对 JTB 定义的批评犯了稻草人谬误(即批评了一个没有人认可的观点),导致最近 50 年英美知识论的发展走错了方向。

有潜力的回应。首先,我将简单介绍皮浪式怀疑主义和笛卡尔式怀疑主义,并说明二者的关系。然后,我将说明笛卡尔如何回应怀疑主义,如何避免所谓的"笛卡尔循环",以及他的知识论在去上帝化后如何接近 JTB 定义。最后,我将说明 JTB 定义如何回应皮浪式怀疑主义和笛卡尔式怀疑主义。

第一节　两种旧怀疑主义

据说我们生活在一个知识爆炸的时代。我们不仅像古人一样知道天上有太阳和月亮,水是生命之源,秦朝消灭了六国;还知道许多古人不知道的东西,比如,水分子的结构是 H_2O,日食并非天狗吞掉了太阳,人类是由古猿进化来的,等等。更重要的是,古人获取知识的手段仅限于观察身边事物、与身边人交谈以及阅读他人写的书,而我们现在可以通过网络搜索和询问 ChatGPT 轻易获得大量知识。

然而,怀疑主义者会否定这一点:他们认为我们其实一无所知;自以为知道很多,不过是理智的虚妄。为什么呢?皮浪式怀疑主义——皮浪是古希腊哲学家,与先秦哲学家孟子是同时代人——给出的理由是:

1. 对于任何命题 p 的论证有且只有三种方式:

 i. 诉诸一个没有进一步论证的前提:要论证 p,必须诉诸 q;要论证 q,必须诉诸 r。但不需要对 r 再进一步论证。

 ii. 无限倒退:对 p 的论证要诉诸一些前提 q,而这些前提 q 需要进一步论证,但这个进一步论证也要诉诸另一些前提 r,而这些前提 r 需要更进一步论证。这样下去,会导致无限倒退:p←q←r←s ……

iii. 循环论证:比如,要论证 p,必须诉诸 q;要论证 q,必须诉诸 r;要论证 r,必须诉诸 p。

2. 诉诸一个没有进一步论证的前提,就是诉诸教条,不是好的论证。

3. 无限倒退也不是好的论证。

4. 循环论证也不是好的论证。

5. 因此,对于任何命题 p,我们都无法给出一个好的论证。①

6. 如果我们不能证明 p 为真——不能给出一个支持 p 的好论证,就不知道 p 是否为真。

7. 因此,对于任何命题 p,我们都不知道 p 是否为真。我们不仅不知道上帝是否存在,也不知道太阳地球、山川河流、花鸟鱼虫是否存在,也不知道我们的父母和朋友是否存在,甚至不知道我们自己是否有一个身体。

有人可能会说:皮浪主义的怀疑主义论证不值得认真对待,因为它是自我反驳的:如果对于任何命题,我们都无法给出一个好的论证,那么皮浪主义对于"我们一无所知"的怀疑主义论证也不是好的论证;如果对于任何命题,我们都不知道它是否为真,那么我们也不知道"对于任何命题,我们都不知道它是否为真"这一命题是否为真。

皮浪主义者会回应说:这并不意味着他们是自相矛盾的,因为他们只是给出一个怀疑主义论证,并没有断言这是一个好的论证。对于这个论证的前提是否为真,推理是否有效,他们悬置判断。然而,

① 这个论证的前提 1—5 通常被称为"Agrippa 三难":对任何命题的论证有且只有三种方式,而每一种方式都是不好的。它的核心思想源自 Sextus Empiricus 撰写的《皮浪主义概要》(*Outlines of Pyrrhonism*)。Sextus Empiricus 并没有提到 Agrippa。但 Diogenes Laërtius 认为 Agrippa 是首次提出这一核心思想的人。

这个论证诉诸的前提是许多非怀疑主义者认可的,其推理在许多非怀疑主义者看来是有效的。这对非怀疑主义者构成了挑战——非怀疑主义者要否定"我们一无所知"的结论,需要说明怀疑主义论证具体错在哪里:是其中的哪个前提错了,还是推理过程出了问题?为什么?

对皮浪式怀疑主义的主流回应是基础主义(foundationalism)。[①] 基础主义者以欧氏几何学作为知识的范例。在欧氏几何学中,我们把命题分为两种:一种是公理;另一种是定理。公理是自明的,无须证明,显然为真,比如"如果 a=b,b=c,那么 a=c"。我们用公理去证明定理:如果一个证明的前提都是公理,推理是有效的,又没有循环,那么这是一个好的证明。已经被证明了的定理又可以用来证明其他定理:如果一个证明的前提都是已经被证明了的定理,推理是有效的,又没有循环,那么这也是一个好的证明。许多数学家认为,数学的美体现在从几个简单的公理可以推导出非常复杂和有趣的定理。比如丘成桐在一篇访谈中说:"用一个很简单的语言能够解释很繁复、很自然的现象。这是数学界的美、也是基本科学的美。我们在中学念过最简单的平面几何,由几个很简单的公理能够推到很复杂的定理,同时一步一步推理又完全没有错误的,这是一个很漂亮的现象。"[②]

根据基础主义,皮浪式怀疑主义论证依赖的知识标准——对于任何命题 p,如果我们不能证明 p 为真,就不知道 p 是否为真——是

---

① 除了基础主义外,还有融贯主义(参见 Laurence BonJour 1985)与无限主义(参见 Peter Klein 1999)的回应。历史上几乎没有哲学家认为无限主义值得认真对待。Klein 对无限主义的辩护虽然引起了一些讨论,但大多数哲学家依旧认为无限主义是错误的。融贯主义一度有取代基础主义之势,但目前已经式微。哈佛大学哲学系教授 Selim Berker (2015)在一篇论文中写道:"曾几何时,融贯主义是认识论中对无限倒退问题的主导性回应,但近几十年来,这种观点已经声名狼藉:现在几乎每个人都是基础主义者。"

② 见 http://tech. sina. com. cn/other/2003-11-05/1508252584. shtml,访问日期:2025 年 3 月 5 日。

错误的,因为存在一些命题(比如几何学中的公理),虽然我们不能证明它们为真,但我们知道它们为真。我们可以用这些命题去证明某些其他命题,从而知道后者为真。这种证明不是诉诸教条,而是诉诸我们知道(尽管无法进一步证明)的前提。因此,皮浪式怀疑主义论证的另一个前提——诉诸一个没有进一步论证的前提,就是诉诸教条,不是好的论证——也是错误的。

然而,皮浪式怀疑主义会问:我们如何知道几何学公理为真?仅仅因为这些公理符合我们的直觉,在我们看来是自明的吗?然而,我们的直觉不一定可靠,比如,许多大学教授认为自己显然比大多数同行更优秀,这非常符合他们的直觉。但这并不意味着他们真的比大多数同行更优秀。

基础主义者可能会说:某个人或某个小群体的直觉的确不可靠。但如果 p 符合绝大多数人(包括我们在内)的直觉,那么我们知道 p 为真。其中“绝大多数人”不仅仅指我们这个时代、这个文化、这个圈子中的绝大多数人,而是跨圈子、跨文化、跨时代的绝大多数人。几何学公理符合绝大多数人的直觉。[1] 因此,我们知道这些公理为真。[2]

然而,有人可能会质疑说:当我们说“某个命题符合大多数人的

---

① 假设 S 相信 a+b=b+a,是因为 a+b=b+a 符合他的直觉。但他主观上并没有意识到这一原因。他并非从“a+b=b+a 符合自己的直觉”这个命题有意识地推出 a+b=b+a。此外,虽然 a+b=b+a 事实上符合跨圈子、跨文化、跨时代的绝大多数人的直觉,但 S 从未意识到这个事实。在这种情况下,S 是否知道 a+b=b+a?基础主义者的主流回答是:S 知道。如果 S 之所以相信 p,是因为他自以为 p 符合跨圈子、跨文化、跨时代的绝大多数人的直觉,但 p 事实上只符合 S 所在小圈子的直觉,那么 S 不知道 p。

② 基础主义者认为他们的观点不仅仅适用于几何学,也适用于其他学科。英国物理学家、相对论的验证者亚瑟·爱丁顿(Arthur Stanley Eddington 1939: 9)说:“观察是判决科学理论的最高法庭”(For the truth of the conclusions of physical science, observation is the supreme Court of Appeal)。观察不仅仅是科学知识的基础,也是历史知识的基础。然而,我们个人或小群体的观察有时候并不可靠。自然科学家和历史学家会诉诸大多数人的观察。

直觉”时,我们已经预设“除了我自己,还有别人存在”。然而,我如何知道别人存在?

日常生活中,我常常通过自己的观察来判断别人是否存在。比如,我相信前面有两个人(汉语中“有人”的意思是存在其他人),因为我看到了他们。但我可能会出现幻觉:我仿佛看到了两个人,但这两个人实际并不存在。如何判断我是否出现了幻觉呢?假设我问你:“我看到了两个人在那里,你也看到了吗?”你回答:“我也看到了。”但这能证明那两个人真的存在吗?有可能你并不存在:我只是仿佛看到了你,仿佛问了你问题,仿佛听到你的回答——这一切都是我的梦幻。可能我一直在做梦。

有人会说:你可以通过一些标准来判断自己是否在做梦。比如,你可以看一下手表或手机,过几秒钟后再看一次。在梦境中,数字和文字通常会发生变化,或者看起来模糊不清。你也可以尝试按下一个开关,如果它不起作用或者状态异常,就表明你很可能在梦中。此外,如果你感觉到自己在飞翔,或者在公共场合赤身裸体,或者遇到可怕的事情,你想逃离却无法动弹,这些也表明你在做梦。

然而,梦可能有两种:一种是我们平常以为的那种梦,它是模糊的,碎片化的,没有“逻辑”的,短暂的,容易遗忘的;另一种是我们平常自以为清醒的那种状态。我们以为自己每天早上从睡梦中醒来,但我们可能只是从第一种梦进入到第二种梦:我们在梦中“观察”到的一切其实都不存在。(唐朝文学家沈既济的《枕中记》和李公佐的《南柯太守传》以细腻入微的笔法描述了这种可能。“世事一场大梦”是中国古典文学最重要的主题之一。)

如果我无法彻底排除“我一直在做梦”这个可能,那么我似乎不知道他人是否存在。更具体一点说:

1. 我无法彻底排除“我一直在做梦”这个可能。(为什么我会一直在做梦？可能是因为我被一个邪恶的魔鬼或科学家操控了。①)

2. 如果我无法彻底排除“我一直在做梦”这个可能,那么我有好的理由怀疑他人存在:可能他人并不存在,只是我梦中的幻象。②

3. 如果我有好的理由怀疑 p,那么我不知道 p 是否为真。

4. 因此,我不知道他人是否存在。

这一论证通常被称为“笛卡尔式怀疑主义论证”,不是因为笛卡尔是第一个提出该论证的人,而是因为笛卡尔在他的经典名著《第一哲学沉思集》第一章将这个论证表述得非常清楚有力,很多人是通过阅读笛卡尔的著作而了解这个论证。

第二节 笛卡尔的回应

然而,笛卡尔之所以讨论怀疑主义,不是因为他本人是怀疑主义者,而是因为他想通过反驳怀疑主义来表明我们的确能知道许多东西——我们不仅能知道“2+3=5”“自己有一个身体”“他人存在”等常识性命题,也能通过推理知道一些复杂的数学定理和自然规律。③

在笛卡尔看来,笛卡尔式怀疑主义论证的第 1 个前提错了,因为

---

① 笛卡尔的《沉思》将梦与恶魔假设分开来说。梦的假设是为了怀疑关于可感知事物的命题(比如“前面有一个人”)。笛卡尔注意到,无论我们是做梦还是醒着,都会相信“2+3=5”“红色是一种颜色”等命题。于是他提出用恶魔假设去怀疑这些命题。我在此处将梦与恶魔假设合在一起说,并不影响怀疑主义论证的力量。

② 注意:“有好的理由怀疑 p”与“有好的理由否定 p”不同。

③ 笛卡尔不仅在数学上有很大贡献,在科学上也有重要的贡献,比如独立发现了“折射定律”(the Snell-Descartes law)。

我可以彻底排除“我一直在做梦”这个可能。为说明这一点，笛卡尔从一个不可怀疑的(indubitable)命题开始。他说，对我而言，“我在思考”这个命题是不可怀疑的。当我在怀疑我是否真的在思考时，我必定是在思考，因为怀疑是一种思考。如果我可以 100%确定我在思考，那么我也可以 100%确定我存在，因为不存在的东西无法思考。[①]

在确定了“我是一个在思考的东西”后，笛卡尔问：“我是一个在思考的东西”这一观念到底具有什么样的特征，以至于它是确定无疑的呢？他的回答是：这一观念的特征是清楚明白的(clear and distinct)。[②] 由此，他推出一条规则：“凡是在我看来清楚明白的都为真”(AT VII 35; CSM II 24)。[③] 笛卡尔不仅认为“我在思考”“我存在”“此刻我是清醒的”“2+3=5”等简单自明的命题清楚明白，也认为复杂的真命题——比如“三角形的内角和等于两个直角之和”——清楚明白：从前一种清楚明白的命题出发，进行若干步骤的推理，只要每一步推理也是那种简单自明的清楚明白，结论无论多么复杂，也是清楚明白的。[④]

---

① 笛卡尔在《沉思录》第 2 版(1642)“对反驳的回复”中提出，“我存在”(sum)这个命题表达的是直接的直觉，而非从某些前提推出的结论。然而，在后来的著作《哲学原理》(1644)中，笛卡尔说，“我存在”确实是从“我在思考”和“不存在的东西无法思考”这两个前提推出的结论。到底笛卡尔是怎么想的，不同的笛卡尔专家对“我思故我在”的解读不同。参见 Gary Hatfield (2014: 113-116)在 *The Routledge Guidebook to Descartes' Meditations* 一书中的相关讨论。

② 关于“什么是清楚明白?”的最新讨论，见 Elliot Samuel Paul (2020)。

③ CSM 版英文翻译是“whatever I perceive very clearly and distinctly is true”。其中 perceive 意义很广，不专指用感官去感知。中文“看来”意义也很广，不是专指用眼睛去看。

④ 张小星提醒我，笛卡尔的标准可能更高一些：对于复杂的命题，我们仅仅从前到后每一步都清晰地过一遍，还不足以让结论是清晰的。需要反复看论证过程，直到整个论证过程都清晰地在直觉中瞬间呈现，那么这个结论为真就是清晰的。然而，这个标准似乎太高，以至于没有人能达到。比如，Andrew Wiles 对费马大定理的证明共有 129 页。似乎没有人能做到让整个证明过程都清晰地在直觉中瞬间呈现。

怀疑主义者会说:“凡是在我看来清楚明白的都为真”这一规则可能是错误的,因为我可能被一个神通广大的魔鬼欺骗,他让我觉得“2+3=5”“他人存在”“此刻我是清醒的”清楚明白,而事实上2+3=6,他人并不存在,我一直在做梦。笛卡尔回应说:不可能存在这样一个魔鬼,因为全知、全善、全能的造物主——上帝——存在,而这样的上帝不会允许这样的魔鬼存在。如果“2+3=5”在我看来是清楚明白的,但事实上“2+3=6”,那就意味着上帝赋予了我糟糕的认知能力,让我看不清真理,误把谬误当成真理。但上帝是全知、全善、全能的,他不可能赋予我糟糕的认知能力,他一定会让真理对我清楚明白地显现。因此,凡是在我看来清楚明白的都为真。[①]

很多人认为,笛卡尔对怀疑主义的回应是失败的,因为他诉诸了神秘的上帝。中国的俗语说:“做戏无法,请个菩萨。”编戏的人遇到了无法以常理转变的情节,就请出一个观音菩萨来解围救急。西方的文学批评也有类似的俗语:“Deus ex Machina”,英文直译是:god out of the machine,意思是作家编故事,编着编着发现难以在常理范围内自圆其说,就请上帝来帮忙:“解围无计,出个上帝。”[②]笛卡尔在回应怀疑主义时,似乎也犯了同样的毛病。[③]

然而,笛卡尔会说,他诉诸上帝,是完全合理的,因为他能够证明上帝存在。对“上帝存在”的证明,跟对“三角形内角和等于两个直角之和”的证明一样,必须从一些前提出发。但我如何知道这些前提

① 笛卡尔认为,假观念都不是真正清楚明白的。一些人之所以相信假观念,是因为他们滥用了自由意志,对不清楚的观念贸然做出判断。参考张小星(2018a;2018b)的讨论。

② 这是胡适对“Deus ex Machina”的翻译。这一段参考了胡适的著名文章《写在孔子诞辰纪念之后》。https://yunqi.qq.com/read/23549967/5,访问日期:2025年3月7日。

③ Steven Nadler (2013: 152)在其笛卡尔传记里提到了一些哲学家如此批评笛卡尔。

为真？笛卡尔的回答似乎是：因为这些前提都是清楚明白的观念，而凡是在我看来清楚明白的都为真。

在论证了“上帝存在”和“凡是在‘我’看来清楚明白的都为真”这两点后，笛卡尔认为，我可以 100%确定我此刻是清醒的，从而彻底排除“我被恶魔操控，一直在做梦”这个可能。他进一步论证了我们能够拥有许多数学知识和关于外部世界的知识，试图彻底反驳怀疑主义。

一些批评者说，笛卡尔犯了循环论证的谬误：他先用“上帝存在”论证了“凡是在我看来清楚明白的都为真”，然后又用“凡是在我看来清楚明白的都为真”去论证了（某些命题，并从这些命题推出）“上帝存在”。这一谬误后来以“笛卡尔循环”（Cartesian Circle）知名。

然而，原则上，笛卡尔可以避免循环论证。他诉诸的知识定义似乎是：S 知道 p，当且仅当：S 之所以相信 p，是因为 p 对于 S 而言是不可怀疑的。“不可怀疑”的标准有二：要么（A）如果 S 怀疑 p，那么 p 一定为真，要么（B）S 知道上帝存在，并且 p 在 S 看来是清楚明白的。“我是一个在思考的东西”这个命题在我看来是清楚明白的，但它之所以不可怀疑，不是因为它清楚明白，而是因为它满足标准 A：如果我怀疑我是一个在思考的东西，那么我是一个在思考的东西。如果笛卡尔用来证明“上帝存在”的前提也能满足标准 A，那么他不但能知道这些前提为真，也能知道上帝存在。在通过满足标准 A 知道“上帝存在”后，再通过满足标准 B 知道其他命题（比如“此刻我是清醒的”“他人存在”“三角形内角和等于两个直角之和”），就可以避免犯循环论证的错误。[1]

当然,避免了循环论证,并不意味着没有其他问题。比如,批评者会说:笛卡尔用来证明“上帝存在”的前提无法满足标准 A:如果他怀疑那些前提,那些前提也不一定为真。退一步说,即使这个批评不成立,笛卡尔的知识定义还面临另一个问题:“如果不知道上帝存在,就没有任何数学和科学知识”这一观点似乎是错误的。假设上帝的确存在,而“三角形内角和等于两个直角之和”这个命题也的确为真。老陈精通欧氏几何,不仅相信三角形内角和等于两个直角之和,而且能轻易地用欧氏几何的公理去证明这一命题。但老陈是个无神论者,错误地相信上帝不存在。在这种情况下,否定老陈知道三角形内角和等于两个直角之和,似乎是不合理的。持有无神论立场与拥有几何学知识是兼容的。

笛卡尔对这一问题的回应似乎是:我们可以区分“洞知”(scientia)和“识知”(cognitio)两种知识:

- S 洞知 p,当且仅当:S 之所以相信 p,是因为 p 对于 S 而言是不可怀疑的:要么(A)如果 S 怀疑 p,那么 p 一定为真,要么(B)S 知道上帝存在,并且 p 在 S 看来是清楚明白的。
- S 识知 p,当且仅当:S 相信 p,p 在 S 看来是清楚明白的,并且上帝存在(但 S 不知道上帝存在)。其中“上帝存在”这个

① 这是我对“笛卡尔是否能以非循环的方式回应怀疑主义?”的回答,不是对“笛卡尔事实上如何回应怀疑主义?”的回答。笛卡尔在回应 Antoine Arnauld 时,否认自己犯了循环论证的错误。他似乎认为,他没有用“上帝的存在”去为“凡是在我看来清楚明白的都为真”这个命题辩护。“上帝的存在”只是保证了他记忆中清楚明白的观念的确是清楚明白的。参见 Gary Hatfield (2014: 178-179)的讨论。

条件是为了确保"凡是在 S 看来是清楚明白的都为真"。[1]

根据这一区分,笛卡尔可以说:虽然老陈是个无神论者,也可以识知三角形内角和等于两个直角之和。但要洞知三角形内角和等于两个直角之和,老陈必须放弃无神论,洞知上帝存在,彻底排除"恶魔操控和愚弄他"这一可能。[2]

批评者可能会说,区分"洞知"和"识知",并不能增强笛卡尔知识论的说服力,因为无论"洞知"还是"识知",都需要上帝存在。[3]"识知"虽然不需要知道上帝存在——无神论者也可以识知许多东西,但这依旧要靠上帝的恩典:如果上帝不存在,无神论者连识知都没有。笛卡尔必须成功证明上帝存在,才能说无神论者可以识知许多东西。[4]

第三节 JTB 定义对怀疑主义的回应

然而,我们似乎可以将笛卡尔"识知"的定义中的上帝去除掉。"上帝存在"这一条件只是为了确保 p 为真。我们可以用"p 为真"来替代"上帝存在"。具体言之,

---

① 参见 DeRose (1992)。Sosa (1997)认为 cognitio 对应 animal knowledge, scientia 对应 reflective knowledge。另外值得一提的是,CSM 版用 aware 去翻译 cognitio,用 knowledge 去翻译 scientia。

② 这是我个人的解读。不同的专家对笛卡尔的论证有不同的解读。参考 Lex Newman(2019)为《斯坦福哲学百科全书》撰写的词条 Descartes' Epistemology。

③ 当然,"洞知"的一部分——如果 S 怀疑 p,那么 p 一定为真——不需要上帝存在。

④ 注意:笛卡尔《沉思》第 1 版的副标题是:"对上帝存在和灵魂不灭的证明"。第 2 版的副标题是:"对上帝存在和心物之分的证明"。可见笛卡尔自己认为"上帝存在" 是他知识论体系的核心。

> S 识知 p,当且仅当:(i) S 相信 p,(ii) p 在 S 看来是清楚明白的,并且(iii) p 为真。[①]

为方便起见,可将此定义称为“无神论版笛卡尔定义”。[②] 有两点值得进一步澄清。首先,条件(ii)并不蕴含条件(iii):p 在 S 看来是清楚明白的,并不保证 p 为真。有可能 p 在 S 看来十分清楚明白,但 p 依旧为假。然而,如果在 S 看来清楚明白的命题 p 为真,那么 S 就能够识知 p。(并不需要一个上帝来确保“在 S 看来清楚明白的命题都为真”。)其次,如前所述,条件(ii)中的“清楚明白”分两种:(a) 不涉及推理的清楚明白,包括肉眼看得清楚明白的,以及“心灵之眼”——理智直观——看得清楚明白的;(b) 涉及推理的清楚明白:从第一种清楚明白的命题出发,经过每一步清楚明白的推理,得到的结论也是清楚明白的。

无神论化的笛卡尔还可以再退一步,主张我们平常所谓的知识,就是“识知”;怀疑主义错在误把“知识”=“洞知”。如果“知识”=“洞知”,在我们能够成功证明上帝存在之前,怀疑主义是正确的:我们的确没有“洞知”(除了“我思故我在”之外)。然而,这并不意味着我们没有知识。我们有数学知识和自然科学知识:它们都是“识知”。“识知”本身是值得追求的认知状态。如果怀疑主义者承认我们有“识知”,只是否定我们有“洞知”,并不影响我们在认知上取得一些重要的进展,就好比否定我们能够长生不老,并不影响我们能够健康地活几十年。

显然,无神论版笛卡尔定义与以传统证据主义为代表的 JTB 定

---

① 张小星提醒我,“上帝保证 p 为真”与“p 为真”有一个区别:前者是有模态特质的,而不只是让事实上 p 为真。

② 关于笛卡尔知识论去上帝化的讨论,可以进一步参考 Michael Della Rocca (2005)。

义非常接近了。具体一点说,根据 JTB 定义,S 知道 p,当且仅当:(i) S 相信 p,(ii) S 拥有相信 p 的好理由,并且(iii) p 为真。根据传统证据主义,我们应该把(ii)理解成:S 拥有支持 p 的充分证据。证据主义者承认观察和直觉都是证据,所以他们可以同意:S 清楚明白地观察到 p,是支持 p 的证据;S 清楚明白地直观到 p(=p 符合 S 的直觉),也是支持 p 的证据。此外,根据传统证据主义,即使 S 拥有支持 p 的充分证据, p 仍可能为假,只是 p 为假的可能性比较小。因此,在很大程度上,无神论版笛卡尔定义可以视为传统证据主义的另一种表述。①

以传统证据主义为代表的 JTB 定义不同于皮浪式怀疑主义和笛卡尔式怀疑主义诉诸的知识标准。皮浪式怀疑主义诉诸的知识标准是:要知道 p,必须能够证明 p 为真。笛卡尔式怀疑主义诉诸的知识标准是:要知道 p,必须能彻底排除"S 被恶魔操控而误以为 p 为真"这一可能。"能够证明 p 为真"似乎蕴含了"能彻底排除'S 被恶魔操控而误以为 p 为真'这一可能",但后者不一定蕴含前者:可能存在一种非证明式的方法,能够彻底排除"S 被恶魔操控而误以为 p 为真"这一可能。但根据 JTB 定义,要知道 p,既不需要能够证明 p 为真,也不需要必须能彻底排除"S 被恶魔操控而误以为 p 为真"这一可能。我们在"导论"中提到,JTB 定义中"S 拥有相信 p 的好理由(=S 拥有支持 p 的充分证据)"这一条件与"p 为假"是兼容的,不同于"S 能够拿出证据证明 p 为真"。同时,JTB 定义保留了大多数哲学家(包括怀疑主义者)关于知识的两个洞见:

---

① Newman(2019)特别提到笛卡尔在回应"第二组反驳"时,明确指出他所谓的确定性并不蕴含真理:即使你确定 p 为真,无法怀疑 p,也不意味着你没有错——p 仍可能为假。

1. 知道是一种了解真相、拥有真理的状态。如果真相是 p，而我们却不相信 p，甚至误以为真相是¬ p，那么我们不知道真相是什么。换言之，如果我们知道真相是 p，那么 p 一定为真。这个观点可称为“知识不可错主义”，它与理由不可错主义不同。“理由不可错主义”是说：如果我们有支持 p 的好理由，那么 p 一定为真。JTB 定义否定了理由不可错主义，但接受知识不可错主义。①

2. “知识”与“意见”不同。错误的意见固然不是知识，正确的意见也不一定是知识，因为正确的意见可能是“蒙对”。有两种“蒙对”：一种是心里并不相信 p，但为了获得某种利益而说自己选择相信 p，结果 p 碰巧为真；另一种是心里确实相信 p，但并没有好的理由，结果 p 碰巧为真（假设你认定小武是窃贼，因为小武长得“贼眉鼠眼”。后来警方破案，发现小武真的是窃贼）。JTB 定义可以解释为什么两种蒙对都不算知道：因为第一种蒙对缺乏信念，而第二种蒙对缺乏好的理由。②

以上解释了 JTB 定义与皮浪式怀疑主义和笛卡尔式怀疑主义诉诸的知识标准的异同。下面我将论证皮浪式怀疑主义和笛卡尔式怀疑主义诉诸的知识标准都面临着一个问题——它们都无法解释下面这个例子：

---

① 理由可错主义似乎是正确的：古人似乎有好的理由相信太阳绕着地球转，即使事实上太阳并不绕着地球转；当所有的证据都指向某个人有罪时，我们在那个时刻似乎有好的理由相信那人有罪，即使那人仍可能是无辜的。参考 Richard Feldman（1981）在 Fallibilism and Knowing that One Knows 一文中的讨论。中文可参考李麒麟（2013）的讨论。

② 柏拉图在有些地方似乎认为知识与意见根本是两种不同的东西。但在另一些地方，他似乎又认为知识是一种意见。大多数哲学家都认为知识是一种意见，但意见不一定是知识，因为意见可能为假，也可能缺乏好的理由。当代反驳“知识是一种意见”的讨论，参见 Hyman（2017）和张子夏（2019）。

认知桃花源:在这个世界中,没有恶魔,也没有缸中之脑。你和他人真实存在;你的认知能力也是可靠的:一般情况下,你清楚明白地观察到的东西真实存在;你用来分辨梦与醒的标准也比较准确(比如,模糊的、碎片化的、没有"逻辑"的、短暂的、易忘的经验,的确是梦,而拥有相反的经验时,的确是处在清醒的状态)。假设此刻你是清醒的,正在地铁站等候地铁。你相信前面有两个人,因为你清楚明白地看到了那两个人。但你无法证明那两个人存在。从第一人称视角,你也不能彻底排除"你被恶魔操控,感知到的都是幻象"这种可能。

在这种情况下,你知道他人存在吗?合理的回答似乎是:你知道。然而,无论根据皮浪式怀疑主义论证诉诸的知识标准,还是根据笛卡尔式怀疑主义论证诉诸的知识标准,你都不知道他人存在。

与之相对照,JTB 定义似乎可以解释为什么你知道那两个人存在,因为符合知识的三个条件:(i) 事实上,那两个人存在;(ii) 你相信那两个人存在;(iii) 你的清楚明白的观察是支持"那两个人存在"的充分证据。虽然这一证据不能让你彻底排除"你被恶魔操控,感知到的都是幻象"这种可能,但这种可能——如笛卡尔自己在《沉思录》中所说——非常非常小。

有人可能会反驳说:JTB 定义还是没有彻底驳倒怀疑主义。根据 JTB 定义,如果你生活在认知桃花源中,那么你知道他人存在。但"如果你生活在认知桃花源中,那么你知道他人存在"不等于"你知道他人存在"。如果你不是在认知桃花源中,你还能知道他人存在吗?你怎么知道自己是在认知桃花源中,而不是在恶魔操控的世界中?JTB 定义并不能回答这些问题。

但这一批评误解了怀疑主义。无论皮浪式怀疑主义还是笛卡尔式怀疑主义都是说：即使你在认知桃花源中，你也不知道他人存在，因为你依旧无法证明他人存在，也不能彻底排除“你被恶魔操控，看到的都是幻象”这种可能。要反驳这一点，只需要说明“如果你在认知桃花源中，那么你知道他人存在”这一命题。[①] 怀疑主义并没有否定“你生活在认知桃花源中”，因此，要反驳怀疑主义，你不需要断定“你生活在认知桃花源中”。

小　结

综上所述，JTB 定义是否为西方哲学史上的传统观点，是个有争议的问题。但即使柏拉图、笛卡尔、休谟和康德等伟大哲学家都不认可 JTB 定义，这一定义本身也值得认真对待，因为它能够回应皮浪式怀疑主义和笛卡尔式怀疑主义的挑战。或许正如 Alvin Plantinga (1990: 45)所说：“在 Gettier 之前，很难找到关于知识的 JTB 分析的明确陈述；这几乎就像一个杰出的批评家在破坏传统的过程中创造了一个传统一样。”

---

① 用认知桃花源这个例子反驳皮浪式怀疑主义和笛卡尔式怀疑主义，跟用 Gettier 式的例子反驳 JTB 定义在结构上类似。

第二章

JTB 定义面临的问题

托勒密的“地心说”是一个很不错的科学理论，它不但可以解释当时观察到的绝大多数天文现象，还可以准确地预测日食和月食。然而，哥白尼却认为“地心说”有严重的缺陷，提出了针锋相对的“日心说”。“日心说”与《圣经》教义不一致，一经提出，就遭到新教和罗马天主教的严厉批评。比如，新教领导人马丁·路德讽刺哥白尼是个哗众取宠的占星术士：“谁想变得聪明，就必须不同意大家都赞同的东西。他必须做一些自己的事情。那个想颠覆整个天文学的家伙就是这么做的。我则相信《圣经》，因为约书亚命令太阳静止,而不是地球静止。”[①]罗马天主教将哥白尼的《天体运行论》一书加入了禁书目录中,理由是:“日心说”是违反了《圣经》的异端邪说。

当代哲学与哥白尼时代的宗教不同。哲学家致力于批评之前的理论、提出更好的理论。越是很多人赞同的理论,越会受到质疑。很多哲学家通过批评同行的理论表达对同行的敬意,而非炫耀自己的聪明。批评不是讥讽和贬低,而是据理反驳。批评者也不认为自己的批评一定能成立,而是同样欢迎同行的反批评,希望通过互相批评增进我们对相关问题的理解。[②]

以传统证据主义为代表的 JTB 定义被一些哲学家视为自柏拉图以来的标准知识定义,本身也是一个很不错的哲学理论。然而,自 20 世纪 60 年代起,这一定义开始遭到一些哲学家的质疑。他们的质疑揭示了这一定义至少面临着五个问题:奠基问题、Gettier 问题、彩票问题、新怀疑主义问题以及无证据的知识问题。本章试图阐明这五个问题,并在此基础上说明为什么“什么是知识?”是个值得研究的问题。

第一节 奠基问题

根据 JTB 定义,S 知道 p,当且仅当:(i) S 相信 p,(ii) S 拥有相信 p 的好理由,并且(iii) p 为真。根据传统证据主义,S 拥有相信 p 的好理由 = S 拥有支持 p 的充分证据。然而,S 拥有支持 p 的充分证

---

① 转引自 Dale A. Ostlie (2022: 117)。

② 即使哥白尼的“日心说”在解释和预测能力方面并不高于托勒密的“地心说”,也不意味着哥白尼不可以批评“地心说”。

据,不意味着 S 基于这些证据相信 p。考虑如下情况:

长得像小偷:老李和老张是在同一个派出所工作的警察。他们被派去调查一件盗窃案,很快锁定了两个嫌疑人:小文和小武。老李看了嫌疑人的照片后,认定小武是窃贼,因为小武长得"贼眉鼠眼"。老张则认为不应该以貌取人。他拉着老李做了细致缜密的调查,收集了大量的证据。在发现那些证据压倒性地指向小武后,老张才相信小武是窃贼。后来法官也基于老李和老张提交的证据宣判小武是窃贼。老李很得意地到处对人说:"我早就说小武是窃贼。我们收集到的那些证据未必有我的相面术靠谱。"他并不因为那些证据而更加确信小武是窃贼。如果问他为什么说小武是窃贼,他依旧会说:因为小武长得太像小偷了!

在这个例子中,老李、老张和法官都拥有支持"小武是窃贼"的充分证据。如果小武的确是窃贼,那么根据 JTB 定义,老李、老张和法官都知道小武是窃贼。然而,在小武这个案件上,老李的认知状态似乎不如老张和法官。说"老张和法官知道小武是窃贼",没有任何不妥。但说"老李知道小武是窃贼",感觉不太对。毕竟,老李不是基于那些证据相信小武是窃贼。

有人可能会说,奠基问题是个容易处理的小问题:只要把"S 拥有相信 p 的好理由(充分证据)"改成"S 基于/因为好的理由(充分证据)相信 p",JTB 定义就可以避免奠基问题。然而,如何理解"基于/因为"这一关系?一种观点是:S 基于/因为 E 相信 p= S 相信 p,同时相信 E 是支持 p 的证据。但这一观点似乎有问题。比如一个小孩子会基于直觉相信 a+b=b+a,[①]但可能没有意识到他的直觉是支持 a+b=b+a 的证据。意识到自己的直觉是支持 a+b=b+a 的证据,需要一种反思能力。小孩子可能缺乏这种反思能力,如果问他有什么证据相信 a+b=b+a,他可能会说:“没有证据。”此外,假设 S 相信欧氏几何公理和勾股定理,同时相信欧氏几何公理是支持勾股定理的证据,但 S 看不出如何从欧氏几何公理推出勾股定理。在这种情况下,S 是基于/因为欧氏几何公理相信勾股定理吗?

第二节 Gettier 问题

即使 JTB 定义可以解决奠基问题,它还面临着另一个问题:具体言之,如果以传统证据主义为代表的 JTB 定义是正确的,那么不可能存在“S 基于好的理由相信真命题 p,但 S 不知道 p”这种情况。但 Gettier(1963)认为可能存在这种情况。他举了两个结构相似的例子,其中一个是:

> **求职**:Smith 和他的朋友 Jones 同时向同一个公司求职。Smith 相信 Jones 得到了那份工作,因为公司总经理事先就告诉 Smith,他们一定会录用 Jones。Smith 还相信 Jones 的口袋里有

① 有人可能会问:为什么小孩子(甚至成年人)相信 a+b=b+a 或几何学公理是基于直觉?这些命题更像习得的、约定俗成的。如果一个婴儿从出生开始没接受任何教育,长大后会有这个直觉吗?我的回答:首先,我只是说“一个小孩子会基于直觉相信 a+b=b+a”,没有说“所有小孩子事实上都基于直觉相信 a+b=b+a”。其次,我没有说“直觉是没有受到任何教育和文化影响的本能性判断”,这似乎是提问者的预设。再次,提问者将“习得的”与“约定俗成的”并列,似乎预设了凡是后天习得的观点至多只是约定俗成的真理,而不可能是独立于人类文化的客观真理。我不同意这两个预设。直觉和观察一样,当然会受到教育和文化的影响,但这种影响不一定是扭曲性或致幻性的,而可能增加直觉和观察的可靠性与应用范围。后天习得的真理(比如水分子的结构是 H_2O)也可能是独立于人类存在的客观真理。

> 10 个硬币，因为 Smith 10 分钟之前数过 Jones 口袋中的硬币，发现一共有 10 个。Smith 从“Jones 得到了工作”和“Jones 的口袋里有 10 个硬币”推出一个结论：得到工作的那个人口袋里有 10 个硬币。但事实上，公司录用的是 Smith 而非 Jones。总经理的建议被招聘团队投票否决了；此外，Smith 的口袋里也碰巧有 10 个硬币，因此，得到工作的那个人口袋里的确有 10 个硬币。但此刻 Smith 完全没意识到公司录用的是他自己，也没意识到他的口袋里也有 10 个硬币。①

Gettier 对这个例子的分析是：Smith 此刻基于好的理由相信“得到工作的那个人口袋里有 10 个硬币”这个真命题。因为他基于好的理由相信“Jones 得到了那份工作”和“Jones 的口袋里有 10 个硬币”这两个命题，又看出这两个命题逻辑上蕴含了“得到工作的那个人口袋里有 10 个硬币”；如果 JTB 定义是正确的，那么 Smith 知道得到工作的那个人口袋里有 10 个硬币。然而，Smith 显然不知道，因此，以传统证据主义为代表的 JTB 定义是错误的。②

你可能并不赞同 Gettier 的反驳。你可能认为即使“Smith 不知道得到工作的那个人口袋里有 10 个硬币”事实上符合大多数人的直觉，这一事实也不是支持“Smith 不知道得到工作的那个人口袋里有 10 个硬币”这个命题的充分证据。毕竟，符合大多数人直觉的命题不一定为真。少数哲学家（如 Hetherington 1998；Musgrave 2012）认为，“Smith 不知道”这一直觉性判断是错误的。或许真理掌握在少数

① Gettier 的博士论文研究的是罗素的信念理论。他的这一反例可能受到罗素《人类的知识》（1948）中“停摆时钟”和“1906 英国首相”两个例子的启发。

② 值得一提的是，Gettier 要反驳的是以传统证据主义为代表的 JTB 定义，而非某种非证据主义的 JTB 定义。一种非证据主义的 JTB 定义，比如用安全性去界定 justification，可能避免 Gettier 反例。参见 Job de Grefte（2023）。

人手里。Gettier 仅仅用直觉性判断去否定 JTB 定义是武断的。①

然而,在可错性方面,观察和直觉没有实质的差别:符合大多数人直觉的不一定为真,符合大多数人观察的也不一定为真(比如米勒-莱尔错觉)。但正如在没有反面证据的情况下,我们可以默认符合大多数人观察的命题为真一样,在没有反面证据的情况下,我们似乎也可以默认符合大多数人直觉的命题为真。比如,在数学中,我们可以凭借直觉默认“a+b=b+a”为真。同样,我们可以凭借直觉默认“在求职例子中,Smith 不知道”为真。②

你可能会说:即使我们承认“Smith 不知道”这一直觉性判断,也不意味着 Gettier 对 JTB 定义的反驳是成功的。具体言之,在公司发出正式录用通知之前,Smith 就不应该轻信总经理的话。总经理事先说公司一定会录用 Jones,这并非支持“Jones 得到了那份工作”的充分证据。如果 Smith 没有充分证据相信 Jones 得到了那份工作,就没

---

① 有人可能会说,Gettier 事实上给出了为什么 Smith 不知道的理由:因为 Smith 搞错了“什么使得‘得到工作的那个人口袋里有 10 个硬币’这一命题为真?”这一问题(注意:此处说的是 truth-maker,不是 cause)。Gettier 认为,S 知道 p,仅当:S 没有搞错“什么使得 p 为真?”这个问题。然而,这是 Gettier 对为什么 Smith 不知道的解释,不是对“Smith 不知道”这一观点的论证。我们需要注意解释与论证的区别。Gettier 认为,支持“Smith 不知道”的证据是:这符合我们的直觉。至于为什么 Smith 不知道,是另一个问题。好比支持“2009 年 7 月 22 日上午南京出现日食”的证据是我们当时的观察。至于为什么南京在那个时间段会出现日食,是另一个问题。

② 的确,直觉和观察都在一定程度上渗透着理论:我们直觉到什么,跟我们看到什么一样,都部分取决于我们已经相信的理论。但这并不意味着渗透在直觉/观察中的理论一定为假,更不意味着我们基于直觉/观察的判断都为假。比如,我们基于直觉相信 a+b=b+a。a+b=b+a 这一直觉性判断渗透着某个理论,但这不是怀疑 a+b=b+a 的好理由。如果没有好的理由表明渗透在这一直觉性判断中的理论是错误的,我们可以默认 a+b=b+a 为真。科学哲学家对“因为观察渗透着理论,所以无法用观察检验理论”这一观点的批判性考察,已有很多。参见 Franklin, A. *et al.* (1989)。

有好的理由相信得到工作的那个人口袋里有 10 个硬币。

Gettier 会这样回应:JTB 定义之所以把“有好的理由(充分的证据)相信 p”与“p 为真”两个条件分开,是因为它预设了理由可错主义:“S 有好的理由(充分的证据)相信 p,但 p 为假”是可能的。如果你接受理由可错主义,无论你设定的“好的理由(充分证据)”标准有多高,我们都可以构造出一个例子,使得 Smith 有充分的证据相信“Jones 得到了那份工作”这一假命题,从而不影响 Gettier 对 JTB 定义的反驳。比如,我们可以假设,Smith 之所以相信 Jones 得到了那份工作,不仅仅因为总经理事先告诉他公司一定会录用 Jones,还因为他看到了公司的录用通知上只有 Jones 的名字。他不知道的是:总经理的建议被招聘团队投票否决了,而秘书在起草“录用通知”时误把 Smith 打成了 Jones。

如果你觉得“求职”这个例子矫揉造作、琐碎无聊,可以考虑一件真实的事:

> **体检**:小陈发烧,咳嗽并且咽喉肿痛,担心自己得了甲流,去医院检查。医生当天给他出具的检查报告显示:他没有感染甲流(阴性),只是 C 反应蛋白过高,体内有炎症。于是小陈相信自己没有感染甲流。事实上,护士在采样时一时疏忽,贴错了姓名标签,把另一个人的采样贴上了小陈的姓名,而把小陈的采样贴上了那个人的姓名。但两个人的检查结果是一样的:都没有感染甲流(阴性),只是 C 反应蛋白过高。

在这个例子中,小陈似乎并不真正知道自己没有感染甲流。但根据 JTB 定义,小陈知道,因为那份检查报告对小陈而言是相信自己没有感染甲流的充分证据。

你可能会说:错了!那份检查报告对小陈而言并非支持“他没有

感染甲流”的充分证据,因为它是关于其他人身体状况的报告,只是小陈误以为它是关于自己身体状况的报告。这个错误的信念不能成为支持“他没有感染甲流”证据。正如一些哲学家(Robert G. Meyers & Kenneth Stern 1973 和 D. M. Armstrong 1973)所说,在任何情况下,相信一个假命题都不能构成我们相信其他命题的好理由(证据)。假设有人相信自己不会死,理由是上帝爱他,不会让他死。我们不会认为这是一个好理由,因为“上帝爱他,不会让他死”这个命题为假。假命题不能构成一个好理由。同样,在 Gettier 给的那个“求职”例子中,Smith 之所以相信得到工作的那个人口袋里有 10 个硬币,理由是:Jones 得到了那份工作,并且 Jones 的口袋里有 10 个硬币。然而,“Jones 得到了那份工作”是个假命题。因此,Smith 并没有好的理由相信得到工作的那个人口袋里有 10 个硬币。[①]

但这一反驳似乎不能成立。首先,有时候,相信一个假命题也能构成我们相信其他命题的好理由。假设一个教知识论的老师上课点名,班上有 37 人,他少点了 1 人,以为班上有 36 人选课。他感叹道:“没想到知识论这门课也有 30 多个人选!”显然,他有好的理由相信“知识论这门课有 30 多个人选”这一命题。但他的理由是“班上有 36 人选课”这个假命题。[②]

其次,许多哲学家认为,有一些 Gettier 式例子并不涉及假命题。比如 Roderick Chisholm (1989: 93)曾给出这样一个例子:

田中之羊:假设你站在一块田地外面,观察到田里有一只看起来很像羊的东西。这个观察直接导致你相信田里有一只羊。

① 某些哲学家如 Timothy Williamson 会说:错误的信念之所以不能构成相信一个命题的好理由,是因为错误的信念不是知识,而只有知识才能构成证据或理由。

② 参见 John Turri (2011)。

你不是先相信(a)你看到的那个东西是羊,然后再推出(b)田里有一只羊。你在没有明确意识到(a)的情况下就相信了(b)。然而,你看到的东西其实并不是羊,而是一只被装扮成羊的狗。不过,在田野中间的草垛后面的确有一只羊,只是你看不到那只羊,也没有任何证据表明它的存在。

在这个例子中,你符合 JTB 定义的三个条件,因为你有好的理由相信"田里有一只羊"这个真命题。你的理由是你的观察——它本身不是假命题,也不含有虚假的内容。然而,我们的直觉性判断是:你并不知道田里有一只羊。①

大多数哲学家认为 Gettier 的论证是成功且重要的。David Lewis(1983: x)暗示 Gettier 的论证和 Gödel 的证明一样严谨,彻底驳倒了 JTB 定义,是哲学论证的模范。Peter van Inwagen(2006: 39)也把 Gettier 的论证和 Gödel 的证明并列,认为它们是哲学史上罕见的成功论证(虽然它们的结论是否定性的)。Alvin Plantinga 甚至套用诗人赞美牛顿的话来赞美 Gettier。英国诗人 Alexander Pope 诗云:"自然和自然规律隐藏在黑夜之中,上帝说'让牛顿降生吧',于是一切都被照亮。" Plantinga(1993: 31)写道:"知识是受到辩护的真信念——自古以来我们一直这么认为。然后上帝说,'让 Gettier 降生吧';也许并非一切都被照亮,但无论如何,我们开始知道我们从前一直站在一个黑暗的角落。"②

---

① Zagzebski(1996: 285-286)的丈夫例子与此类似。这两个例子都是对 Feldman(1974: 69)的"无车先生"例子的简化。Feldman 用"无车先生"例子论证了 Gettier 问题的核心不是从假信念推出真信念。

② 以上资料来自 Rodrigo Borges, Claudio de Almeida, and Peter D. Klein(2017: vii)。

第三节 彩票问题

除了 Gettier 问题之外,JTB 定义也面临彩票问题。考虑以下例子:

彩票:有一种彩票,中奖可以获得一千万的奖励,但中奖的概率是千万分之一。你知道中奖的概率,但抱着碰碰运气的态度,买了一张彩票。几分钟后,你从“每张彩票的中奖概率是千万分之一”推出“你的彩票不会中奖”,于是相信你的彩票不会中奖。过了两个月后,官方宣布了中奖号码:你的彩票果然没有中奖。①

我们的直觉性判断是:在官方宣布中奖号码之前,你并不知道你的彩票不会中奖。然而,你符合 JTB 定义的三个条件,因为你基于好的理由相信“你的彩票不会中奖”这个真命题。你的理由是:每张彩票中奖概率是千万分之一。这个理由非常强。因此,彩票例子和上一节的 Gettier 式例子(Gettier-like cases)一样,都属于“符合 JTB 定义但显然不是知识”的情况。② 这对 JTB 定义构成了挑战。

有人可能会认为,在官方开奖之前,你之所以不知道你的彩票不会中奖,是因为你缺乏充分的证据。你知道每张彩票的中奖率都只有千万分之一,并非支持“你的彩票不会中奖”的充分证据,因为统计

---

① 参考 Stewart Cohen (1998)和 John Greco (2003)。此处的彩票问题跟 Hawthorne(2004)专著 *Knowledge and Lotteries* 中讨论的彩票问题不太一样。

② 从认知运气这方面说,彩票例子与 Gettier 式例子看上去很不同。有些哲学家对这两个例子的处理方式很不同。另一些哲学家认为彩票例子与 Gettier 式例子本质是一样的,但为什么一样,不同哲学家给出了不同理由。我自己属于后一派。

性证据的效力很弱,甚至算不上证据。考虑以下情况:

> **哲学博士申请**:假设小倩本科和硕士毕业于一所排名在100名之外的地方性大学,正在申请北大哲学系博士生。北大哲学系只招收有成为著名哲学家潜力的学生,宁缺毋滥。负责招生的几位教授相信小倩不会成为著名哲学家,理由是:最近30年,从100名之外的地方性大学本科和硕士毕业的学生几乎没有一个成为著名哲学家。因此,他们在看了小倩的学历后就筛掉她,不再看她的其他材料。

显然,招生委员会的做法是不妥的。为什么不妥?一个可能的回答是:即使最近30年从100名之外的地方性大学本科和硕士毕业的学生几乎没有一个成为著名哲学家,也不能说明小倩不会成为著名哲学家。小倩是具体的个人,要判断她是否会成为著名哲学家,要看她个人是否具有相关的才能、热情和毅力,而这些品质在一定程度上可以通过她的个人陈述、本科成绩单、推荐信和代表性论文(writing sample)看出来。简言之,对于招生委员会而言,小倩的个人陈述、本科成绩单、推荐信和代表性论文才是她是否有成为著名哲学家潜力的较强证据。至于"最近30年从100名之外的地方性大学本科和硕士毕业的学生几乎没有一个成为著名哲学家"这个统计数据,不是相关的证据。

然而,这个回答有一个缺陷:在不涉及招生、就业等问题的情况下,我们似乎都认为统计性证据是很强的证据。比如,如果你最近买了某公司生产的手机,然后了解到最近两年该公司生产的2000万只手机中99.99%都没有质量问题,那么你有非常强的证据相信你买的手机也没有质量问题。[①] 在“哲学博士申请”的例子中,我们之所以觉得招生委员会的做法不妥,可能不是因为统计性证据不是真正的证据,而是因为招生涉及伦理问题,而伦理问题不应该仅仅考虑统计性证据,而应该注重与个体相关的证据,比如小倩的个人陈述、本科成绩单、推荐信和代表性论文。

此外,彩票例子与哲学博士申请例子有两个显著的不同:首先,在彩票例子中,你只有统计性证据,没有其他证据。其次,彩票例子中的信念是关于彩票的,而不是关于他人的,似乎不涉及道德问题。我们似乎没有好的理由否定彩票例子中的统计性证据。

还有人可能会反驳说:“每张彩票中奖概率是千万分之一”并非支持“你的彩票不会中奖”的好理由,因为“每张彩票中奖概率是千万分之一”与“你的彩票会中奖”这两个命题是兼容的,并且“你的彩票会中奖”具有现实的可能性。这种可能性与“你可能被恶魔操控而一直在做梦”中的可能性不同:后者是逻辑上可能的,或形而上可能的,但不具有现实的可能性。[②] E 是支持 p 的好理由(充分的证据),

---

① 有人可能会反驳说:10000 以内的质数只有 1229 个。10000 以内的任何一个自然数不是质数的概率是 87.7%,比如,11 不是质数的概率是 87.7%。这是不是支持“11 不是质数”的较强证据?我们的直觉性判断是:不是。一种回应思路:我们之所以认为“11 不是质数的概率是 87.7%”不是支持“11 不是质数”的较强证据,是因为我们有非常强的反对“11 不是质数”的证据:我们发现除了 1 和 11 以外,11 无法被其他自然数整除。基于类似的理由,我们会认为“大多数鸟会飞,企鹅是鸟,所以企鹅会飞”不是好的归纳论证,因为我们有非常强的反对“企鹅会飞”的证据。如果缺乏反面证据,我们会认为那是一个好的归纳论证。“企鹅”这个例子来自樊岸奇的反馈。

② “现实可能性”是指现实世界中可能为真。这与“物理可能性”尚有区别。比如,“我会在两年内变成世界首富”没有现实可能性,但有物理可能性。物理可能性与逻辑可能性不同。“演员汤唯可以一分为二,变成两个人,一个在中国,另一个在韩国”不具有物理可能性,但具有逻辑上的可能性,因为这个命题不是自相矛盾的:任何不自相矛盾的命题都具有逻辑可能性。是不是逻辑可能性=形而上可能性?有争议。或许 2+3=6 具有逻辑可能性,但不具有形而上可能性。对于“逻辑可能性”“形而上可能性”和“物理可能性”区别的进一步讨论,参考冯书怡《模态知识论:常见模态认知理论和它们的解释范围》,载《哲学评鉴》第 2 辑。

仅当:如果 E 为真,那么¬p 不具有现实的可能性(但可以具有逻辑或形而上的可能性)。

然而,这一好理由的标准似乎不太合理。假设你下午在上海机场送朋友去日本东京上学,看到飞机 2 点准时起飞。你知道正常情况下飞机 3 个小时后到东京。因此,你有好的理由——充分的证据——相信朋友今晚在东京。然而,你的朋友飞机可能今晚降落在大阪机场(因为东京机场可能临时出现一点小问题,今天不让一些飞机降落)。这一可能性虽然非常非常小,但依旧是现实的可能性。因此,根据上面那个好理由标准,“你知道朋友去东京上学,飞机今天下午 2 点准时起飞,正常情况下飞机 3 个小时后到东京”,对你而言不是支持“朋友今晚在东京”的好理由。但这太荒谬。①

第四节 新怀疑主义问题

有些人认为,传统证据主义版本的 JTB 定义仍会导致怀疑主义。具体言之,我之所以“观察到/记得”某些东西,可能是因为(a) 那些东西真实存在,而我具有可靠的观察/记忆能力,没有被恶魔操控,也可能是因为(b) 恶魔要欺骗我,故意幻化了那些东西,并且篡改了我的记忆。然而,

① 有人可能会说:“你知道朋友去东京上学,飞机今天下午 2 点准时起飞,正常情况下飞机 3 个小时后到东京”,对你而言的确不是支持“朋友今晚在东京”的好理由,只是支持“朋友今晚很可能在东京”的好理由。同样,“千万分之一的中奖率”只是支持“我买的彩票很可能不会中奖”的充分证据,不是支持“我买的彩票不会中奖”的充分证据。这一说法看上去非常严谨,但似乎过于严谨:按照这一思路,我们关于外部世界的任何信念都要加上“很可能”三个字。比如,你回家,看到给你开门的是一个长得非常符合你对你妈妈外貌记忆的人,你不应该相信这是你妈妈,而应该相信这很可能是你妈妈。但这种认知要求显然不合理。此外,日常生活和科学研究所需要的严谨程度是不一样的。我们在后面会详细讨论。

1. 即使我事实上生活在认知桃花源中,我也没有充分的证据表明(a)比(b)更可能为真。

2. 对于两个互相竞争的假设(不能都为真),如果我没有充分的证据表明其中一个比另一个更可能为真,那么我没有充分的证据相信其中任何一个假设。

3. 如果我没有充分的证据相信 p,那么我不知道 p 是否为真。

4. 因此,即使我事实上生活在认知桃花源中,我也不知道(a)和(b)哪一个为真。[①]

我们可以将这一论证称为"新怀疑主义论证"。它"新"在没有诉诸皮浪式怀疑主义所预设的知识标准(即要知道 p,必须能够证明 p),也没有诉诸笛卡尔式怀疑主义所预设的知识标准(即要知道 p,必须绝对地确定 p,能彻底排除"我被恶魔操控,p 为假"这一可能)。新怀疑主义论证仅仅诉诸 JTB 定义:要知道 p,必须拥有支持 p 的充分证据。其中"充分证据"是可错的:如果我有充分的证据相信 p,p 仍可能为假,只是"p 为真"的可能性更大。非怀疑主义者认为(a)为真的可能性非常大,(b)的可能性非常小。新怀疑主义者则认为,即使我事实上生活在认知桃花源中,我也没有充分的证据表明(a)比(b)更可能为真。(当然,新怀疑主义论证可能并不新。根据某些人的解读,我们在休谟的著作中也可以找到新怀疑主义论证。)

对新怀疑主义论证的经典回应是否定前提 1,主张我有充分的证

① 参见 Vogel (2005)。这一论证诉诸的前提 2 和 3 的合取是所谓的不充分决定原则(the underdetermination principle)。它与基于认知封闭原则的怀疑论证关系有很多讨论。一些哲学家如 Brueckner (1994) 和 Yalcin (1992)认为对于怀疑主义论证,认知封闭原则并不是核心,不充分决定性原则才是核心。但 Cohen (1998)不同意。最近的讨论见 Kevin McCain (2013a)和 Ju Wang (2014)。

据表明(a)比(b)更可能为真,因为(a)是比(b)更好的解释。[1]然而,为什么(a)是比(b)更好的解释,是一个难以回答的问题。有些哲学家的回答是:因为(a)比(b)更简单。但新怀疑主义者会说:(b)比(a)预设的实体更少。即使(a)比(b)更简单,这也不是"(a)比(b)更可能为真"的充分证据。[2]

第五节　无证据的知识问题

前面我们反复提到,JTB 定义的代表是传统证据主义。证据主义的核心观点是:如果 S 没有支持 p 的充分证据,那么 S 不知道 p。然而,似乎存在这样一些情况:虽然 S 没有支持 p 的充分证据,但 S 知道 p。考虑以下例子:

> **被遗忘的证据**:弟弟跟姐姐说:"我们班有一对双胞胎,生日不在同一天,好奇怪。"姐姐说:"这有什么奇怪的。有些双胞胎出生间隔长达 87 天。"弟弟又问:"真的吗? 你有什么证据?"姐姐说:"我可能在某本书上看到过,或者听生物学老师上课时讲过,也可能是看电视知道的,想不起来了。"事实上,姐姐 5 年前是通过听一个可靠的医学科普讲座而得知有些双胞胎出生间隔长达 87 天。[3]

---

① 罗素在《哲学问题》第二章说(a)是简单自然的观点,而(b)这类怀疑主义假设不自然也不简单。据 James R. Beebe(2009)的统计,持有类似观点的哲学家有 D. Broad、A. J. Ayer, Michael Slote、J. L. Mackie、Frank Jackson、James Cornman、Alan Goldman、William Lycan, Paul Moser、Jonathan Vogel 以及 Laurence BonJour,等等。

② 参考 Beebe (2009)的讨论。

③ Goldman(1999: 280-281)引用了 Cilbert Harman, Thomas Senor 和 Robert Audi,说他们提出了类似的对证据主义的反驳。

说“姐姐现在依旧知道有些双胞胎出生间隔长达 87 天”，似乎没有任何不妥。但如果传统证据主义为真，我们只能说“虽然姐姐曾经知道有些双胞胎出生间隔长达 87 天，现在已经不知道了”，因为现在姐姐已经没有支持“有些双胞胎出生间隔长达 87 天”的证据。

你可能会说：姐姐现在依旧有支持“有些双胞胎出生间隔长达 87 天”的证据，只是不记得这个证据是什么了。忘记证据≠没有证据。假设一对情侣吵架，女人指责男人过去做了一些让自己伤心的事。男人很困惑地问女人：到底是哪些事？女人回答说：“我记不起来了，但我的感觉在。”女人只是忘记了支持“男人过去做了一些让自己伤心的事”的证据，这并不意味着她现在没有证据。

然而，这一回应与一个广泛认可的标准相矛盾。根据这一广泛认可的标准，在 t 时刻，S 拥有支持 p 的证据，仅当：在 t 时刻，S 当下意识到——至少能够通过反思意识到——那个证据。换言之，如果在 t 时刻，S 无法意识到某个东西，那么在 t 时刻，那个东西不构成 S 拥有的证据。比如，对于秦朝的警察而言，凶器上的指纹不能构成证据，因为那个时候没人能意识到凶器上有指纹。只有当警察观察到凶器上的指纹时，它才构成证据（更精确地说，不是指纹构成证据，而是警察对指纹的观察构成证据）。当 S 遗忘了 X 时，S 就无法意识到 X。所以，当 S 遗忘了 X 时，X 就不构成 S 拥有的证据。

第六节　寻找正确知识定义的重要性

很多人会问：如果 JTB 定义面临着以上五个问题，那么正确的知识定义是什么？然而，不是所有人都会这么问。有些人认为，阐明“JTB 定义面临着五个问题”没有意义，因为“正确的知识定义是什么？”本身是知识论小圈子制造出来的问题，不值得研究。为什么不值得研究？他们可能给出两个理由：(a) 我们不需要知道正确的知识定义是什么，也能在许多情况下准确判断别人是否知道某个问题的答案，就像我们不知道正确的动物定义是什么，也能在许多情况下准确判断一个东西是不是动物；(b) 在学术研究中，我们关心的问题是我们是否有足够好的理由/证据相信某个理论？而不是我们是否知道某个理论为真？[①]

然而，这一论证似乎不能成立。即使 a 和 b 都为真，也不意味着“正确的知识定义是什么？”是不值得研究的问题。具体言之，如果一个问题源自我们信念之间的冲突（即我们相信一组命题，但这组命题不能都为真），那么这个问题是重要的。所有经典哲学问题似乎都直接或间接地涉及我们信念之间的冲突。[②] 一方面我们（倾向）相信某个哲学问题的答案是 T，另一方面，就一些具体情况而言，我们又相信 P 和 Q。然而，通过反思（或者苏格拉底式哲学家的帮助），我们会发现 T、P 和 Q 不能都为真。我们必须否定其中的一个。应该否定哪一个呢？很多哲学家赞同苏格拉底的看法：一般情况下，我们应该否定 T。如果 T 是错的，那么正确答案是什么呢？为什么不可以肯定 T，否定 P 或 Q？这似乎是所有真正哲学问题的由来。对于“什么是知识？”这一问题，我们开始可能倾向相信“S 知道 p＝S 不但相信 p，而且能够拿出证据证明 p”这一观点，但通过反思，我们发现自己又相信“即使我们不会证明 a+b＝b+a，也知道 a+b＝b+a”。这两个信念相矛盾。我们必须否定其中一个。大多数哲学家选择否定“S 知道 p＝S 不但相信 p，而且能够拿出证据证明 p”。如果这一知识定义是错的，那么正确的知识定义是什么？Ayer 和 Chisholm 等哲学家的回

---

① 参考 Michael Williams（1978）和 Mark Kaplan（1985）。他们认为“正确的知识定义是什么？”是个不重要的问题。

② 这是皮尔士的观点，可以追溯到苏格拉底。

答是:JTB 定义(传统证据主义版本)。很多人可能会倾向相信这个定义。然而,通过反思,我们会发现 JTB 定义也与我们的其他信念相矛盾(这是以上五个问题的由来)。我们必须否定其中一个。大多数哲学家选择否定 JTB 定义。他们面临的问题是:正确的定义是什么?为什么不可以用 JTB 定义去否定其他信念?在本书的剩余部分,我将详细讨论这两个问题。最后一章讨论第二个问题,其他几章讨论第一个问题。

小　结

总而言之, JTB 定义至少面临着五个问题:(1) 奠基问题:有时候 S 拥有支持 p 的证据,但不是基于这些证据相信 p。(2) Gettier 问题:在有些情况下,S 基于充分的证据相信真命题 p,但 S 仍然不知道 p。(3) 彩票问题:假设你基于中奖概率非常小而相信你的彩票不会中奖,即使你是正确的,在开奖之前,你仍不知道你的彩票不会中奖。(4) 新怀疑主义问题:即使我事实上是具有可靠认知能力的正常人,生活在正常的世界中,清清楚楚地看到前方有两个人,也不知道前方有两个人,因为我拥有的证据虽然支持“那两个人真实存在”这一命题,但同等地支持“我被恶魔操控,不具有可靠的认知能力,感知到的一切都是幻象”这一假设。换言之,我拥有的证据既不能让我彻底排除怀疑主义假设,也不表明怀疑主义假设为真的可能性非常小。(5) 无证据的知识问题:有时候 S 知道 p,但缺乏支持 p 的证据。本章努力阐明了这五个问题,也说明了为什么“什么是知识?”是个值得研究的问题——因为它源于我们信念之间的冲突。

第三章

过程可靠主义

有一种中药,叫“安息香”,英文名“benzoin”,原产于中亚古安息国,唐朝时已传入中国。1833 年,德国化学家 Eilhard Mitscherlich 制造出一种闻起来很像“安息香”的物质,于是将之命名为 benzin,中国科学家将之翻译为“苯”。19 世纪中叶,欧洲的化学家发现苯具有一些奇怪的性质。一些化学家怀疑这些奇特性质与苯分子的空间排列有关,但具体的排列方式仍然是一个谜。波恩大学化学教授 August Kekulé 很想解开这个谜。他回忆说,有一天,他伏案写作,但思路不畅,在炉边昏昏欲睡。他梦到众多原子在他的眼前嬉戏,这些原子逐渐排列成一条条链子,像蛇一样扭动。突然,其中一条蛇咬住了自己的尾巴,形成了一个环,不停地旋转。Kekulé 被这个幻象惊醒,突然意识到苯分子是环状结构。他立刻开始验证这个假设。经过一系列的实验和演算,他最终证实了苯的结构是六角形环状。[①]

上面这个故事常常被用来说明科学研究的两个语境:发现的语境(context of discovery)和辩护的语境(context of justification)。[②] Kekulé 因梦见蛇而倾向相信苯的结构是环状,属于发现的语境;通过实验去证实苯的结构是(六角形)环状,属于辩护的语境。传统证据主义者认为,发现的语境只形成科学假设,并不产生科学知识。科学家可以在缺乏任何证据的情况下做出一个大胆的假设。但要知道这个假设为真,他们必须找到支持这个假设的充分证据——这是为假设辩护的过程,也是产生科学知识的过程。相应地,发现的语境是历史学家、心理学家的研究对象,而辩护的语境才是哲学家(特别是知识论学者)的研究对象。

在一系列的经典论文中,Alvin Goldman(1976;1979;1988;2008)否定了“发现的语境”和“辩护的语境”的区分,反驳了传统证据主义,逐渐发展出一种他称之为“过程可靠主义”的理论。本章将批判地考察过程可靠主义的知识定义,说明它的优点与缺陷。本章的计划是:首先,我将给出自己对过程可靠主义的解读,初步说明它与传统证据主义的不同,以及它为什么会否定“发现的语境”和“辩护的语境”的区分。其次,我将通过说明过程可靠主义如何克服或避免(传统证据主义版)JTB 定义面临的问题,来阐明(Goldman 眼中)

---

① 这个故事虽然是 Kekulé 自己说的,但有些人怀疑它的真实性。见 https://www.nytimes.com/1988/09/09/opinion/l-the-man-who-dreamed-benzene-rings-545788.html。访问日期:2025 年 3 月 7 日。

② 这个区分至少可以追溯到 Hans Reichenbach。参考 Hoyningen-Huene(1987)的相关讨论。

过程可靠主义的优点。最后,我将批判地考察过程可靠主义遭到的一些批评:(a) 新归纳问题,(b) 不理性问题,(c) 新恶魔问题以及(d) 美诺问题。我将论证 Goldman 对于这四个问题的回应是不充分的。

第一节　什么是过程可靠主义?

Goldman 改造了 JTB 定义中的 justification 这一概念。Justification 原来指"好的理由"。好的理由通常可以用语言表述出来,以论证的形式出现,可视作对某个观点的辩护。传统证据主义者一方面把"好的理由"等同于"充分的证据",另一方面主张"S 拥有支持 p 的充分证据"不一定意味着"S 能够论证 p",比如普通人即使无法论证 a+b=b+a,也能拥有支持 a+b=b+a 的证据(证据是他们对 a+b=b+a 的直觉)。Goldman 同意 justification≠论证,但认为我们可以进一步拓展 justification 这一概念。他指出,人们总是以一定的方式相信某些命题,正如人们总是以一定的方式做某些事。在伦理学中,哲学家区分道德上正确的方式与道德上错误的方式。在知识论中,我们也可以区分认知上正确的方式与认知上错误的方式。Goldman 建议我们把 justified in believing that p 理解为"以认知上正确的方式相信命题 p"。①

什么是认知上正确的方式呢?传统证据主义者似乎认为,S 相信 p 的方式是正确的= S 相信 p 并且拥有支持 p 的充分证据。在"JTB 定义面临的问题"那一章,我们看到这一观点面临着奠基问题:

① 这与 Ayer 所说的"have the right to be sure"很相似。Ayer 认为"have the right to be sure that p"是"知道 p"的必要条件。

如果S拥有支持p的充分证据,但不是基于这些证据相信p,而是基于主观愿望(wishful thinking)相信p,那么S相信p的方式就不是正确的。当然,传统证据主义者可以把自己的观点修改成:S相信p的方式是正确的= S基于充分的证据相信p。但如何理解“基于”这一关系?一种观点是:S基于E相信p= S相信p,同时相信E是支持p的证据。我们在上一章指出了这一观点面临的问题。

Goldman提出了一个不同的“基于”理论来处理这些问题。他认为“基于”是一种因果关系:S基于E相信p= E导致了S相信p,而不是其他因素导致了S相信p。(有些哲学家把“X导致了Y”等同于“在其他条件相同的情况下,如果没有X,就没有Y”。据此,“S基于E相信p”=“在其他条件相同的情况下,如果S没有E,就不会相信p”。[①])根据Goldman的观点,即使S没有意识到E导致了S相信p,也没有意识到E是支持p的证据,S也可以基于E相信p。因此,这一观点可以解释为什么小孩子可以基于直觉相信a+b=b+a(即使没有意识到他的直觉是支持a+b=b+a的证据):因为他对a+b=b+a的直觉导致了他相信a+b=b+a。此外,Goldman的观点也可以处理勾股定理那个例子。假设S相信欧氏几何公理和勾股定理,并且相信欧氏几何公理是支持勾股定理的充分证据,但他看不出如何从欧氏几何公理推出勾股定理。Goldman会说:既然S看不出如何从欧氏几何公理推出勾股定理,他不是因为相信欧氏几何公理是支持勾股定理的充分证据而相信勾股定理。有两种可能:(1) S因为听别人说“勾股定理为真,因为欧氏几何公理为真,而欧氏几何公理是支持勾股定理的充分证据”才相信勾股定理。在这种情况下,S事实上是基于别人的说法而相信勾股定理。(2) S没有听别人说,而是自己从欧

① 进一步讨论参考Ye (2020a)。

氏几何公理出发,通过非常离谱的推理,得出勾股定理。在这种情况下,S 是基于对欧氏几何公理的信念以及非常离谱的推理而相信勾股定理。

如果问为什么“基于充分的证据相信 p”是相信 p 的正确方式,传统的证据主义者可能会说:如果 S 不是基于充分的证据相信 p,即使 p 为真,S 也只是蒙对,而蒙对算不上知道。但为什么蒙对算不上知道?一种有吸引力的回答是:“蒙”不是一种可靠的获得真理的认知方式;如果一个人真正知道一件事,那么他必定是以可靠的方式获得真理——不必 100%可靠,但可靠程度在 50%以上。这一回答似乎在说:

1. S 相信 p 的方式是正确的= 导致 S 相信 p 的过程是可靠的;

2. 如果导致 S 相信 p 的原因是 S 拥有充分的证据,那么这一过程是可靠的;

3. 如果导致 S 相信 p 的原因不是 S 拥有充分的证据,而是其他因素,那么这一过程就是“蒙”,是不可靠的。

4. 因此,S 相信 p 的方式是正确的= 导致 S 相信 p 的原因是 S 拥有充分的证据,即 S 基于充分的证据相信 p。

Goldman 赞同第 1 和第 2 个前提,但不同意第 3 个前提。他认为可能存在“S 缺乏支持 p 的证据,但导致相信 p 的过程是可靠的”这一情况。因此,他不会赞同以上论证的结论。

前提 1 是过程可靠主义的核心。在中文学术界,过程可靠主义常常被表述为:S 的信念 p 是受到辩护的,当且仅当:S 的信念 p 是通过一种可靠的过程产生的。因为中文学术界常常用“辩护”翻译“justification”。我们不必纠结这个翻译是否完美,只需要准确地理解 Goldman 的意思:说“S is justified in believing that p”,不是说 S 给出了支持 p 的证据,也不是说别人替 S 给出了支持 p 的理由,而是说 S 以认知上正确的方式相信 p。Goldman 认为,如果 S 通过一种可靠的过程相信 p(即 S 的信念 p 是通过一种可靠的过程产生的),那么 S 就是以认知上正确的方式相信 p。如果 S 通过不可靠的过程相信 p,那么 S 就是以认知上错误的方式相信 p。其中,“可靠的过程”是指那种会产生更多真信念的过程:G 是一种可靠的信念形成过程=通过 G 这种过程产生的信念大多数为真(其中真信念的比例至少高于 50%)。

Goldman 认为过程可靠主义可以解释传统证据主义的洞见。(1) 传统证据主义没有澄清什么样的证据算“充分的证据”。Goldman(2011)认为过程可靠主义可以给出一个合理的回答:假设 S 基于证据 E 相信 p,那么 S 的证据 E 是充分的= S 基于证据 E 相信 p 的过程是可靠的。根据这一观点,证据是真理的可靠标记(E is evidence for p if and only if E is a fairly reliable indicator of the truth or existence of p)。(2) 根据传统证据主义,一些信念形成方式——比如,基于抽签占卜相信 p,基于匆忙归纳(hasty generalization)相信 p,基于主观愿望(wishful thinking)相信 p,等等——之所以是错误的,是因为它们不是基于充分的证据。过程可靠主义的解释是:这些信念形成方式之所以是错误的,是因为它们是不可靠的,会产生更多的假信念。(3) 根据传统证据主义,如果【我们之所以相信 p,是因为我们知道一组真命题,并从这组真命题演绎有效地推出 p】,那么这种信念形成(相信 p)的方式之所以是正确的,是因为这是基于充分的证据。过程可靠主义的解释是:这种信念形成方式之所以是正确的,是因为它是可靠的。另一种典型的可靠过程是在清醒的状态下近距离观察正常环境中中等大小的东西。比如,我之所以相信前面有两个人,是因为我看到了。的确,我有可能出现幻觉或错觉。但假设我是一个清醒的正常人,处在正常环境中,这种信念形成的过程是可靠的:如果导致我相信前面有两个人的原因是我近距离观察到前面有两个人,那么“前面有两个人”这一命题很可能为真。①每一种信念形成的过程(无论是否可靠)都有输入端与输出端:输出端是信念,而输入端有时候含有信念(比如我相信 p,从 p 推出 q,导致我也相信 q),有时候则不包含信念(比如我的视觉经验直接导致我相信 p)。如果输入端不包含信念,这种过程就不涉及逻辑推理。

有些哲学家如 Feldman 和 Foley 认为,过程可靠主义不应视为一种关于 justification 的理论,因为 Goldman 改变了 justification 原来的含义。Goldman(1976: 790)也明确承认这一点。他说,如果你反对改变 justification 原来的含义,那么过程可靠主义就不是一种关于 justification 的理论。但如果你不反对改变 justification 原来的含义,那么过程可靠主义也可以是一种关于 justification 的理论。后来,许多哲学家(包括 Goldman 自己)认为把 justification 理解成“认知上正确(或适当)的方式”更好。在这个意义上,过程可靠主义和传统证据

---

① 为什么导致我相信前面有两个人的过程属于【正常人在清醒的状态下通过近距离观察正常环境中中等大小的东西形成信念】这一可靠的过程,而不属于【一个人在任何状态下通过观察任何环境中的任何东西形成信念】这一不可靠的过程? 这是著名的分类问题(The Generality Problem)。分类问题并不否定有些具体的信念形成过程属于可靠的过程,只是说:如果不能解释为什么有些具体的信念形成过程属于可靠的过程(而非属于不可靠的过程),那么过程可靠主义是不完整的(参见 Feldman 1985)。一个理论不完整,并不意味着它是错误的。因此,即使无法解决分类问题,也不是过程可靠主义的致命缺陷(参见 Goldman 2021)。我们将在“德性知识论”那一章详细讨论分类问题。值得一提的是,证据主义也面临类似的不完整问题,如 Conee and Feldman (2008, 84) 所说:“accounts of what evidence is, what it is for a person to have something as evidence, when a body of evidence supports a proposition, and what the basing relation is' are all needed before evidentialism can be considered complete.”

主义可视为两种关于 justification 的竞争性理论。

如果用“辩护”翻译 justification，那么作为一种关于辩护的理论，过程可靠主义似乎消解了“发现的语境”与“辩护的语境”的区分。之前的哲学家一般认为，一个人的信念 p 是否受到辩护(justified)，依赖于他是否拥有支持 p 的充分证据(辩护的语境)，跟他如何形成这个信念(发现的语境)没有关系。Goldman 则认为有些发现的语境本身就是辩护的语境：如果一个信念的产生过程是可靠的，那么这个信念就是受到辩护的。假设我想知道仙林湖畔的芍药是否开了，就去那里看了看。刚到那里，就看到芍药花“袅袅婷婷各自妍”(杨万里诗)。这是发现的语境——我相信芍药花开了，因为我看到了。这也是辩护的语境——我的信念“芍药花开了”是受到辩护的，因为这个信念是由可靠的过程(观察)产生的。关于 Kekulé 之梦那个例子，Goldman 会说，做梦显然不是可靠的过程，在 Kekulé 用(对实验的)观察和推理验证他关于苯分子结构的信念之前，这个信念是没有受到辩护的。但在 Kekulé 用(对实验的)观察和推理验证他的信念之后，**保留**这一信念则是受到辩护的，因为保留这一信念的过程是可靠的。某个信念通过某个过程得以保留，跟某个信念通过某个过程产生，并没有重要的区别。Goldman 的观点可以更精确地表述成：如果 S 的信念 p 是由一种可靠的过程产生的，或者通过一种可靠的过程得以保留，那么 S 的信念 p 是受到辩护的。[①]

经过 Goldman 对“辩护(justification)”这一概念的改造，JTB 定义变成了：S 知道 p，当且仅当：(i) S 相信 p，(ii) S 的信念 p 是通过可靠的过程产生(或保留)的，并且(iii) p 为真。为方便起见，我们可

① Goldman(1976)明确用了“产生或保留信念”定义过程可靠主义。

以称之为“可靠主义版 JTB 定义”。[①] 有些人认为 Goldman 认可这一定义。但他的观点远非看上去这么简单。下面我将通过他如何避免(传统证据主义版)JTB 定义面临的问题,来阐明过程可靠主义的知识定义。

第二节 如何处理传统证据主义的问题?

在前一章,我们看到(传统证据主义版)JTB 定义面临着五个问题:奠基问题、Gettier 问题、彩票问题、新怀疑主义问题以及无证据的知识问题。在上一节,我已经说明 Goldman 如何处理奠基问题。这一节将说明 Goldman 如何处理其他四个问题。

2.1 Gettier 问题与彩票问题

先从可靠主义版 JTB 定义说起。这一定义似乎无法解决 Gettier 问题。比如,在“求职”那个例子中,Smith 相信获得工作的那个人口袋里有 10 枚硬币。这个信念的产生过程是:

> A. 首先,从“公司总经理事先告诉 Smith,他们一定会录用 Jones”,Smith 推出“获得工作的那个人是 Jones”。这是个可靠的归纳推理过程:一般情况下,公司总经理不会向应聘人员在“谁会获得工作?”这事上撒谎,并且如果公司总经理说他们会录用某个人,那么公司很可能会录用某个人。
>
> B. 其次,Smith 因为数过 Jones 口袋中的硬币而相信 Jones 口袋中有 10 枚硬币。这个过程也是可靠的:Smith 虽然有数错的可能,但他是一个正常人,数错 10 枚硬币的可能性非常小。

---

① 这个定义可以追溯到 Ramsey (1931),只是他没有用“辩护(justification)”这一概念。

C. 最后,Smith 从"获得工作的那个人是 Jones"和"Jones 口袋中有 10 枚硬币",推出"获得工作的那个人口袋里有 10 枚硬币"。这是一个演绎有效的推理:如果前提为真,那么结论一定为真。然而,Smith 的一个前提为假(因为获得工作的那个人并不是 Jones),从假前提进行演绎有效的推理,得出真结论的可能性不会高于 50%,因此这不是一个可靠的过程。

如果"S 的信念 p 是通过可靠的过程产生(或保留)的"="导致 S 相信 p 之过程的每一步都是可靠的",那么 Smith 相信获得工作的那个人口袋里有 10 枚硬币,不是由一种可靠的过程导致的。[①]

但如果"S 的信念 p 是通过可靠的过程产生(或保留)的"="导致 S 相信 p 之过程总体上是可靠的",那么 Smith 相信获得工作的那个人口袋里有 10 枚硬币,是由一种可靠的过程导致的:因为 A+B+C 似乎是一个总体上可靠的过程。C 的前提是 A 和 B 的结论。A 和 B 是可靠的,所以 A 和 B 的结论很可能为真。这意味着 C 的前提很可能为真,而 C 是演绎有效的推理,因此,C 的结论也很可能为真。

Goldman(1998)似乎主张"S 的信念 p 是通过可靠的过程产生(或保留)的"="导致 S 相信 p 之过程总体上是可靠的",因此,Smith 相信获得工作的那个人口袋里有 10 枚硬币,是由一种可靠的过程导致的。这意味着可靠主义版 JTB 定义无法解释为什么 Smith 不知道获得工作的那个人口袋里有 10 枚硬币。

为处理 Gettier 问题,Goldman(1998)在可靠主义版 JTB 定义上增加了一个条件:

S 知道 p,当且仅当:(i) S 相信 p,(ii) S 的信念 p 是通过可

---

① 有些哲学家如 Peter Klein 认为可靠主义对 Gettier 例子的解释是:主体之所以缺乏知识,是因为主体的信念产生过程是不可靠的。

> 靠的过程产生(或保留)的,(iii)p 为真,并且(iv)S 能排除所有相关的¬ p 选项。

“S 能排除¬ p 选项”是说:如果 p 为假,那么 S 就不会相信 p。我们可以通过彩票问题来理解这一点。在开票之前,你相信你的彩票不会中奖,因为每张彩票中奖概率是千万分之一。从“每张彩票中奖概率是千万分之一”推出“你的彩票不会中奖”,是一个非常可靠的归纳推理,因为“前提为真,归纳强健(inductively strong)”的推理过程是非常可靠的过程。但在开票之前,你依旧不能排除“你的彩票会中奖”这一选项:即使你的彩票会中奖,在开票之前,你依旧会通过这个归纳推理相信你的彩票不会中奖。因此,“S 的信念 p 是通过可靠的过程产生(或保留)的”这一条件并不蕴含“S 能排除所有相关的¬ p 选项”这一条件。① 根据 Goldman 的知识定义,在开票之前,你之所以不知道你的彩票不会中奖,不是因为你的信念形成过程是不可靠的,而是因为你不能排除“你的彩票会中奖”这一选项。

同样,在 Gettier 的“求职”例子中,Smith 之所以不知道获得工作的那个人口袋里有 10 枚硬币,是因为他不能排除所有相关的其他选项:如果他自己的口袋里没有 10 个硬币,他依旧会相信得到工作的那个人口袋里有 10 个硬币。在田中之羊那个例子中,你之所以不知道田里有一只羊,也是因为你无法排除所有相关的其他选项:如果田里没有羊,只有那只被装扮成羊的狗,你依旧会相信田里有一只羊。②

① 这是不是意味着“可靠性”不是知识论唯一的核心概念?Goldman 在为 SEP 写的词条 Reliabilist Epistemology 中说,“能够排除所有相关的¬ p 选项”是广义上的可靠。Goldman(1976)早先似乎认为,如果 S 相信 p,但不能排除所有相关的¬ p 选项,那么 S 的信念形成过程是不可靠的。如果从广义上理解“可靠性”,那么 Goldman 的知识定义可以简写成:S 知道 p,当且仅当:S 的真信念是由可靠的过程产生的。广义上的“可靠的过程”蕴含了“能够排除所有相关的¬ p 选项”。

② 参考 Goldman & McGrath(2015:69-70)。

2.2 新怀疑主义问题与无证据的知识问题

此外,Goldman 的知识定义似乎也能很好地处理新怀疑主义问题。新怀疑主义者接受传统证据主义的核心观点——我知道 p,仅当:我拥有支持 p 的充分证据。对于两个互相竞争的假设(不能都为真),如果我没有充分的证据表明其中一个比另一个更可能为真,那么我不知道哪一个为真。新怀疑主义者认为,即使我事实上生活在认知桃花源中,我也没有充分的证据表明非怀疑主义假设比怀疑主义假设更可能为真。因此,即使我事实上生活在认知桃花源中,我也不知道怀疑主义假设为假,从而不知道他人是否存在。Goldman 的回应是:要知道 p,不需要拥有支持 p 的充分证据。如果 S 的真信念 p 是通过可靠的过程产生(或保留)的,并且 S 能排除所有相关的¬p 选项,那么 S 知道 p。如果我生活在认知桃花源中,那么我的观察、记忆和推理都是可靠的,这意味着我可以通过可靠的过程相信"他人存在"这一真命题(即使我没有支持"他人存在"的充分证据)。此外,如果我生活在认知桃花源中,我可以排除所有相关的"他人不存在"的选项(比如,如果某时某地没有人,只有一棵树或一堆黄土,我就不会相信那时那地有人)。因此,如果我生活在认知桃花源中,那么我知道他人存在。

有人可能会问:即使我事实上生活在认知桃花源中,从第一人称视角看,我怎么知道自己生活在认知桃花源中,知道自己的观察、记忆和推理都是可靠的?如果不知道这一点,我就不知道自己是通过可靠的过程而相信"他人存在"这一真命题,从而不知道自己是否满足 Goldman 所给的知识标准。

回应:根据 Goldman 的知识标准,"S 的信念 p 是通过可靠的过程产生(或保留)的"是"S 知道 p"的必要条件。但"S 意识到自己的信念 p 是通过可靠的过程产生(或保留)的”不是“S 知道 p”的必要条件。此外,“S 意识到自己满足‘知道 p’的标准”,也不是“S 知道 p”的必要条件。换言之,“S 知道 p”不蕴涵“S 知道自己知道 p”(所谓的“KK 原则”是错误的)。因此,即使 S 没有意识到自己的信念 p 是通过可靠的过程产生(或保留)的,或者没有意识到自己满足“知道 p”的标准,S 仍可能知道 p。①

有人可能会问:根据 Goldman 的知识标准,要知道他人存在,我必须能排除所有相关的“他人不存在”的选项。但我如何能排除“他人不存在,我受到恶魔操控,看到的东西都是幻象”这一选项?如果他人不存在,我受到恶魔操控,看到的东西都是幻象,那么我依旧会相信他人存在。

Goldman 的回应是:这一选项并不是相关的。要知道 p,不必排除所有的¬p 选项,只需要排除所有相关的¬p 选项。哪些¬p 选项是相关的?在为 REP 撰写的 Reliabilism 的词条中,Goldman(1998)暗示相关的选项是具有现实可能性(realistic possibilities)的选项。②说“一个命题具有现实可能性”意思是:在现实世界中,这个命题可能为真。根据这个标准,“人不会死”“我在一分钟内跑一万米”“水可以变成油”“太阳明天会跟地球相撞”等命题不具有现实可能性,而“我买的中国体育彩票会中一等奖”“我看到的那只像羊的东西是一只被装扮成羊的狗”“中国和美国是同盟关系”“最近一个月会下雨”

---

① Goldman 的观点是一种外在主义。关于辩护(justification)的内在主义认为,使得 S 的信念 p 获得辩护(justified)的那个东西(justifier)必须是 S(能够)意识到的。关于知识的内在主义认为,如果 S 没有(或不能)意识到 S 知道 p,那么 S 不知道 p。外在主义是对内在主义的否定。

② Goldman(1976)似乎认为,如果这个选项是我们比较熟悉的,或者发生的可能性比较大,就是相关选项;如果发生的可能性非常小,或者是我们比较陌生的,就不是相关的。

等命题则具有现实可能性。显然,现实可能性是分程度的,比如,“最近一个月会下雨”的现实可能性远高于“我买的中国体育彩票会中一等奖”。此外,对于任何一个真命题 p,既有具有现实可能性的¬ p 选项,也有不具有现实可能性的¬ p 选项。假设“2018 年的美国总统是特朗普”这个命题为真,具有现实可能性的¬ p 选项是:“2018 年的美国总统不是特朗普,而是希拉里 · 克林顿”;不具有现实可能性的¬ p 选项是:“2018 年美国总统不是特朗普,而是由孙悟空变的长得像特朗普的人。”根据 Goldman 的观点,要知道 2018 年美国总统是特朗普,必须排除第一个选项,但不需要排除第二个选项。回到新怀疑主义。Goldman 会说:如果我在认知桃花源中,那么“他人不存在,我受到恶魔操控,看到的东西都是幻象”这一选项是不相关的,因为在认知桃花源中,它不具有现实可能性——在认知桃花源中,这一命题不可能为真。因此,要知道他人存在,我不必排除这一选项。①

有人可能会问:“能排除所有相关的¬ p 选项”是否才是“知道 p”的核心?“S 的信念 p 是通过可靠的过程产生(或保留)的”这一条件是不是多余的?如果“S 知道 p” = “S 相信真命题 p,并且能排除所有相关的¬ p 选项”,似乎也可以处理 Gettier 问题、彩票问题和新怀疑主义问题。我们看到,Gettier 问题和彩票问题都在于:S 无法排除所有相关的¬ p 选项。新怀疑主义和旧怀疑主义都错在没有区分“S 能排除所有相关的¬ p 选项”与“S 能彻底或在很大程度上排除所有的¬ p 选项”。要知道 p,必须能排除所有**相关**的¬ p 选项,但不需要

① Goldman & McGrath (2015: 70)注意到,Goldman 对“S 能排除所有相关的¬ p 选项”的界定与后来哲学家称之为“敏感性原则”的内容很相近。敏感性原则是说:对于任何或然命题(contingent proposition)p,S 的信念 p 是敏感的,当且仅当:在 p 为假的所有邻近可能世界中,S 不会相信 p。一些哲学家认为,要知道 p,信念 p 必须是敏感的。这个观点与 Goldman 的观点一致。关于敏感性原则的进一步讨论,见 Bin Zhao (2024; forthcoming)。

能彻底排除所有的¬p选项,也不需要在很大程度上排除所有的¬p选项。①

Goldman(1976)早期似乎赞同“S知道p”=“S相信真命题p,并且能排除所有相关的¬p选项”。他似乎认为“S能排除所有相关的¬p选项”蕴含着“S的信念p是通过可靠的过程产生(或保留)的”。但后来他在Epistemology and Cognition(1986)第三章讨论知识定义时,已有把可靠的过程与排除所有相关选项都作为知识必要条件的想法,只是没有明确表述。再后来,Goldman在为*Routledge Encyclopedia of Philosophy*(1998)撰写“reliabilism”词条时明确地把“可靠的过程”与“排除所有相关选项”分开说,并且将二者都作为知识的必要条件。

为什么“S相信真命题p,并且能排除所有相关的¬p选项”不是“S知道p”的充分条件呢?假设小明之所以相信999×999=998001,是因为998001是他出生地的邮编。显然,这一信念形成过程是不可靠的。小明只是侥幸正确,并不知道999×999=998001。然而,因为999×999=998001是必然真理,999×999=998000,999×999=100000等命题没有在现实世界(或任何可能世界)中为真的可能。只有现实可能性(realistic possibilities)的选项才是相关的选项。因此,每个999×999≠998001的选项都是**不相关的**。所以,小明轻易地满足“能排除**所有相关**的¬p选项”这个条件,即使他不能排除每个999×999≠998001的选项(比如,如果999×999=998000,他依旧会相信999×999=998001;如果999×999=100000,他依旧会相信999×999=998001)。但他显然不知道999×999=998001。因此,“S相信真命题

① “知道p=能排除所有相关的¬p选项”这个想法至少可以追溯到Dretske(1970)。Goldman(1976)、Gail Stine(1976)和Lewis(1996)捍卫了类似的观点。

p,并且能排除所有相关的¬p 选项”不是“S 知道 p”的充分条件。即使S能排除所有相关的¬p 选项,也不意味着S的信念p一定是通过可靠的过程产生(或保留)的。[1]

最后,Goldman 的过程可靠主义似乎也能很好地处理传统证据主义面临的无证据的知识问题。在“被遗忘的证据”那个例子中,姐姐现在依旧知道有些双胞胎出生间隔长达87天,即使她彻底忘了自己是5年前通过听一个医学科普讲座而获得这一信息的事实,并且现在也没有其他证据。Goldman 的解释是:姐姐现在依旧知道,是因为她的信念是通过可靠的过程产生和保留,并且姐姐可以排除所有相关的¬p 选项:如果最长双胞胎出生间隔少于87天(比如只有30天或50天),那个可靠的医生就不会在科普讲座中那么说,姐姐也就不会(通过这种科普讲座)相信有些双胞胎出生间隔长达87天。

第三节　过程可靠主义的缺陷

以上两节说明了过程可靠主义会如何解决(传统证据主义版)JTB 定义面临的五个问题。这一节将批判地考察过程可靠主义面临的四个问题:(a) 新归纳问题,(b) 不理性问题,(c) 新恶魔问题,以及(d) 美诺问题。Goldman 对其中一些问题多次给出回应,前后的回应不尽相同。本节将考察他最有影响以及最新的一些回应,试图说明为什么这些回应是不充分的。

3.1　新归纳问题

乍看之下,过程可靠主义成功解决了彩票问题。然而,这一解决方案会导致一种新的归纳怀疑主义。

---

① 参考 Goldman(1986: 48-49)。感谢赵海丞和赵斌的反馈。

我们在日常生活和科研中,似乎不得不诉诸归纳推理。[①]归纳推理的典型形式是:已观察到(大量的)X都是F,因此,未观察到的X也是F(或者:所有的X都是F)。(比如,从“已观察到的成千上万只乌鸦都是黑色的”,推出“未观察到的乌鸦也是黑色的”,或者“所有的乌鸦都是黑色的”。)我们承认,即使典型归纳推理的前提为真,结论仍有可能为假。但我们认为这种可能性很小。换言之,(从一组真命题出发的)典型归纳推理过程是可靠的:如果前提为真,那么结论很可能为真。因此,我们可以通过典型的归纳推理获得合理的、受到辩护的信念(justified belief in the conclusion)。然而,休谟对此提出了质疑:

1. 我们没有好的理由相信归纳推理过程是可靠的——我们只能用归纳推理为归纳推理的可靠性辩护。

2. 如果我们没有好的理由相信归纳推理过程是可靠的,那么我们通过归纳推理获得的信念都是没有受到辩护的(unjustified)。

3. 因此,我们通过归纳推理获得的信念都是没有受到辩护的(unjustified)。换言之,通过归纳推理相信p,是不正确或不适当的方式。[②]

Goldman会否定这个论证的前提2。作为外在主义者,他会说:只要我们事实上通过可靠的过程相信p,我们的信念p就是获得辩护的,即使我们没有意识到——更没有好的理由相信——我们的信念形成过程是可靠的。因此,如果某种归纳推理事实上是可靠的,那么

---

① 演绎主义者认为,我们不必采用归纳推理。我个人倾向认同演绎主义。

② 休谟本人是不是认可归纳怀疑主义,有很大争议。

我们通过这种归纳推理获得的信念就是受到辩护的,即使我们没有好的理由相信这种归纳推理是可靠的。[①]

然而,Goldman 的知识定义会导致另一种归纳怀疑主义:我们很难通过归纳推理获得知识。这是因为 Goldman 认为,要知道 p,必须能够排除所有相关的¬p 选项。这一条件让他轻松地处理 Gettier 问题和彩票问题,但似乎会否定我们在一般情况下通过归纳推理获得知识的可能性。重新考虑那个“东京”的例子:你在上海机场送朋友去东京上学,得知飞机今天下午 2 点准时起飞。你又知道正常情况下飞机 3 个小时后到达东京。于是你推出“朋友今晚在东京”。假设一切正常,飞机准点到达东京,朋友晚上也没有离开东京,那么说“在飞机起飞时,你就知道朋友晚上在东京”,并无不妥之处。这是日常生活中归纳知识的典型例子。然而,如果你的朋友飞机今晚降落在大阪机场(东京机场出现一点小问题,今晚不让一些飞机降落),你依旧会在飞机起飞时相信朋友今晚在东京。“飞机降落在大阪机场,今晚没有到达东京”具有现实的可能性,因此是相关的¬p 选项。换言之,你无法排除所有相关的¬p 选项。因此,根据 Goldman 的知识定义,在飞机起飞时,你并不知道朋友晚上在东京。[②]

有人可能会说:说“在飞机起飞时,你就知道朋友晚上在东京”,

---

① 有人可能会说,质疑归纳法的核心是:我们没有好的理由相信归纳推理过程是可靠的。过程可靠主义并没有告诉我们为什么某一种归纳推理过程是可靠的。Goldman 会承认这一点,认为过程可靠主义的洞见只在于:仅仅从“我们没有好的理由相信归纳推理过程是可靠的”推不出“我们通过归纳推理获得的信念都是没有受到辩护的”。因此,Goldman 只是部分地回应了归纳问题。对于归纳问题的可靠主义方案的批判性讨论,见 Colin Howson(2000)。

② 这部分的论证是基于 Sosa(1999)对“知识需要敏感的信念”这个观点的批评。Sosa 用的是垃圾运输机的例子。在与 Goldman 合写的知识论教材中,McGrath 指出我们可以不用敏感性而用安全性去界定“排除所有相关的¬p 选项”。Sosa 认为“知识需要安全的信念”这一观点可以解释日常的归纳知识。

并不妥当。毕竟,在飞机起飞时,还不是晚上,你的朋友还没有到达东京,因此,“朋友晚上在东京”这一命题是真是假,还是未定之数。一切关于未来的命题都没有真假可言。①

然而,即使不考虑关于未来的命题,Goldman 的知识定义依旧会导致归纳怀疑主义。考虑如下例子:

> **斑马**:你去动物园游玩,看到一群动物。根据这群动物的外表和栅栏上的标签,你判断这群动物是斑马。但如果这群动物是化妆成斑马的骡子,你依旧会相信它们是斑马。为什么骡子有可能被用来冒充斑马?因为斑马是这个动物园的招牌:如果没有这几匹斑马,游客会少一半,动物园会入不敷出。有一次开会,动物园园长被问到:如果斑马全部病死,又一时买不到新斑马,该怎么办?园长回答说:我们可以请个高明的化妆师,把几头骡子化妆成斑马。但这个动物园很幸运,斑马都没有生病,很健康地供游客参观。②

我们关于这个例子的直觉判断是:你知道这群动物是斑马。然而,根据过程可靠主义,你并不知道。你是通过归纳推理相信这群动物是斑马。这一过程虽然是可靠的,但你无法排除所有相关的¬ p 选项:如果那群动物是化妆成斑马的骡子(这具有现实可能性),你依旧会相信那群动物是斑马。

有些人可能会觉得斑马例子也有些奇怪:谁真的能够把骡子化装成斑马,骗过游客的眼睛呢?但日常生活中有许多结构相似的例子,比如,

---

① 参考 John MacFarlane (2003)的 Future contingents and relative truth 一文。
② 这个例子来自 Fred Dretske(1970),我做了一点修改。

> **电动车**：你把电动车停在自家楼下，然后回家做饭。做饭的时候你相信你的电动车依旧在楼下，因为你知道这个的小区治安很好，上一次发生盗窃电动车事件，还是在5年前。事实上，你的电动车的确一直在楼下，没有被偷。

我们关于这个例子的直觉判断是：做饭的时候，你知道你的电动车依旧在楼下。然而，根据过程可靠主义，你无法排除所有相关的¬p选项：如果在做饭的时候，你的车被偷走了（这具有现实可能性），你依旧会相信你的车还在楼下。因此，根据过程可靠主义，做饭的时候，你不知道你的车还在楼下。

Goldman可能会承认【S通过归纳推理知道p，而某个¬p选项具有现实可能性，但S无法排除这一¬p选项】这一情况是常见的。但他会修改“相关¬p选项”的标准：不是具有任何现实可能性的¬p选项都是相关的，只有具有很高现实可能性的¬p选项才是相关的。在东京、斑马和电动车三个例子中，你无法排除的那些¬p选项，具有非常低的现实可能性，因此不是相关的。要知道p，你只需要排除具有很高现实可能性的¬p选项。然而，这一回应无法处理彩票问题，因为“我的彩票会中奖”这一现实可能性极小，低于飞机降落在大阪、骡子被化装成斑马和你的车被偷的现实可能性。

3.2 不理性问题

根据过程可靠主义，S知道p，当且仅当：（i）S相信p，（ii）S的信念p是通过可靠的过程产生（或保留）的，（iii）p为真，并且（iv）S能排除所有相关的¬p选项。Goldman预期到一些满足这四个条件但缺乏知识的例子。比如，

> **善意的谎言**：琼思相信他7岁那年经历了一些恐怖的事，因为他清楚地记得那些事。他的记忆是可靠的。7岁那年，他的

> 确经历了那些恐怖的事。他也能排除所有相关的其他选项:如果发生的是其他事,他就不会相信自己经历了那些恐怖的事。然而,琼思的父母希望他能忘掉这些经历。于是他们多次严肃地告诉他:你7岁那年患了失忆症,把听到的故事误当成自己经历的事。琼思没有任何理由怀疑父母的说法。相反,他有理由相信父母的说法——父母平常是很诚实的人,在重要的问题上从未向他撒过谎。然而,琼思却选择忽视父母的说法,坚信自己7岁那年经历了一些恐怖的事。

从第一人称视角,琼思既有支持“他7岁那年经历了一些恐怖的事”这个命题的证据(证据是:他清楚地记得那些事),也有反对这一命题的证据(证据是他父母的证词)。因此,对于琼思,悬置判断才是理性的。相信自己7岁那年经历了一些恐怖的事,则是不理性的。如果S不理性地相信p,那么S不知道p。因此,琼思不知道自己7岁那年经历了一些恐怖的事。然而,根据过程可靠主义,琼思知道。因此,过程可靠主义是错误的。

为了处理“善意的谎言”这种例子,Goldman(1979)增加了一个条件。S知道p,除了需要满足上面提及的四个条件外,还需要满足第五个条件:

> (v) 不存在这样一个S可以使用的可靠方法:如果S使用了这个方法,就不会相信p。

在“善意的谎言”例子中,存在一个琼思可以使用的可靠方法:相信一个关于自己过去的命题p,当且仅当:自己清楚地记得p,并且了解他过去的人都没有向他否定p。如果琼思采用了这个可靠的方法,就不会相信自己7岁那年经历了一些恐怖的事。因此,根据修改版的过程可靠主义,琼思不知道自己7岁那年经历了一些恐怖的事。

然而,这个新加的第五个条件似乎在某些情况下过于严格了:有些人不符合这个条件,但也拥有知识。假设琼思通过观察知道前面有一棵松树。然而,假设存在这样一个琼思可以使用的可靠方法:如果琼思使用这个方法,会获得大量关于植物的真理,但会对松树悬置判断。假设琼思此刻决定不使用这个方法,而是通过观察相信前面有一棵松树。那么琼思显然知道前面有一棵松树。但加了第五个条件的过程可靠主义会说:琼思不知道。①

在另一些情况下,加了第五个条件的过程可靠主义似乎仍过于宽松:有些人同时符合五个条件,但没有知识。比如,Keith Lehrer(1990: 163)给出了这样一个反例:

> **植入型温度计**:在甄先生不知情的情况下,一位实验外科医生偷偷给他动了脑部手术,将一个叫 tempucomp 的小装置植入甄先生的头部:它既是一个非常精确的温度计,也是一个能够产生思想的计算装置。手术非常成功。在甄先生苏醒后,他完全没意识到自己的头部有这样一个装置。作为一个传感器,tempucomp 将有关温度的信息传送到他的大脑的计算系统,然后又向他的大脑发送一个信息,使他不假思索地产生一个关于温度的真信念。虽然他对自己为什么会产生这样的信念感到困惑,但他从来没有去调查原因,也没有通过阅读温度计或看天气预报来检验他的信念是否为真。假设 tempucomp 非常可靠,所以甄先生关于温度的信念总是为真。简言之,这是一个绝对可靠的信念形成过程。假设现在的温度是 40℃,tempucomp 准确地记录了这一温度,并让甄先生相信现在的温度是 40℃。但他真

---

① 这个例子来自 Bob Beddor(2015)的论文。

的知道现在的温度是40℃吗?[①]

我们的直觉性判断是:甄先生不知道。然而,修改后的过程可靠主义很难解释这个直觉。首先,甄先生的真信念是一个可靠的过程产生的。其次,甄先生能排除所有相关的¬p选项:如果现在的温度不是40℃(而是38℃或42℃),他就不会相信现在的温度是40℃。最后,似乎不存在这样一个(甄先生可以使用的)可靠方法:如果甄先生使用了这个方法,就不会相信现在的温度是40℃。他关于温度的信念,完全被内置于大脑的tempucomp决定。他无法使用其他方法改变自己的信念。[②]

为了处理植入型温度计这种例子,Goldman(1992)曾一度提出一种认可清单可靠主义(approved-list reliabilism),来解释为什么**我们会认为**甄先生缺乏知识。根据“认可清单”可靠主义,有两种可靠的过程,一种是普通人认可的,另一种是普通人不认可的。普通人认可的可靠过程是常见的可靠过程,包括观察、直觉、记忆以及某些推理等。植入大脑的tempucomp产生信念的那个过程,不是常见的可靠过程,普通人不会认可。Goldman说,我们认为只有获得普通人认可的可靠过程才能为一个信念辩护(justify a belief);如果S的信念p不是由普通人认可的可靠过程产生的,我们会认为S不知道p。

这是一个心理学假设,回答的是一个心理学问题:“当S符合什么条件时,我们**会认为**S知道p,或者S的信念p是受到辩护的?”Goldman回避了原来的哲学问题:“当符合什么条件时,我们知道p,

① 这个例子与Laurence BonJour (1985: 41)的“千里眼”例子结构类似。我们将在下一章讨论“千里眼”例子。

② Beddor(2015)的“工作机会”(job opening)例子与此结构上类似。

或者我们的信念 p 是受到辩护的?”①

但 Goldman 后来又回到这个哲学问题,并明确地向证据主义做出让步,提出了“知识既需要可靠的过程,也需要证据”这个观点(Goldman 2011)。② 他认为证据主义者对温度计这种例子的解释是正确的:这种例子中的主体之所以不知道 p,是因为他们缺乏支持 p 的证据。③

然而,这种融入证据的过程可靠主义似乎还是不能处理某些例子。比如,

> **失灵的温度计**:董博士经常用一个温度计测量试管中液体的问题。他有非常强的证据相信这个温度计是灵敏可靠的:这个温度计是著名品牌,在第一次使用时,他借用同事的温度计比对过,发现两个温度计在测量同一杯水的温度时,显示的读数完全一样。然而,董博士的温度计很快就失灵了,读数虽然变来变去,却并没有准确地追踪真实温度。幸运的是,有一个天使在暗中帮助董博士:每次董博士阅读温度计时,天使就施仙法改变试管中液体的温度,使之与温度计上显示的温度一致。董博士一直认为他看的温度计是灵敏可靠的,每次看温度计显示多少度,

① Selim Berker (2015) 注意到:Goldman only offers approved-list reliabilism as a theory of how the folk make judgments about whether a belief is justified (i. e. as a theory in ‘epistemic folkways’ or ‘descriptive scientific epistemology’, as Goldman [1992: 155-56] calls it)—which is all for the better, since approved-list reliabilism is not remotely plausible as a theory of what in fact makes a belief justified. 这一段意思很清楚,但用中文很难翻译。不过 Goldman (1998) 在为 REP 撰写的词条 reliabilism 中明确说,他更关心的是心理学问题,而非揭示知识本质的哲学问题。

② 当然,Goldman 认为证据必须通过可靠性来定义:E 是 p 的证据,仅当:给定 E,p 很可能为真。Comesana(2010)有类似的主张:S 的信念 p 是受到辩护的,当且仅当:这个信念是由可靠的过程产生的,而该可靠的过程包含了证据。

③ Lyons (2016)认为 Goldman 向证据主义妥协太多。

就相信此刻试管中液体是多少度。他完全没意识到天使在帮他。①

假设董博士此刻看了温度计，相信此刻试管中液体的温度是23℃。我们的直觉性判断是：董博士并不知道此刻的室温是23℃，只是侥幸正确。但根据融入证据的过程可靠主义，他知道此刻试管中液体的温度是23℃。因为董博士是通过可靠的过程获得了真信念，并且他能（通过看温度计）排除所有相关的其他选项：如果此刻试管中液体的温度是22℃或24℃，他就不会相信此刻试管中液体的温度是23℃。此外，他有很强的证据相信他看的温度计是可靠的。最后，（我们可以假定）也不存在这样一个董博士可以使用的可靠方法：如果他使用了这个方法，就不会相信此刻试管中液体的温度是23℃。

3.3　新恶魔问题

根据可靠主义辩护理论（the reliabilist theory of justification），如果S通过一个不可靠的过程相信p，那么S的信念p不是受到辩护的（unjustified）。对这个理论的一个经典反驳是"新恶魔问题"（the new evil demon problem）：

认知双胞胎：甲和乙具有相同的处理信息的方式。让甲和乙做同一道数学题，他们会给出同样的解题思路，得出同样的结论。让甲和乙观察同一个东西，他们会观察到一模一样的内容，给出一模一样的分析。在日常环境中，甲和乙通过观察形成信念的过程是非常可靠的。有一天，甲和乙被一个恶魔绑架了，分别锁在一个地方，不能挪动。甲所在的地方与乙所在的地方看上去一模一样，但实际上很不同：甲观察到的每个东西都是恶魔

① 这个例子来自Duncan Pritchard（2010：48-49）。为了更好地说明我的观点，我做了一点修改。

制造出来的幻象,不是真实的,而乙观察到的每个东西都是真实的,不是幻象。比如,甲和乙都通过观察相信前方有一面墙,墙上有一幅画——从第一人称视角,他们看到的东西是一模一样的。但甲看到的墙和画是幻象,而乙看到的墙和画是真实的。很快,甲通过观察形成了大量的假信念,而乙通过观察形成了大量的真信念。

根据可靠主义辩护理论,甲的信念是没有受到辩护的,因为甲的信念形成过程是不可靠的,而乙的信念是受到辩护的,因为乙的信念形成过程是可靠的。但很多人的直觉性判断是:如果乙的信念是受到辩护的,那么甲的信念也是受到辩护的。毕竟,二者主观上处理信息、形成信念的方式是完全相同的。①

Goldman 先后提出不同的方案处理新恶魔问题。影响较大的一种方案是区分强辩护与弱辩护:S 的信念 p 受到强辩护,仅当:这一信念是通过可靠的过程产生的。S 的信念 p 仅仅受到弱辩护,当且仅当:这一信念的形成过程 M 是不可靠的,但 S 不相信 M 是不可靠的,并且 S 无法通过一种可靠的方法得知 M 是不可靠的。为了说明弱辩护,Goldman(1988)让我们考虑一个对现代科学一无所知的古代文化。这个文化中的人使用一些事实上极不可靠的方法——如卜筮、占星术和神谕——来形成关于未来事物的信念,比如他们通过卜筮相信明年 2 月对某个邻国发动战争会取得胜利。在这个文化中,人人相信卜筮,没有人质疑卜筮的可靠性。当卜筮的预测失败时,他们会认为是神灵突然干涉的结果。他们从未想到去统计预测的成功与失败次数,更从未想过概率论、统计学,以及任何可以称为"实验方法"的东西。我们会如何评价他们的信念形成方式呢？一方面,我们

① 参见 Cohen and Lehrer (1983), Cohen (1984) 和 Ralph Wedgwood (2002: 349) 的讨论。

会认为,他们的信念形成方式有严重缺陷(因为不可靠);另一方面,我们会认为,指责/批评他们用卜筮等方法形成信念,是不适当的,毕竟他们无法找到更可靠的方法。Goldman 说,他们用卜筮等方法形成的信念没有受到强辩护,但受到弱辩护。同样,在“认知双胞胎”那个例子中,甲形成信念的过程是不可靠的,但这不是他的错——指责/批评他使用不可靠的方法形成信念是不适当的。因此,甲的信念没有受到强辩护,但受到弱辩护。[①]

然而,以上回应有一个问题。正如 Goldman(1988: 51)自己承认的,这个回应用“可靠性”去界定“强辩护”,而用“不可靠性”去界定“弱辩护”,意味着他不能给出一个统一的辩护理论。好比一个物理学理论,对地球上的运动是一套解释,对天体的运动是另一套解释,无法给出统一的解释。如果一个辩护理论不区分强辩护和弱辩护,统一解释为什么甲和乙这一对认知双胞胎以及古代人的信念都是受到辩护的,那么 Goldman 回应的劣势就会被凸显出来。[②]

顺便值得一提的是,Goldman 后来又提出认可清单可靠主义,从心理学角度去解决新恶魔问题。他认为我们之所以会认为甲的信念是受到辩护的,是因为甲的信念过程——与正常人(在正常环境中)

---

① 有时候 Goldman 用“主观上受到辩护”与“客观上受到辩护”这一对概念。关于这一区分的历史,参见 Feldman (1988)的论文 Subjective and Objective Justification in Ethics and Epistemology。

② Williamson 等人对辩护(justification)与谅解(excuse)的区分面临着类似的问题。根据 Williamson 等人的观点,甲的信念没有受到辩护(unjustified),但是可谅解的(excused)。他们虽然没有像 Goldman 那样把辩护一分为二,分而治之,但引入了“谅解”这一概念。Mikkel Gerken 在“Warrant and action”(2011)一文中论证了知识论中诉诸“可谅解的”是特设的(ad hoc)。这不仅没有给出统一的理论,还节外生枝,引起更多的问题。比如,Daniel Greco (2019)等人指出,在法律中,典型的可谅解的例子是精神病人做了坏事,或者正常人被逼做了坏事。如果一个警察基于某些证据暂时拘捕某个嫌疑人,而其他任何一个理性的、受过专业训练的警察都会基于同样的证据拘捕那个嫌疑人,即使拘捕错了人,也是可辩护的(justified),而非仅仅可谅解的。“可辩护的”是可以作为他人效仿榜样的,但“仅仅可谅解的”则不可以作为他人效仿的榜样。如此一来,说只有真信念才是可辩护的,并不妥。

的可靠信念形成过程一模一样——是普通人认可的。然而,根据这个心理学理论,我们就不会认为古代人的信念受到任何辩护,因为古代人的信念形成过程不是(当代)普通人认可的。换言之,如果我们认为古代人的信念受到了弱辩护,那么认可清单可靠主义就是错误的心理学理论。

3.4　美诺问题

一些哲学家(比如 DePaul 1993; Kvanvig 2003; Jones 1997; Swinburne 1999; Zagzebski 1996;2003)认为过程可靠主义是错误的,因为它无法解释为什么知道比蒙对更好。

假设甲和乙在初中数学考试中碰到一道题:如果一个直角三角形的两条直边长分别是 3 米和 4 米,那么它的斜边长是多少?假设甲通过运用勾股定理,正确地推理出答案是 5 米,而乙也认为正确答案是 5 米,理由是 3、4、5 是连续的自然数。显然,甲知道问题的正确答案,而乙只是蒙对——侥幸正确。甲的认知状态比乙更好。

然而,为什么知道比侥幸正确更好呢?这是柏拉图在《美诺篇》中提出的问题,被称为"美诺问题"。柏拉图认为,就指导我们的行动而言,知道 p 为真并不比侥幸正确(相信真命题 p,但不是以认知上正确的方式)更好。假设你和我想去 Larissa 这个地方。你知道去 Larissa 的正确路线是 W,我也相信去 Larissa 的正确路线是 W,但我只是侥幸正确。在"我们如何才能到 Larissa?"这个实践问题上,知道和侥幸正确能给我们同样有效的指导。

柏拉图——借着苏格拉底的身份——依旧认为知道比侥幸正确更好。他给出一个类比:在希腊神话中,Daedalus 是一位杰出的建筑师和雕塑家,建造了著名的克里特岛迷宫;他的雕像栩栩如生,如果雕刻的是人和动物,会获得生命,如果没有铁链锁住,就会跑掉。苏格拉底对美诺说：拥有一个随时会跑掉的 Daedalus 雕像，价值不大。拥有一个被锁住的 Daedalus 雕像，才有很大价值。真理跟 Daedalus 雕像一样。侥幸正确——相信真命题 p，但不是以认知上正确的方式——就像拥有随时会跑掉的 Daedalus 雕像，而知道 p 为真则像拥有一个被锁住的 Daedalus 雕像。苏格拉底的意思似乎是：如果你相信真命题 p，但不是以认知上正确的方式，你很可能禁不住别人的质问，随时不再相信 p，让真理离你而去；当你接收到一些让你困惑的新信息时，你也很可能会不再相信 p，让真理离你而去。但如果你知道 p 为真（以认知上正确的方式相信 p），你就能禁得住别人的质问，能穿透新信息的迷雾，继续相信 p，保有原来的真理。这就是为什么知道 p 为真比侥幸正确更好。

然而，柏拉图的解释有两个缺陷。首先，虽然很多时候以认知上正确的方式相信一个真理的确有助于我们“锁住”真理，但教条主义也能有助于我们“锁住”真理。如果一个人固执教条地相信一个真理，即使是基于主观愿望（wishful thinking），也可以锁住这条真理，不让它跑掉。然而，拥有知识似乎比仅仅侥幸正确并固执教条地坚持更好。其次，有时候以认知上正确的方式相信一个真理，不一定能“锁住”真理。比如一个人临死前基于可靠的观察和推理获知某个重要的真理，很快就因为死亡而不再拥有这一真理。然而，即使在临死之前，知道某个重要的真理 p 也比侥幸正确更好。这似乎是因为知道 p 本身是更好的认知状态。换言之，“知道 p”这种认知状态具有更高的内在认知价值。①

为什么“知道 p”这种认知状态比侥幸正确具有更高的内在认知价值？这是延伸的美诺问题。

---

① X 具有内在认知价值＝从认知角度看，X 本身具有价值。

批评者认为,Goldman 的过程可靠主义无法解决美诺问题。Zagzebski(1996)用咖啡做类比来说明这一点。假设有两杯品质一模一样的咖啡,其中一杯是可靠的咖啡机生产的,另一杯是不可靠的咖啡机生产的。显然,通过可靠的咖啡机生产的那杯咖啡并不比通过不可靠的咖啡机生产的那杯咖啡更好。同样,假设你和我都相信真命题 p,你的信念 p 是通过可靠的过程产生的,而我的信念 p 是通过不可靠的过程产生的。显然,通过可靠的过程产生的真信念 p 并不比通过不可靠的过程产生的真信念 p 更好。在 Zagzebski 看来,Goldman 把"S 知道 p"等同于"S 的真信念 p 是通过可靠的过程产生的"。(Zagzebski 虽然简化了 Goldman 的知识定义,但如果把"能够排除所有相关的¬ p 选项"也视为一种可靠性,这种简化并没有严重扭曲 Goldman 的观点。)因此,Zagzebski 认为 Goldman 无法解释为什么知道 p 并不比侥幸正确(通过不可靠的过程产生的真信念 p)更好。

面对以上批评,Goldman 和 Olsson(2009)写了专文回应。在一篇合作论文中,他们给出两个解决美诺问题的方案。

第一个是有条件的概率方案(the conditional probability solution)。具体言之,如果 S 的信念 p 是由一个可靠的过程产生,那么**将来**在类似情况下 S 获得真信念的概率比较大(根据定义,至少大于 50%)。而如果 S 的信念 p 是由一个不可靠的过程产生,那么**将来**在类似情况下 S 获得真信念的概率比较小。因此,知道 p 比仅仅侥幸正确会让 S 将来在类似情况下获得更多的真信念。获得更多的真信念=获得更多的真理(当我们相信一个真命题时,我们就获得了真理),而获得真理具有内在认知价值。任何能有效地帮助我们获得真理的方式都具有工具认知价值,因此,如果 x 比 y 会让 S 将来获得更多的真理,那么 x 比 y 具有更大的工具认知价值,所以,知道 p 比侥幸正确具有更大的工具认知价值。

显然,以上方案只是回答了为什么知道 p 比仅仅侥幸正确更好,没有解释为什么知道 p 比侥幸正确具有更大的**内在**认知价值。

Goldman& Olsson 给出的第二个方案——价值独立化方案(the value autonomization solution)——讨论了"知道 p"这种认知状态的内在认知价值。他们认为,有些东西本来只有工具价值,但时间长了,会因为具有工具价值而变得具有内在价值。Goldman & Olsson 以好的道德行为与好的道德动机为例。一些道德行为(比如拯救溺水的小孩子)具有内在价值;有些道德动机(比如恻隐之心)能够在正常情况下促使我们做出这些道德行为,因此,它们具有工具价值。但我们认为这些道德动机不仅仅有工具价值,而且有内在价值:即使它们有时没有成功促使我们做出道德行为,本身也具有价值。换言之,他们的价值独立于道德行为的价值。为什么?一个比较直接的回答是:因为这些道德动机能在正常情况下可靠地导致道德行为,时间长了,逐渐继承了道德行为的内在价值,实现了价值独立(其价值不再依赖于道德行为的价值)。Goldman & Olsson(2009)认为真信念与可靠过程的情况是类似的。真信念——获得真理——具有内在认知价值。可靠的过程在正常情况下帮助我们获得真信念,因此有工具认知价值。但可靠的过程逐渐实现了价值独立,也具有内在认知价值。因此,【通过可靠的过程获得的真信念】的内在认知价值高于【通过不可靠的过程获得的真信念】,所以,知道 p 比侥幸正确具有更高的内在认知价值。

然而,价值独立化方案至少有两个问题。首先,它否定了关于认知价值的唯真主义(veritism),使得 Goldman 前后不一致。唯真主义认为获得真理是唯一的认知目标:从认知角度看,获得真理是唯一本身值得追求的东西。简言之,唯有真信念具有内在认知价值,其他东西只具有工具认知价值。如果可靠的过程逐渐实现了价值独立,具有内在认知价值,那么并非只有真信念才具有内在认知价值——毕竟可靠的过程本身不是真信念,也不包含真信念。

Goldman 或许可以回应说:他认可的"唯真主义"不是说唯有真信念具有内在认知价值,而是说唯有真信念具有**初始**内在认知价值:如果其他东西有内在认知价值,它一定从真信念的内在认知价值继承而来。我们可以把这种观点称为"初始唯真主义"。初始唯真主义与纯唯真主义不同。纯唯真主义主张,只有真信念具有**原子**内在认知价值:如果 X 具有内在认知价值,一定是因为 X 包含了真信念;X 的内在认知价值等于 X 所包含的每个真信念的内在认知价值之和。任何不是真信念或不包含真信念的东西没有内在认知价值。[①] 初始唯真主义则认为,即使 X(如可靠的过程)不是真信念,也不包含任何真信念,也可能具有内在认知价值。

与初始唯真主义相比,纯唯真主义更符合我们的直觉。根据纯唯真主义,获得真理是我们唯一的认知目标;我们之所以要获得可靠的过程,是为了获得更多真理,不是为了获得可靠的过程而获得可靠的过程。这个观点很符合我们的直觉。但根据初始唯真主义,我们之所以要获得可靠的过程,不仅是为了获得更多真理,也是为了获得可靠的过程而获得可靠的过程。获得可靠的过程是认知目标之一。这个观点有些违背我们的直觉。

价值独立化方案的第二个问题是它诉诸了一个会导致荒谬结果的抽象原则:有些本来只有工具价值的东西,最终会因为它们有工具价值而获得内在价值。固然,有些哲学家——比如 Shelly Kagan (1998)在 Rethinking Intrinsic Value 一文中——也捍卫了这个原则。

---

① 原子内在认知价值也可称为"基本内在认知价值",参考我早先的一篇论文 Xingming Hu (2017)。

但这个原则似乎会导致一个奇怪的后果：假设 X_1 具有内在价值，而 X_2 开始只是实现 X_1 的工具，X_3 开始只是实现 X_2 的工具，X_4 开始只是实现 X_3 的工具……X_n 开始只是实现 X_{n-1} 的工具。如果 X_2 最终会因为其有工具价值而获得内在价值，那么 X_3 X_4……X_n 似乎最终都会因为其有工具价值而获得内在价值。但这是荒谬的。（如果只有 X_2 最终会因为其有工具价值而获得内在价值，X_3 X_4……X_n 都不会因为其有工具价值而获得内在价值，那需要解释为什么有这一区别。这是一个很难回答的问题。）

Goldman & Olsson（2009）似乎意识到这个问题。他们退了一步，说“价值独立化”不是一个形而上学原则，只是个心理学假设，它只是说：时间长了，人们**事实上**会把有些本来只有工具价值的东西赋予内在价值。Goldman & Olsson（2009）认为，这个心理学假设可以解释为什么我们会**认为**“知道 p”这种认知状态本身比侥幸正确更好。Goldman & Olsson（2009：34）特别指出，他们更关心的问题不是：为什么知道 p 比侥幸正确具有更大的内在认知价值？而是：为什么**我们会认为**知道 p 比侥幸正确具有更大的内在认知价值？

然而，如果美诺问题只是一个心理学问题，为什么 Gettier 问题、彩票问题和怀疑主义问题不可以都视为心理学问题？比如 Gettier 问题不是“为什么 JTB 不一定是知识？”而是“为什么**我们会认为** JTB 不一定是知识？”如果 Gettier 问题、彩票问题和怀疑主义问题都只是心理学问题，那么知识论就变成了心理学的一个分支。

此外，即使美诺问题只是一个心理学问题，即使把“价值独立化原则”看成一个心理学假设，这个原则似乎也无法解决美诺问题。因为即使时间再长，人们也不会把**所有**本来只有工具价值的东西赋予内在价值，比如吃药有工具价值——良药苦口利于病，但我们不会把吃药赋予内在价值。要从心理学角度处理美诺问题，需要进一步限定和解释价值独立化原则：为什么时间长了，人们会把有些本来只有工具价值的东西赋予内在价值，但不会把另一些本来只有工具价值的东西赋予内在价值？为什么可靠的信念形成过程属于前者，而非后者？

小　结

总而言之，Alvin Goldman 之过程可靠主义对知识的界定是：S 知道 p，当且仅当：(i) S 相信 p，(ii) S 的信念 p 是通过可靠的过程产生（或保留）的，(iii) p 为真，并且(iv) S 能排除所有相关的¬p 选项。乍看之下，这一知识定义可以避免/克服（传统证据主义版）JTB 定义面临的五个问题：奠基问题、Gettier 问题、彩票问题、新怀疑主义问题以及无证据的知识问题。然而，过程可靠主义的知识定义会导致四个新问题：新归纳问题、不理性问题、新恶魔问题和美诺问题。

第四章

德性知识论

2012年初,畅销书作家韩寒被许多人质疑造假。13年前(1999),16岁的高中生韩寒通过一篇作文一举成名。当时,上海的《萌芽》杂志社联合北京大学、复旦大学、南京大学等众多高校首次举办新概念作文大赛,主要面向高中生。优胜者可以获得保送这些大学的资格(后来取消直接保送,改为降分录取)。对于长于写作而短于数学的高中生,这是一个难得的机会。然而,1999年那次大赛,上海的高中生韩寒却因为没有收到通知错过了复赛时间。但主办方特意为韩寒一人增加了补赛的机会,重新给他单独设立考场。《萌芽》主编李其纲在考场临时命题。他把一张纸揉成一团,塞进桌上有水的杯子里,只说了一句话:“就这个题目,你写吧。”据媒体报道:“在短短一个多小时后,纸团沉到杯底,韩寒的文章却浮出水面。”①文章题为《杯中窥人》,引起全国轰动。13年后,一些人开始怀疑韩寒的《杯中窥人》以及后来出版的小说《三重门》都是其父亲韩仁均代笔;新概念作文大赛主办方之所以给韩寒补赛机会,是因为《萌芽》主编李其纲与韩寒父亲是大学同学。韩寒和他的父亲完全否定了这些质疑。韩寒一度去法院控告一个质疑者,然而在获得法院正式立案后,他决定撤诉。两个月后,他通过出版手稿集《光明与磊落》回应质疑者,却引起了更多的争议。②

韩寒事件的一个特别之处在于:许多辩护者认为,即使新概念作文大赛给韩寒单独补赛是一种腐败,即使韩寒的某些作品的确有代笔的部分,也不应该“一棍子打死”,因为韩寒是一个优秀的作家。而质疑者则花很大精力去论证“韩寒本人的语文水平太差,不具有写作能力”这一点。虽然辩护者与质疑者各执一词,但双方的价值观是一致的:只有靠自己的能力获得的成功才值得肯定。如果韩寒不具有写作能力,完全靠他人代笔,越成功越可鄙。

对于“靠自己的能力获得成功”和“通过其他因素获得成功”的区分可以追溯到亚里士多德。③ 一些哲学家在这一区分的基础上,提出了一个新的知识定义:知识是一种通过运用可靠的认知能力获得的认知成功。他们把可靠的认知能力称为“理智德性”(intellectual virtue),把自己的核心观点称为“德性知识论”(virtue epistemology)。不同的德性知识论者(如 Sosa 1991, 2001, 2007, 2009, 2015; Zagzebski 1996;Greco 2003, 2010; Pritchard 2010)提出了不同的德性知识论

① 见 http://edu.sina.com.cn/i/26306.shtml。访问日期:2025年3月9日。

② 参见中文维基百科“韩寒被质疑造假事件”。https://zh.wikipedia.org/zh-hans/韩寒被质疑造假事件。访问日期:2025年3月9日。

③ 参见 Aristotle, *Nicomachean Ethics*, Book I, Chapter 7, 1098a。

版本。

本章主要讨论 Sosa(及其捍卫者 John Greco)的德性知识论,说明它的优点与缺陷。[①] 本章的计划是:首先,我给出一个对 Sosa 德性知识论的解读,初步说明它与过程可靠主义的异同,为什么它会区分动物知识和反省知识,以及它如何解决 Gettier 问题。[②] 其次,我将通过说明 Sosa 的德性知识论会如何克服或避免过程可靠主义面临的问题,来阐明(Sosa 眼中)德性知识论的优点。最后,我将批判地考察德性知识论所面临的三个问题:(a) 否定彩票问题的问题,(b) 轻易知识问题,(c) 超常发挥问题。对于其中的某些问题,其他哲学家已有或多或少的讨论,Sosa(及其捍卫者 Greco)也给出了回应。我试图在一些讨论和回应的基础上,给出一个更深入一点的分析,论证 Sosa 对彩票问题的处理不比 Goldman 的处理更好,而 Goldman 的过程可靠主义比 Sosa 的德性知识论能更好地处理轻易知识和超常发挥问题。

第一节　什么是德性知识论?

我们可以通过过程可靠主义面临的温度计反例来理解 Sosa 的德性知识论。在前一章,我们看到过程可靠主义无法解释为什么在"植入型温度计"那个例子中,甄先生并不知道现在的温度是 40℃。为处理这一问题,Goldman 后来吸收了证据主义的洞见,主张证据和

---

① 有人可能会问:既然有不同版本的德性知识论,为什么仅仅考虑 Sosa 和 Greco 的德性知识论? 我的回答:首先,Sosa 似乎是最早明确用理智德性去界定知识的哲学家,被一些著名哲学家(如 Kvanvig [2010: 47])称为"现代德性知识论之父",影响也非常大。其次,本章主要讨论 Sosa 和 Greco,但不是仅仅讨论 Sosa 和 Greco。本章也涉及对 Zagzebski 和 Pritchard 观点的讨论。

② Sosa 的著作并不易懂。虽然我在主观上尽力遵守解读文本的宽厚原则(principle of charity),但对自己的解读是否准确地传达了 Sosa 的本意,并无十足的把握。

可靠过程都是知识的必要条件。但融入证据的过程可靠主义无法解释为什么在“失灵的温度计”那个例子中，董博士并不知道此刻试管中液体的温度是23℃。

Sosa则认为，要处理温度计反例，不需要诉诸“证据”，只需要把“可靠的过程”修改成“可靠的认知能力”。他把可靠的认知能力称为“理智德性”（intellectual virtue）。他对知识的定义是：

> S知道p，当且仅当：(i) S相信p，(ii) p为真，并且(iii) S之所以相信了p这个真命题，而没有相信某个假命题，是因为他运用了自己的理智德性。[①]

这个定义与传统证据主义和过程可靠主义的一个区别是：它没有诉诸“辩护”（justification）这一概念，而直接用“理智德性”去界定知识。[②] 德性（virtue）是对希腊文arete的翻译，而arete最基本的含义是优秀的能力/品质（excellence）。根据这一词源，“理智德性”是指优秀的认知能力。[③] 然而，如果优秀的标准是前10%，那么90%的人就缺乏理智德性；如果运用理智德性是获取知识的必要条件，那么

---

① 在一系列的著作中，Sosa（1991，2007，2009，2010，2011，2015，2017，2021）反复捍卫了这一观点。

② 为什么不诉诸“辩护”这一概念？我们在前几章提到，“辩护”最核心的意义是“提供理由”（justify p＝为p提供理由）。这是学术界对“辩护”一词的典型用法。传统证据主义者还能在很大程度上尊重这一用法，而Goldman的过程可靠主义已不再尊重这一用法。Goldman有时候明确说，如果坚持传统用法，过程可靠主义就不是关于辩护的理论。Sosa和Goldman一样认为传统意义上的辩护不是知识的必要条件，但Sosa似乎不愿意像Goldman一样先给出一个不尊重传统意义的辩护定义，然后说这个意义上的辩护是知识的必要条件。当然，Sosa在一些著作中也试图从理智德性角度给出一个辩护理论。参见Sosa（1991），Sosa（2001：384-385）和Bonjour & Sosa（2003，156-165）。

③ Linda Zagzebski（1996：85）说：“从未有哲学家严肃地质疑德性是一种优秀能力/品质这一观点（The central idea that virtue is an excellence has never been seriously questioned）。”

90%的人就缺乏知识。这是一种精英主义。Sosa 等德性知识论者反对这种精英主义。他们认为“优秀”的标准不是与他人比较而言,而是相对于认知能力的可靠性而言:一个人(在某个领域)具有优秀的认知能力,当且仅当:该能力有助于这个人(在该领域)获得真信念的可能性较高(至少高于 50%)。[1] 这个意义上的优秀能力更接近英文中的 competence(可靠的能力),而非 excellence。因此,Sosa 常用 competence 一词作为 virtue 的同义词,而很少用 excellence 这个词。[2] 根据 Sosa 的观点,如果一个高中生在每次物理考试中都能做对 80% 以上的题目,那么他(在高中物理这个领域)具有可靠的认知能力(=理智德性)。这种可靠的认知能力是观察能力、推理能力以及谨慎和耐心等品质综合的结果。因此,Sosa 也把观察能力(包括视觉能力和听觉能力等)、推理能力以及谨慎和耐心等品质称为“理智德性”。[3] 但当 Sosa 说某个人(在某个领域中)具有理智德性(intellectually virtuous)时,他的意思似乎是这个人(在这个领域中)具有综合的可靠认知能力,获得真信念的可能性较高。[4]

对于过程可靠主义面临的温度计反例,Sosa 可以给出一个直截了当的解释:如果 S 之所以相信 p 这个真命题(而没有相信某个假命题),不是因为 S 运用了自己的可靠认知能力,那么 S 不知道 p。在“植入型温度计”那个例子中,甄先生之所以相信“现在的温度是

① Sosa (1991: 225)的原文是:“An intellectual virtue is *a quality bound to help maximize one's surplus of truth over error*.”

② 传统中文里没有与 competence 相对应的词。一些中文商学工作者将 competence 翻译成“胜任力”。但“胜任力”不是传统的中文。

③ 一些哲学家(如 Zagzebski)不同意把普通人的观察能力称为“理智德性”,是因为只有后天刻意培养的品质才算理智德性。参考 Greco(2000)对这一观点的回应。他特别指出,柏拉图和阿奎纳都认为普通人天然拥有的观察能力是一种德性。

④ 这是我对 Sosa 的解读,他没有明确这么说。

40℃”这个真命题,而没有相信“现在的温度是39℃”等周边假命题,不是因为他运用了自己的可靠认知能力,而是因为那个植入型温度计控制了他关于温度的信念。[①] 在“失灵的温度计”那个例子中,董博士之所以相信“此刻试管中液体的温度是23℃”这个真命题,而没有相信“此刻试管中液体的温度是24℃”等周边假命题,也不是因为他运用了自己的可靠认知能力,而是因为天使调整了此刻试管中液体的温度。(的确,董博士之所以相信“此刻温度计的读数是23℃”这个真命题,而没有相信“此刻温度计的读数是24℃”等周边假命题,是运用了他的可靠观察能力。但“此刻温度计的读数是23℃”和“此刻试管中液体的温度是23℃”是两个不同的命题。在“此刻试管中液体的温度是多少”这个问题上,董博士之所以获得正确答案,全靠天使的帮忙,而非运用他自己的认知能力。)

然而,Sosa的德性知识论似乎无法处理Laurence BonJour(1985:41)提出的一个例子:

> **神秘认知能力**:曾经有个叫“小诺”的人,他有一种神秘的认知能力:如果他想知道某人身在何处,只要闭上眼睛,心中想着那人的样貌,两分钟后就能准确判断那人的位置。这一能力是100%可靠的。但小诺没有任何证据表明自己具有这种能力——他从没有通过新闻报道或实际考察来验证自己的判断是否准确。他也没有任何证据表明现实中的其他人具有这种能力。有一天,美国国务卿秘密访问中国,没有任何新闻报道。小诺突然想知道美国国务卿现在何处。于是他闭上眼睛,心中想

① 1992年左右,Goldman曾一度被植入型温度计这类例子说服了,与Sosa等德性知识论者合流。在Epistemic Folkways and Scientific Epistemology一文中,Goldman(1992:157)写道:“我的观点与Ernest Sosa的德性知识论具有相同的核心思想,但加入了一些改善Sosa观点的独特特征。”

着美国国务卿的样貌。两分钟后,他相信美国国务卿此刻正在中国。①

显然,小诺的认知状态符合 Sosa 的知识标准:小诺之所以相信“美国国务卿此刻在中国”这个真命题,而没有相信“美国国务卿此刻在法国”或“美国国务卿此刻在纽约”等周边假命题,是因为他运用了自己的可靠认知能力。但小诺真的知道美国国务卿此刻在中国吗?他没有任何证据表明自己具有可靠的神秘认知能力。许多人的直觉性判断是:小诺并不知道。

为了处理神秘认知能力这类例子,Sosa 区分了动物知识(animal knowledge)与反省知识(reflective knowledge)。粗略地说,“动物知识”不是指大猩猩、海豚等动物具有的知识,而是指【知道 p,但对自己如何知道 p 毫无概念】的那种认知状态。“反省知识”则是指【知道 p,也对自己如何知道 p 有一定了解】的那种认知状态。精确一点说,

- S 在动物层面上知道 p,当且仅当:(i) S 相信 p,(ii) p 为真,(iii) S 之所以相信了 p 这个真命题,而没有相信某个假命题,是因为他运用了自己的理智德性(=可靠的认知能力),但(iv)S 没有意识到(iii)。
- S 反省地知道 p,当且仅当:S 不但在动物层面上知道 p,而且在动物层面上知道自己在动物层面上知道 p。简言之,反

① 我对 BonJour 的例子做了一点修改。BonJour 原来的例子是关于 clairvoyance。Clairvoyance 是一种千里眼能力,拥有这种能力的人会有类似视觉经验的证据。如果一个人通过 clairvoyance 相信美国国务卿此刻正在中国,那么他有相关的证据——他的类视觉经验就是证据。我修改后的例子不涉及任何类似视觉经验的东西。

省知识是二阶动物知识。①

Sosa 会说:在“神秘认知能力”那个例子中,小诺在动物层面上知道美国国务卿此刻在中国,但对自己如何知道这一点毫无概念,因

---

① Sosa 对“反省知识”的说明,常常前后不同,也不够清楚。为了方便读者参考,这里引一些英文原文。Sosa (2007: 32) 写道, “If K represents animal knowledge and K^+ reflective knowledge, then the basic idea may be represented thus: $K^+ p \leftrightarrow KKp$. ”Alvin Goldman(2012: 88)对 Sosa 的解读是:“What Sosa seeks to add to an account of distinctively human knowledge—as contrasted with mere animal knowledge—is meta-level true beliefs of an appropriate provenance. This is clearly indicated in Sosa (2007: 32) where reflective knowledge is equated with animal knowledge of animal knowledge. ” (Kornblith 2012: 15)的解读是:“Sosa now defines animal knowledge as apt belief (roughly, reliably produced true belief), and reflective knowledge as ‘apt belief aptly noted’, i. e. true belief which is both reliably produced and also such that one has a reliably produced true belief that the first-order belief was reliably produced [see Sosa (2007, pp. 34, 43, 98, 113)]. But this new definition of reflective knowledge is just animal knowledge twice over. It requires no knowledge (reflective or otherwise) of how one's first-order belief came about or its relationship to one's other beliefs. ” Sosa (1991: 240)早期对动物知识与反省知识的区分是:“One has animal knowledge about one's environment, one's past, and one's own experience if one's judgments and beliefs about these are direct responses to their impact—e. g. through perception or memory—with little or no benefit of reflection or understanding. One has reflective knowledge if one's judgment or belief manifests not only such direct response to the fact known but also understanding of its place in a wider whole that includes one's belief and knowledge of it and how these come about. ” 这里 Sosa 用理解(understanding)去界定反省知识。但据 J. Adam Carter & Robin McKenna (2019)的解读:“Note that by ‘understanding’ Sosa means more animal knowledge. One has reflective knowledge that p iff one has (a) animal knowledge that p, and, (b) animal knowledge of how one's belief came about and of how it fits into a broader network of beliefs. ” Carter & McKenna 特别强调:“It is important to note that Sosa's considered view is not (and never has been) that one has reflective knowledge that p if one has animal knowledge that one has animal knowledge that p. One requires, in addition, more animal knowledge, for instance, about how the relevant first-order belief came about, or how it fits into a broader network of beliefs. ” Sosa 在其他地方对“反省知识”的定义略有不同,比如有时候 Sosa (2007: 24; 2009: 139)认为,S 反省地知道 p,当且仅当:(i) S 在动物层面上知道 p,(ii) S 不但相信而且能捍卫(defend)“S 的信念 p 是由可靠的过程产生”这个命题。

此,他缺乏反省知识。

经过以上的澄清,我们可以看出 Sosa 的德性知识论很容易避免新怀疑主义问题。假设我是生活在认知桃花源世界中的正常人。当我通过观察相信"对面坐着一个人"这个真命题时,我知道对面坐着一个人。为什么我知道？德性知识论的解释是:要(在动物层面上)知道 p,不需要拥有任何支持 p 的证据,只需要满足以下条件:S 之所以相信了 p 这个真命题,而没有相信某个假命题,是因为 S 运用了自己的理智德性。我之所以相信"对面坐着一个人"这个真命题,而没有相信"对面坐着两个人"或"对面那个人是站着而非坐着"或"对面没有人"等周边假命题,是因为我运用了自己的观察能力。而我的观察能力是一种理智德性,因为它是可靠的认知能力。Sosa 认为,我通过运用自己的理智德性相信 p,并不一定意味着我意识到自己拥有理智德性,也不一定意味着我拥有的证据表明 p 比¬p 更可能为真。我们在"JTB 定义面临的问题"那一章提到的"被遗忘的证据"那个例子表明,即使我此刻没有任何支持或反对 p 的证据,我也可能通过运用自己的理智德性相信 p。①

有人可能会反驳说,与 Goldman 的知识定义不同,Sosa 的知识定义没有"排除所有相关的¬p 选项"这一条件,无法解决 Gettier 问题。比如,在"求职"那个例子中,Smith 之所以相信"获得工作的那个人口袋里有 10 枚硬币"这个真命题,而没有相信"获得工作的那个人口

---

① 根据 Sosa 对动物知识与反省知识的区分,是不是我们不可能获得反省知识？这依赖于如何界定反省知识。如果反省知识(或者更高阶的知识)本质上仍是动物知识,那么反省知识也不需要证据。换言之,S 知道 p,S 知道 S 知道 p,S 知道 S 知道 S 知道 S 知道 p,……每个知道都是在动物层面上知道,只是知道的对象不同。二阶动物知识和三阶动物知识本质上仍是动物知识。根据动物知识的定义,如果我是处在认知桃花源中的正常人,要在动物层面上知道某个命题是否为真,并不需要拥有支持"p 比¬p 更可能为真"的证据。

袋里有 8 枚硬币”“口袋里有硬币的那个人不会获得工作”等假命题,也是运用了自己理智德性的结果。具体一点说,Smith 有可靠的观察和推理能力。他首先准确地观察到(a) 公司总经理说他们会录用 Jones,又准确地观察到(b) Jones 口袋中有 10 枚硬币。其次,他从 a 归纳地推出(c) 获得工作的那个人是 Jones,又从 b 和 c 演绎地推出(d)获得工作的那个人口袋里有 10 枚硬币。显然,他之所以相信 d,不是靠猜测,也不是靠求神问卜,而是因为运用了自己的理智德性。当然,他能获得真信念,有运气在,但也离不开他的理智德性。

为了回应这一反驳,Sosa(2007:86)诉诸了“解释的突出因素”(explanatory salience)这一概念。[①] 他以射击作为类比,来说明在 Gettier 例子中,S 之所以相信了 p 这个真命题,不是因为 S 运用了自己的理智德性。换言之,S 的理智德性不是解释 S 为什么相信 p 这个真命题的突出因素。

对于射击而言,成功的标准是射中靶心。有些人每射击十次,至少有六七次射中,他们具有可靠的射击能力(competent);还有些人每射击十次,至少有五六次射偏,他们不具有可靠的射击能力(incompetent)。一个不具有可靠射击能力的人可能因为运气好偶尔射中靶心,而一个具有可靠射击能力的人可能因为运气不好偶尔错失靶心。

Sosa 认为,当一个具有可靠射击能力的人射中靶心时,这种成功

---

① 后来 Sosa (2010; 2015; 2022)不再诉诸“突出因素”这个概念,而说 knowledge is success that (sufficiently) manifests competence。但 Sosa 并没有阐明(sufficiently) manifest 与“突出因素”这个概念不同在哪里。事实上,Sosa(2015: 32-33)说,manifest 是个基始概念(primitive concept),无法进一步定义。一些哲学家(比如 Bob Beddor & Carlotta Pavese 2023)在讨论 Sosa 的观点时,还是以 Sosa (2007)为其标准观点。

通常是因为他的能力,但并非总是如此。Sosa(2007: 22)注意到一种异常情况:

> **两阵风**:李广有高超的射击能力,观众很喜欢看他的射击表演。有一次,他的箭发出后,突然来了一阵风将箭吹偏了,观众唏嘘,以为箭不会射中靶心。但接着突然有一阵相反方向的风将箭吹回了正确的轨道,射中了靶心。这时,观众会惊叹李广的运气好,而不会赞叹他高超的射击能力。

当然,李广的能力也是这次成功的因素之一:如果他是个无能的射手,第二阵风不会把箭吹回正确的轨道。但他这次之所以射中靶心,却主要是因为运气好:碰巧有第二阵风。具体言之,导致一件事发生的因素有很多,我们平常解释这件事的原因,不会列举出所有因素,只会列举出“突出因素”(the salient part of the causal story)。比如,我们说:“鞭炮厂失火了,因为有人抽烟,火花点燃了火药。”导致失火的因素也包括火药和氧气。但我们不会提及这些因素,更不会说“鞭炮厂失火了,因为厂里有火药,空气中有氧气”。我们只会提有人抽烟这个因素,因为在鞭炮厂那种环境,它是突出因素。又比如,我们说:“厨房失火了,因为燃气泄漏。”导致失火的因素也包括电子打火器冒出的火花和氧气。但我们不会提及这些因素,更不会说“厨房失火了,因为电子打火器冒出火花,空气中有氧气”。我们只会提燃气泄漏这个因素,因为在厨房那种环境,它是突出因素。在两阵风那个例子中,导致李广射中靶心的突出因素不是他的射击能力强,而是他的运气好:碰巧有第二阵风。①

Sosa 认为探究(inquiry)与射击具有相同的结构。探究(inquiry)的基本含义是:为了获得信息而提问的行为或过程(the act or process of asking questions in order to get information)。所谓"为了获得信息",就是为了获得真理——相信真命题,而非假命题。因此,对于探究而言,成功的标准是相信真命题。有些人在某个领域具有可靠的认知能力,另一些人则不具有。不具有可靠认知能力的人可能运气很好,通过卜筮等不可靠的方法获得了真理。具有可靠认知能力的人可能运气不好,没能通过运用自己的认知能力获得真理,反而相信了一些假命题(典型的例子是从真前提归纳地推出一个假结论)。的确,当一个具有可靠认知能力的人获得真理时,这种成功通常是因为他的认知能力,但并非总是如此。Gettier 例子就是这种情况:Smith 具有可靠的认知能力,也获得了真理(即相信"获得工作的那个人口袋里有 10 枚硬币"这个真命题),但他之所以获得真理,却主要是因为运气好。Smith 的可靠认知能力不是解释他为什么获得真理的突

① Sosa(2007: 95-97)诉诸了"解释的突出因素"(explanatory saliency)这个概念,但并没有详细解释。John Greco (2010)发展了 Sosa 的思想。这里介绍的是 Greco 的观点。是否可以说"突出因素=不正常因素"? 似乎不能。晚上你打开灯,说"灯之所以亮,是因为你拨动了开关",似乎是适当的。"你拨动了开关"是突出因素,那个灯的物理装置不是突出因素。但"你拨动开关"不是不正常的事。在老师正讲解电灯泡原理的实验室,你打开灯,说"灯之所以亮,是因为你拨动了开关",似乎是不适当的。在这个语境下,"你拨动了开关"不再是突出因素,那个灯的物理装置才是突出因素。但那个灯的物理装置也不是不正常的。Greco(2010: 83)承认,他给不出判断一个因素是否突出因素的一般标准。要判断一个因素是否突出因素,只能依赖我们对具体情况的直觉。后来,Greco(2012)用"实用因素"而非"解释的突出因素"去说明"因为"关系,但他似乎还是说实用因素决定了什么是解释的突出因素。

出因素。Gettier 例子与两阵风那个例子类似。①

Sosa 认为探究和射击都属于"施为"(performance)这个范畴。任何施为都有其目标,都需要技能(可靠的能力)。因此,我们可以从三方面评估一个施为:它是否实现了目标? 它是否展现出技能? 如果它实现了目标,是否因为运用了技能? 实现了目标的施为是精准的(accurate);展现出技能的施为是能干的(adroit);②因为运用技能而实现目标,是才力所致的(apt)。③ Sosa 称之为"施为的 AAA 结构"。

---

① 参考 Greco (2010: 74)。有时候,Sosa 似乎给出了一种不同的说法。比如,Sosa(2007: 95)区分了"为什么 S 有某个信念 p?"与"为什么 S 的信念 p 为真?"这两个问题。某个东西能解释某个实体为什么存在,不一定能(部分地)解释为什么这个实体有某种属性。比如有一辆被撞坏了的汽车,是 Volvo 公司生产的。Volvo 公司生产的解释了为什么这辆坏了的汽车存在,但没有解释为什么这辆汽车坏了。这辆汽车之所以坏了,是因为被撞,跟 Volvo 公司一点关系都没有。同样,Sosa 似乎认为在 Gettier 例子中,主体的理智德性只是解释了为什么他有某个信念,而没有解释为什么他的信念为真。但这个类比似乎不能成立,因为 Volvo 公司刚出厂的汽车并没有坏,后来遭遇事故才坏掉,但一个人在相信真命题的那一刻,他的信念就是真的。诉诸"突出因素"的方案似乎更好。

② Sosa 对展现(manifests)的用法似乎前后发生了变化。Sosa (2007: 23)对 adroitness 的定义是"manifesting skill or competence",他说:"We can distinguish between a belief's accuracy, i. e., its truth; its adroitness, i. e., its manifesting epistemic virtue or competence; and its aptness, i. e., its being true because competent. Animal knowledge is essentially apt belief." 然而,Sosa (2015: 4)则说:"the apt belief [is the belief] whose correctness manifests the pertinent epistemic competence of the believer." 他把 aptness 定义为"success that manifests competence"。另外,有人说"能干"这个词太口语化。其实这是古文中常用的词。欧阳修《论西北事宜札子》:"代州诸寨主监押三十余员,内无三四人能干而晓事者。"

③ "才力所致"四个字来自《新唐书》所载武则天朝宰相魏元忠的一段话:"李靖破突厥,侯君集灭高昌,苏定方开西域,李勣平辽东,虽奉国威灵,亦其才力所致。"一些学者(包括我在内)过去将 apt 翻译为"适切"。Merriam-Webster 词典对 apt 的释义有四条:1. unusually fitted or qualified; 2. having a tendency; 3. suited to a purpose; 4. keenly intelligent and responsive. 我觉得 Sosa 所谓 apt performance 中的 apt,意思类似 an apt student 中的 apt,突出的是主体,对应着 Merriam-Webster 的第 4 条释义,而非第 1 条或第 3 条。

Sosa 把他的知识定义总结成一句话:知识是才力所致的信念(knowledge is apt belief)。在 Gettier 例子中,Smith 的信念是精准的(相信的是真命题),也是能干的(展现了可靠的认知能力),但不是才力所致的(不是因为运用认知能力而相信真命题)。因此,Smith 的信念不是知识。

然而,有人可能会反驳说:Sosa 的知识定义过于严格了,因为有时候我们获得知识,主要是因为运气好。考虑以下情况:

> **甲骨文**:清末光绪二十五年(1899 年),国子监祭酒王懿荣因生病到药店找大夫抓药,其中有味药叫"龙骨"。他无意间在龙骨这味药材上发现了一些特殊的符号,感觉很像是一种古老的文字,于是便把这家药店里所有的龙骨全都买了下来。经过一番研究,他发现龙骨上的符号是商朝的甲骨文。①

显然,王懿荣发现甲骨文,有很大的偶然因素:如果他当时没有生病,或者没有到那个有龙骨的药店抓药,或者他没看那些龙骨,就不会发现甲骨文。换言之,王懿荣之所以相信"龙骨上的符号是商朝的甲骨文"这个真命题,主要是因为运气好。当然,王懿荣在古文字学领域中的认知能力也起了一定作用。但运气是解释他发现甲骨文的突出因素。毕竟,当时有他那种古文字学造诣的人并不少。之所以是他而不是别人发现了甲骨文,是因为别人没有他的运气。因此,根据德性知识论,王懿荣并不真的知道龙骨上的符号是商朝的甲骨文;他只是侥幸正确。然而,我们不会认可这个说法。我们会认为,王懿荣知道龙骨上的符号是商朝的甲骨文。

对上面这个反驳,Sosa 会这样回应:王懿荣的运气是解释**为什么**

① 这个例子与 Mylan Engel Jr. (1992)抢劫例子的结构类似。

他看到了龙骨上有符号的突出因素,但不是解释为什么他相信“龙骨上的符号是商朝的甲骨文”这个真命题的突出因素。王懿荣之所以相信“龙骨上的符号是商朝的甲骨文”这个真命题,主要还是因为他在古文字学方面有深厚的造诣。假设王懿荣的一个随从也看到了龙骨上有符号,但他对古文字学完全外行,只是因为看到龙骨与《尚书》放在一起就相信龙骨上的符号是商朝的甲骨文。虽然他和王懿荣一样获得了真信念,但导致他获得真信念的突出因素是运气,不是他在古文字学领域的造诣。①

然而,有人(比如 Goldman)会继续反驳说,Sosa 的知识定义无法处理下面这种例子:

> **黄庭坚书法**:老李是研究黄庭坚书法的专家,对于坊间流传的黄庭坚书法赝品,具有很高的分辨能力。有一次他逛一家古玩店,老板给老李看一幅书法,说是黄庭坚临死前写给他外甥张大同的卷子。老李仔细看了卷子后,坚信它是黄庭坚的真迹。事实上,老板没有骗他,这的确是真迹。但老李没有意识到的是:这家店里有很多黄庭坚书法的赝品,并且伪造技术非常高,能骗过老李这样的行家。如果老李看到这样一幅赝品,会分辨不出它与真迹的区别,依旧相信它是真迹。②

在这个例子中,老李知道老板给他看的是黄庭坚真迹吗?我们

① Engel(1992)区分了获取证据的认知运气(evidential luck)与证实性运气(veritic luck)。根据这个区分,王懿荣的运气是获取证据的认知运气,他随从的运气是证实性运气。Pritchard(2010)又把证实性运气区分为环境认知运气(environmental epistemic luck)与干涉性认知运气(intervening epistemic risk)。

② 在英文知识论文献中,与黄庭坚书法对应的例子是假粮仓(fake barn)。

的直觉性判断是:老李不知道。[①] Goldman 的过程可靠主义很容易解释为什么老李不知道:因为如果老李看到一幅赝品,会依旧相信它是真迹。[②] 但 Sosa 的知识定义似乎蕴含着老李知道。毕竟,老李之所以相信"古玩店老板给他看的是黄庭坚真迹"这个真命题,而没有相信"古玩店老板给他看的是赝品"这个假命题,也没有悬置判断,似乎主要是因为他的理智德性——他对黄庭坚书法有精深的研究,正常情况下可以可靠地把黄庭坚的真迹和赝品区分开来。

Sosa(2007)的回应是:在"黄庭坚书法"这类例子中,主体拥有动物知识,缺乏反省知识。老李仅仅在动物层面知道老板给他看的是黄庭坚真迹,但并不反省地知道。[③]然而,这一回应有点牵强,因为我们的直觉性判断是:老李并不知道。

为了尊重和解释这一直觉,Sosa 的捍卫者 John Greco 会说:在"黄庭坚书法"这类例子中,主体完全缺乏知识,因为主体缺乏相关的可靠认知能力——老李不能可靠地区分古玩店中黄庭坚的真迹与赝品。Sosa 的德性知识论并没有错,他只是错误地认为老李具有相关的可靠认知能力。

"老李是否具有相关的可靠认知能力?"揭示了可靠主义(包括 Goldman 的过程可靠主义和 Sosa 的德性知识论)面临的一个著名问

---

① 一些实验哲学家如 John Turri(2017)认为,大多数不研究哲学的人关于黄庭坚书法这类例子的直觉是:主体知道。

② 我们在"过程可靠主义"那一章提到,Goldman 的知识定义含有"排除所有相关的¬p 选项",类似于敏感原则。Goldman 认为敏感原则也是广义上的可靠性原则。

③ Sosa(2007)讨论了一个万花筒例子(Sosa 2007:31-35,105-109),与假粮仓案例和黄庭坚书法案例结构相似。Hilary Kornblith (2009: 131)和 J. Adam Carter & Robin McKenna (2019)也认为,Sosa 会通过区分动物知识与反省知识去处理假粮仓例子。

题:分类问题(the generality problem)。[①] 老李通过某个具体的心理过程相信老板给他看的是黄庭坚真迹。这一具体的过程是否运用了相关的可靠认知能力,它是否属于一种可靠的过程?一方面,Sosa(以及 Goldman)等人的回答是肯定的,因为老李正常情况下可以可靠地把黄庭坚的真迹和赝品区分开来,而那间古玩店只是正常情况中的一个小场景。在这个场景中,老李会把几幅赝品误当作黄庭坚的真迹。但在其他场景中,老李很少会把赝品误当作黄庭坚的真迹。因此,综合而言,老李在辨别黄庭坚书法真伪的问题上有可靠的认知能力。另一方面,有人会认为老李的真信念不是运用相关的可靠认知能力产生的,因为那间古玩店不是正常情况中的一个场景(毕竟店中赝品的伪造技术高于一般),而老李只有在正常情况下才可以可靠地把黄庭坚的真迹和赝品区分开来。我们应该把"在那间古玩店中辨别黄庭坚书法"当作一个独立的领域。在这个领域中,老李缺乏可靠的认知能力。

哪一个观点更合理?John Greco(2010: 78;2012: 22-23)的回答是:我们无法泛泛地谈论一个人是否具有可靠的能力;我们只能谈论一个人是否在某个领域、在某些环境和条件下具有可靠的能力。首先,可靠的能力总是相对于领域而言的。一个在高中数学领域具有可靠认知能力的学生,不一定在高中历史领域具有可靠的认知能力。高中数学领域又分为几何和代数。同一个学生在这两个二级小领域

① 最近有一种回应(Bishop 2010)认为,分类问题不是过程可靠主义独有的问题,而是所有知识论(包括证据主义)共有的问题,因为我们常常有意识地用可靠的过程/能力做证据。否定用可靠的过程/能力做证据的合理性,似乎不妥。但如果承认我们可以用可靠的过程/能力做证据,就会面临分类问题:凭什么说那个过程/能力属于可靠的过程/能力,而不属于不可靠的过程/能力?如果分类问题是所有知识论共有的问题,那么这不算可靠主义的缺陷。但这一说法立刻遭到了证据主义的反驳(Conee 2013; Matheson 2015)。

可能具有不同程度可靠的认知能力。高中几何领域又可以分为平面几何与立体几何。同一个学生在这两个三级小领域也可能具有不同程度可靠的认知能力。领域可以细分到何种程度？高中的平面几何和初中的平面几何是否属于同一个领域？单独一道具体的几何题（比如，如何证明张角定理？）是否可以构成一个小领域？Greco 的回答是：由实用因素决定。比如，对于高考招生而言，高中数学算一个领域，而高中几何和代数不分别构成独立的领域。但如果几何老师检验学生对高一平面几何的掌握情况，那么高一平面几何就算一个领域。其次，在同一个领域，可靠的能力也是相对环境和条件而言的。比如，就高三数学这个领域而言，同一个学生，在舒适的环境中，在身体健康的条件下，会具有非常可靠的认知能力（考试接近满分），而在冰冻和噪声很大的环境中，在发高烧的条件下，就不再具有可靠的认知能力（考不及格）。环境和条件可以细分到何种程度？如果仅仅是气温差一度，算不算不同的环境？如果仅仅是喝了一杯咖啡的差别，算不算条件不同？Greco 的回答是：由实用因素决定。比如，对于高考招生而言，考试前喝一杯咖啡与不喝咖啡，不算条件不同。但如果探讨咖啡的提神功效，考试前喝一杯咖啡与不喝咖啡，就算条件不同。[1]

运用到黄庭坚书法那个例子上，Greco 会说：古玩店是个买卖场景。我们默认老李想从那家古玩店买一幅黄庭坚真迹。所以我们会说：老李缺乏相关的可靠认知能力，因而不知道老板给他看的是真迹。但如果老李仅仅想了解有哪些黄庭坚真迹在坊间（不限于哪家古玩店）流传，我们则会同意：老李具有相关的可靠认知能力，因而知

① 参见 John Greco & Jonathan Reibsamen（2018）。

道老板给他看的是黄庭坚真迹。[①]

Greco 处理方案的另一个优点是:它能够在很大程度上回应处境主义者对德性知识论的挑战(situationist challenge)。根据处境主义者,大多数人缺乏 Sosa 所谓的“理智德性”,因为 Sosa 所谓的“理智德性”是一种可靠的认知能力,而能力是一种稳定的倾向,但一些认知心理学研究表明,大多数人的认知倾向是不稳定、不可靠的。比如,我们在认知上容易受到情绪的影响:很多学生情绪好就考得不错,情绪差就会考不及格;很多领导情绪好就很愿意听取他人意见,深思熟虑,情绪不好就很教条偏执,独断专行。而普通人的情绪又是不稳定的,不仅容易受到他人对自己评价的影响,还容易受到好运和坏运的影响,甚至受到吃糖、看搞笑视频的影响。此外,大多数人的推理受到偏见影响,并不可靠。比如 Amos Tversky & Daniel Kahneman (1982)让大家思考一道推理题:

> Linda 是个聪明、直率、单身女人,今年 31 岁,她本科是哲学专业,念大学时关心社会公正议题,参加过反核游行。以下哪一种可能性更大:(A) Linda 既是女性主义者又是银行出纳员;(B) Linda 是银行出纳员。

---

① 与分类问题紧密相关的是无区分问题(No-distinction problem, cf. Feldman 1985)。假设老李通过仔细观察古玩店老板给他看的卷子,同时形成两个信念:(a) 这是黄庭坚的真迹;(b) 这是一件有黄庭坚风格的书法作品。换言之,老李是通过同一个具体的心理过程相信 a 和 b。因此,如果老李不是通过运用可靠的认知能力相信 a,他似乎也不是通过运用可靠的认知能力相信 b。然而,我们的直觉性判断是:老李不知道 a,但他知道 b。德性知识论似乎无法区分老李关于 a 和 b 的认知状态。这是无区分问题。Greco 会说:老李的信念 a 属于在那家古玩店进行黄庭坚书法交易的小领域,而他的信念 b 属于区分黄庭坚与苏轼、米芾和蔡襄等人书法风格差别的小艺术领域。在那家古玩店进行黄庭坚书法交易的小领域,老李缺乏相关的可靠认知能力,但在区分黄庭坚与苏轼、米芾和蔡襄等人书法风格差别的小艺术领域,老李具有相关的可靠认知能力。

Tversky & Kahneman 发现,85%的人选择 A,而这种推理是有问题的,因为(p∧q)的概率低于 q 的概率。

Mark Alfano(2013)等处境主义者认为,德性知识论会导致怀疑主义:根据德性知识论,具有可靠的认知能力是拥有任何知识的前提,而大多数人不具有可靠的认知能力,因此,根据德性知识论,大多数人不拥有任何知识。

Greco 等人的回应是:首先,处境主义者的挑战忽视了一点:我们只能谈论一个人在某个领域、在某些环境和条件下是否具有可靠的能力。如何设置领域、环境和条件等参数,决定了这个人是否具有可靠的认知能力。其次,认知心理学的研究并没有否定在正常环境和条件下的正常人在日常问题领域具有可靠的认知能力。的确,在认知心理学家精心设计的那些问题上,正常人可能不具有可靠的认知能力,正确的概率低于 50%。但这不意味着在正常环境和条件下,在日常问题领域,正常人不具有可靠的认知能力。一个具有可靠认知能力的人,不必在每个问题上都正确,不必完全没有偏见,只需要较高的正确概率(比如 70%或 80%)即可。①即使 Linda 那道题属于日常问题领域,即使大多数正常人在那道题上会出错,也不意味着他们在比较(p∧q)与 q 概率这类题目上容易犯错。比如,在正常环境和条件下,大多数正常人会正确地认识到"Linda 既是美国白人又会说中文"的概率低于"Linda 是美国白人"的概念。

Sosa (2015)后来似乎认同 Greco 的处理方案。②他认为"可靠的能力"(competence)不仅仅是相对于某个领域而言的,也分为基础

① 参见 John Greco & Jonathan Reibsamen (2018)。

② 之前 Sosa (2007: 83-84, 106)在 A virtue epistemology 那本书中更多是用"适当的正常性"(appropriate normalcy)这个概念去讨论"可靠的能力"(competence)。但 Sosa(2015)似乎认同 Greco 的方案。

(seat)、状态(shape)和处境(situation)三个方面。基础是最核心的相关能力。状态是指一个人暂时的身心情况。处境是指我们在某个时刻所处的环境与条件。要理解这三个概念的区别,我们可以想象两个学生:一个学生数学基础非常好(good seat),但最近一次测试没考好,因为测试前夜失眠,而测试那天又发烧,状态不好(bad shape);另一个学生数学基础也非常好(good seat),测试那天状态也不错(good shape),但也没考好,因为天气阴冷,而他们班的隔壁在施工,噪声很大(bad situation)。显然,Sosa 的核心意思与 Greco 一致,只是使用的术语不同。①

第二节　如何处理过程可靠主义的问题?

在前一章,我们看到 Goldman 的过程可靠主义面临着四个问题:新归纳问题、不理性问题、新恶魔问题以及美诺问题。这一节将通过说明 Sosa(以及他的捍卫者 Greco)会如何处理这些问题,来进一步阐明德性知识论。

2.1　新归纳问题

新归纳问题是过程可靠主义在解决 Gettier 问题和彩票问题时产生的。根据过程可靠主义,要知道 p,必须能排除所有相关的¬p 选项,在 Gettier 式例子和彩票例子中,主体都无法排除所有相关的¬p 选项,因此,主体都不知道 p。然而,"要知道 p,必须能排除所有相

---

① 据此,Sosa 似乎会说:在那个古玩店里,老李没有分辨黄庭坚真迹与赝品的可靠能力。Sosa (2021: 146)在 *Epistemic Explanations* 一书中对假粮仓例子给出了类似的分析,但在同一本书的第 126 页又说否定假粮仓例子中的主体有知识,是误入歧途的;在第 169—170 页,他似乎认为假粮仓例子和那个飞行员 Simone 一样,缺乏的是他所谓的"安全知识"(secure knowledge)。

关的¬p选项”这一条件会导致新归纳问题:在“东京”“斑马”和“电动车”几个例子中,主体能够通过归纳推理知道p,即使无法排除所有相关的¬p选项。

Sosa的德性知识论似乎很容易避免新归纳问题。在“东京”“斑马”和“电动车”几个例子中,主体之所以相信p这个真命题,而没有相信某个假命题,是运用了自己理智德性的结果。因此,他们知道p。根据Sosa的德性知识论,只要一个人擅于做某种归纳推理,而那种归纳推理事实上是可靠的,那么他就可以通过自己的归纳推理能力获得(动物)知识,即使他没有证据表明那种归纳推理是可靠的。

然而,这一解决方案会让Sosa很难处理彩票问题。在开奖之前,你之所以相信你的彩票不会中奖,而没有相信“你的彩票会中奖”这个假命题,正是因为你运用了可靠的归纳推理能力。因此,根据Sosa的德性知识论,在开奖之前,你就知道你的彩票不会中奖。在*Judgment and Agency*(2015)这本书中,Sosa提到有人认为彩票问题驳倒了他的德性知识论。①

Sosa自然不同意这一观点。他认为彩票问题不是真正的问题。Sosa(2015:121)承认,在彩票例子中,许多人的直觉性判断是:在开奖之前,你并不知道你的彩票不会中奖。但他从三个方面否定了这一直觉性判断。

首先,Sosa指出,日常生活中,我们有时也可以接受“在开奖之前,你就知道你的彩票不会中奖”这个说法。他写道:

---

① Sosa很少直接讨论彩票问题。他的早期著作*Knowledge in perspective*(1991)只提到彩票问题一次,并没有讨论(Sosa 1991: 72)。他后来的两本名著*A Virtue Epistemology: Apt Belief and Reflective Knowledge*, Volume I (2007)和*Reflective Knowledge: Apt Belief and Reflective Knowledge*, Volume II (2009)完全没提到彩票问题。唯一讨论彩票问题较多的是他的*Judgment and Agency*(2015)一书。

> 对于那些因为没中奖而垂头丧气的人,我们可以说:“你为什么感到惊讶?你本应该知道你不会中奖。你知道这个概率!”有些人通过巫师的预测相信自己的彩票会中奖。当他们发现没有中奖时,觉得难以置信。我们可以对他们说:“啊,别这样,你应该知道得更清楚。”如果有人焦急地拿着他们的彩票,期待地看着即将宣布中奖号码的屏幕,我们似乎完全可以严肃地、没有一丝戏谑地告诉他们:“不要让自己失望。相信我:你的彩票没有中奖。”(Sosa 2015: 123)

其次,Sosa(2015: 120)给出了一个类比:

> **苹果公司**:(我知道)苹果公司已经发展得如此之大,以至于有一百万个接线员在不断地为任何简单的客服问题提供答案,并且每个接线员接到某个电话的概率是相同的。(我也知道)在这一百万个接线员中,只有一个不可靠的人,会给客服提供错误的答案。其他所有接线员都是十分可靠的,会提供100%准确的答案。我打了一个电话去咨询问题,接电话的事实上是一个十分可靠的接线员,准确地回答了我的问题。我意识到“回答我问题的接线员是非常可靠的”具有非常高的概率,便相信了他的回答。

Sosa认为在苹果公司例子中,我能够通过接线员的回答知道问题的答案。而苹果公司例子与彩票例子在结构上是一样的:在这两个例子中,我都是通过运用自己(可靠的)归纳推理能力相信了一个真命题。因此,Sosa认为在彩票例子中,在开奖之前,你就知道你的彩票不会中奖。

最后,对于为什么许多人的直觉是“你在开奖之前不知道自己的彩票不会中奖”,Sosa又给出了一个心理学解释:许多人之所以有这样的直觉,是因为他们的直觉被一个错误的观点污染了——他们(无意识地)误以为敏感性是知识的必要条件。敏感性是准确追踪事物变化的能力。假设桌子上有一朵菊花。小王通过观察相信桌子上的花是黄色的——小王的信念为真。然而,假设把桌子的菊花换成红玫瑰,其他条件不变,如果小王依旧会通过观察相信桌子上的花是黄色的,那么在这种情况下,小王的信念是不敏感的:小王不能准确地追踪花色的变化。粗略言之,S(通过某种过程或方法 M 获得)的真信念 p 是敏感的,当且仅当:如果 p(或与 p 足够相似的命题)为假,那么 S 不会(通过 M)相信 p(或与 p 足够相似的命题)。根据 Sosa 的心理学解释,许多人认为,S 知道 p,仅当:S 的真信念 p 是敏感的。在彩票例子中,你的真信念不是敏感的——如果你的彩票会中奖,你在开奖之前依旧会相信你的彩票不会中奖。因此,许多人会认为在开奖之前,你不知道你的彩票不会中奖。然而,Sosa 认为,敏感性并非知识的必要条件:即使 S 的真信念 p 是不敏感的,S 也可能知道 p。比如在苹果公司例子中,我能够通过接线员的回答知道问题的答案,即使我的真信念是不敏感的:如果接线员给了我错误的答案,我依旧会相信他的答案。

2.2 不理性问题

在"过程可靠主义"那一章,我们看到 Goldman 对"善意的谎言"那个反例的处理会面临温度计反例。Sosa 的德性知识论可以很好地处理温度计反例,但似乎很难处理"善意的谎言"那个反例。在那个例子中,琼思坚信"自己 7 岁那年经历了一些恐怖的事"这一真命题,而没有相信"自己 7 岁那年并没有经历任何恐怖的事,只是生病了"等周边假命题,是因为运用了自己的可靠认知能力——他的记忆力是可靠的。因此,根据 Sosa 的观点,琼思至少在动物层面知道自己 7

岁那年经历了一些恐怖的事。但琼思并不是以理性的方式相信自己7岁那年经历了一些恐怖的事——鉴于他父母的证词,理性的态度是悬置判断。如果一个人以不理性的方式相信p,那么他在任何意义上都不知道p。

Sosa没有直接讨论这一问题。但他的捍卫者John Greco(2010:151-155)给出了处理这一问题的思路:不是所有可靠的认知能力都是理智德性。Sosa似乎认为,(在某个领域以及某种环境和条件下)X是S的一种可靠认知能力,当且仅当:X是不受芯片等外来之物控制且较为稳定的信念形成机制,而(在那个领域以及那种环境和条件下)运用X会让S获得的真信念多于假信念。Greco则认为,如果X是S的一种稳定可靠的信念形成机制,但X没有被较好地整合到S的认知系统中,不能与主体的观察、反思、推理等信念形成机制较好的协作(比如X在形成信念时很大程度上不受观察、反思、推理等信念形成机制的影响),那么对于S而言,X不算一种理智德性。换言之,X是一种理智德性,仅当:X能与主体的观察、反思、推理等信念形成机制有较好的认知整合(cognitive integration)。认知整合的一个显著特征是对反面证据的敏感:在没有反面证据的情况下,运用X会让S产生信念p,但如果存在反对p的证据,运用X则不会让S产生信念p。假设对反面证据不敏感,无论是否存在反面证据,运用X都会让S产生信念p。那么X就没有被整合到S的认知系统中,就不是S的理智德性。(值得注意的是,Greco选择在狭义上使用“认知能力”一词:只有被整合到S认知系统的稳定信念形成机制,才叫认知能力。因此,Greco仍把“理智德性”等同于“可靠的认知能力”。如果我们在广义上使用“认知能力”一词,那么Greco会说:不是所有可靠的认知能力都是理智德性。)

Greco又用“认知上负责”(epistemically responsible)这一概念去

界定“运用理智德性产生的信念”:S 的信念是运用自己的理智德性产生的,当且仅当:S 以认知上负责且客观上可靠的方式形成信念 p。[1]“认知上负责”与“认知整合”是两个紧密相关的概念。如果 X 没有被较好地整合到 S 的认知系统中,不能与主体的观察、反思、推理等信念形成机制较好地协作,那么 S 就不算真正地拥有 X,不能为 X 产生的信念负责,这也意味着 S 不能以认知上负责的方式运用 X 形成信念。如果 S 是以认知上负责的方式运用 X 形成信念,那么 S 对于反面证据是敏感的:如果存在反对 p 的证据,运用 X 则不会让 S 产生信念 p。

在阐明了自己对“理智德性”的界定后,Greco 对“植入型温度计”“失灵的温度计”“神秘的认知能力”“善意的谎言”等例子给出了统一的分析:主体之所以不知道,是因为其信念不是运用理智德性产生的。理智德性不仅仅是可靠的信念形成过程,也不仅仅是一种可靠的认知能力,还涉及认知整合,包含认知上负责的品质或倾向。在这些例子中,主体的信念形成机制都没有被较好地整合到其认知系统中;主体都不是以认知上负责的方式形成信念。

Sosa 在 *Epistemic Explanations*(2021)一书中说“以认知上负责的方式形成信念”是高阶知识而非动物知识的一个必要条件。Greco 会反对这一说法。他认为 Sosa 不必区分动物知识与反省知识;这一区分本身不能成立,因为 S 反省地知道 p,其实是知道为什么 S(在动物层面上)知道 p,而非在更高的层面上知道 p。“知道 p”与“知道为什么自己知道 p”是两种不同的知识,后一种知识应该被称为“理解”。[2]

---

① 参见 Greco(2010:43-44)。

② Stephen Grimm(2001)和 John Greco(2010:146)都认为反省知识应该被称为“理解”。

2.3 新恶魔问题

Sosa 的德性知识论,经过 Greco 的改造,也能处理新恶魔问题。在“认知双胞胎”那个例子中,许多人的直觉性判断是:甲和乙的信念都是受到辩护的(justified)——他们都是以认知上正确或适当的方式形成信念。Greco 区分了“主观上适当”与“客观上适当”,前者指认知上负责,后者指认知上可靠。甲的信念形成过程是不可靠的,但和乙一样是主观上适当的——认知上负责的。这是为什么许多人直觉上认为甲和乙的信念都是受到辩护的。①

在“过程可靠主义”那一章,我们提到 Goldman 对强辩护与弱辩护的区分破坏了理论的统一性。Greco 会说:他的理论仍是统一的,因为他用“理智德性”这一概念去解释一切,而“主观上适当”与“客观上适当”只是“理智德性”的两个维度。②

2.4 美诺问题

在一些德性知识论者(如 Greco 和 Zagzebski)看来,我们应该从过程可靠主义转向德性知识论的主要理由之一是:前者无法解决美诺问题,而后者可以完美地解决美诺问题。Sosa 虽然早期没有讨论美诺问题,但后来陆续提出了一套解决方案。

根据 Sosa 的德性知识论,当 S 知道 p 时,S 之所以相信 p 这个真

---

① Sosa (1993: 61; 2001: 387)早期对新恶魔问题的回应是主张一种索引式可靠主义(indexical reliabilism):无论 S 在哪一种世界,S 的信念 p 是受到辩护的,当且仅当:S 的信念 p 是通过一种在现实世界中可靠的过程产生的。后来 Comesaña (2002; 2010)捍卫了 Sosa 的观点。参考 Ball & Blome-Tillmann (2013)的讨论。

② Greco (2010: 43-44)的原文是:S's belief that p is epistemically virtuous if and only if both (a) S's belief that p is epistemically responsible; and (b) S is objectively reliable in believing that p. S's belief that p is epistemically responsible if and only if S's believing that p is properly motivated; if and only if S's believing that p results from intellectual dispositions that S manifests when S is motivated to believe the truth。

命题,而没有相信某个假命题,是因为S运用自己的理智德性。如果S之所以相信p这个真命题,而没有相信某个假命题,不是因为运用自己的理智德性,而是其他因素,就是侥幸正确。Sosa认为知道p之所以比侥幸正确更好,是因为由不同方式导致的真信念具有不同的内在认知价值。为了说明这一点,Sosa(2007: 76-77)给了一个类比:

> **画布**:我们在博物馆里看到一块画布,很欣赏上面的图案。画布下面的标签说:这是毕加索的作品。其实不是。其实这个图案只是偶然的结果——这块画布曾被用来覆盖坏了的墙,它与墙的摩擦导致了这个图案的出现。

Sosa认为一个图案是艺术家的天才设计,还是画布与墙摩擦的偶然结果,是决定这个图案艺术价值的重要因素。一旦我们知道了某个图案是画布与墙摩擦的偶然结果,就不会重视和欣赏这个图案。为什么呢?Sosa说,这不是因为艺术品的产生方式有艺术价值。当我们观看一幅毕加索的真品时,我们欣赏的并不是毕加索画画的动作,也不是欣赏"这幅画的作者是毕加索"这一事实。Sosa(2007: 77)写道:

> 被重视的,被评估为有价值的,是艺术作品本身,是绘画,而不是"它是由某人创造的"这个事实,这个人的身份我们甚至可能不知道。我们欣赏的是图案,是画布上的那些线条和颜色,而不是"它们是由某人创作的"这个事实。

但Sosa (2007: 77)又特别强调:"图案的来源确实很重要:一个意外的摩擦,不是一件艺术作品。"

Sosa的意思似乎是:一个图案是如何产生的,本身没有艺术价值,但可以改变这个图案的艺术价值。如果是因为意外的摩擦,那么这个图案不是艺术品,毫无艺术价值。但如果是因为毕加索的创作,那么这个图案是艺术品,具有重要的价值。

类比到真信念,Sosa 会说:一个真信念是如何产生的,本身没有认知价值。[①]但一个真信念的产生过程可以改变这个真信念的认知价值。如果这个真信念是主体运用理智德性产生的,就具有更大的(内在)认知价值。如果不是运用理智德性的产物,其内在认知价值就很小(甚至没有)。

然而,为什么由艺术家创作的图案就具有更高的艺术价值?为什么运用理智德性产生的真信念就具有更大的认知价值?Sosa 没有进一步解释。John Greco 在 Sosa 思想的基础上给出了一个解释:因为通过自己的可靠能力——"德性"意义上的可靠能力——获得的成功是成就(achievement),而成就具有内在价值。艺术家通过运用自己的艺术德性——在艺术方面的可靠能力——创作出一幅图案,跟学者通过运用自己的理智德性——在认知方面的可靠能力——获得真理一样,都是一种成就。前者是艺术成就,后者是理智成就。没有运用德性的成功只是侥幸的成功(即德性不是解释成功的突出因素),而侥幸的成功不是成就,本身没有内在价值。因此,Greco 对美诺问题的回答是:从认知角度,知道 p 之所以比侥幸正确有更大的内在价值,是因为前者是一种理智成就,而后者不是。[②]

另外值得一提的是,Sosa(2003; 2004)接受认知价值的唯真主

① Goldman 认为可靠的过程具有内在认知价值,Sosa 不同意。

② Greco 与 Sosa 的一个区别是:Greco 认为,"对理智德性的运用是导致 S 获得真信念 p 的突出因素"这个事态(state of affairs)整体是个理智成就,具有内在认知价值。Sosa 则认为具有内在认知价值的不是这个事态整体,而是其中的真信念 p,"对理智德性(能力)的运用"这个因素只是增加了真信念 p 的内在认知价值。这个分别或许部分解释了为什么 Sosa 没有明确地认同"知识是一种理智成就"这一观点。

义:唯有真信念具有内在认知价值,其他东西只具有工具认知价值。他又主张知识具有更高的内在认知价值。这看上去自相矛盾。其实不是。因为唯真主义并不主张所有的真信念具有平等的内在认知价值。相反,唯真主义可以主张,有些真信念的内在认知价值高于另一些真信念。① 知识是一种真信念——通过运用自己的理智德性产生的真信念。这种真信念的价值高于那种不通过运用自己理智德性产生的真信念。②

第三节 德性知识论的缺陷

上一节说明了 Sosa 的德性知识论会如何解决过程可靠主义面临的三个问题。这一节将批判地考察 Sosa 观点遭到的批评。对 Sosa 观点的批评大致可以分为三类:(a) 否定彩票问题的问题;(b) 轻易知识问题,以及(c) 超常发挥问题。我将先站在 Sosa 角度,说明他(以及认同他核心思想的人)会如何处理这三个问题,然后论证这些处理方案都是不成功的,而 Goldman 的过程可靠主义可以避免/解决轻易知识和超常发挥问题(也不否定彩票问题)。

3.1 否定彩票问题的问题

一些哲学家(如 Beddor & Pavese 2023)认为,Sosa 否定彩票问题,是不妥的,因为(a) 调查表明,关于彩票例子的直觉性判断——在开奖之前,你不知道你的彩票会中奖——是获得大多数认可的(参见 Turri & Friedman 2014)。(b) Sosa 在描述"苹果公司"例子时,用的是"知道某个问题的答案"而非"知道某个命题",而经验研究表

① 参考我的论文 Hu (2017)。

② Sosa 在不同时期似乎有不同观点。他在 *Epistemic Explanations*(2021)中似乎认为知识具有真信念无法解释的内在认知价值。

明,我们关于“知道某个问题的答案”的标准更宽松一些:只要一个人相信了正确答案,我们就倾向认为他知道正确答案(参见 Hawthorne 2000; Stanley 2011)。

但这个反驳不够好。的确,在没有好的理由怀疑一个公认的直觉性判断时,我们不能仅仅用自己的哲学理论去否定那个公认的直觉性判断。但如果我们有好的理由去怀疑那个公认的直觉性判断,那么否定这一判断并非不合理。此外,彩票问题也可以用“知道某个问题的答案”的方式去描述:在开奖之前,你知道你的彩票会中奖吗?我们的直觉性判断还是:你不知道。

对 Sosa 更好的反驳是直接批评他给出的三条具体理由。如果仔细考察,Sosa 的每条理由似乎都不能成立。首先,Sosa 提到的那些暗示“(在开奖之前)你知道你的彩票不会中奖”的场合,不是纯粹的认知场合,而是安慰或纠正别人的情绪的场合。我们经常为了安慰或纠正别人的情绪说一些从认知角度看不适当的话,比如,“这次失败,完全是因为你运气不好”。我们之所以说这些话,不是因为我们相信这些话为真,而是我们相信这些话有助于安慰或纠正别人的情绪。认知活动只是我们生活的一方面;我们不必时时刻刻都严格遵守认知规则。

其次,“苹果公司”那个例子与“彩票”例子很不同。在“彩票”例子中,你的彩票中奖是好运气,好运气的概率很小。你不中奖是正常情况,不是运气差,只是“不走运”。但在“苹果公司”例子中,碰到不靠谱的接线员是坏运气,坏运气的概率很小。事实上,“苹果公司”例子很接近“东京”那个例子。在“东京”那个例子中,你的朋友飞机今晚降落在大阪机场(东京机场出现一点小问题,今晚不让一些飞机降落)的概率非常小。因此,真正的难题是解释为什么我们对“彩票”例子的直觉与对“苹果公司”(以及“东京”等)例子的直觉是不同的。

最后,Sosa 说,很多人之所以有"在开奖之前你不知道你的彩票不会中奖"这一直觉,是因为他们(无意识地)误以为敏感性是知识的必要条件。如果这一说法正确,那么这些人对于"苹果公司"例子的直觉性判断应该是:"我"只是通过接线员的回答侥幸地获得了问题的正确答案,并不真的知道问题的答案。因为"我"的信念是不敏感的:如果碰到不可靠的接线员,给"我"错误的回答,"我"依旧会相信他是可靠的,给的答案是正确的。但事实上,如 Sosa 所说,大多数人关于"苹果公司"例子的直觉性判断是:"我"通过接线员的回答知道问题的答案。①

值得一提的是,Greco 对彩票问题的回答与 Sosa 不同。Greco (2004)承认在开奖之前你不知道你的彩票不会中奖,他的理由是:"抽奖"这个概念就内置了"偶然性"这个概念:你的彩票是否会中奖,是个偶然性(机会)问题。他似乎认为,彩票问题预设了运气为显著因素。在开票之前,你之所以相信"你的彩票不会中奖"这个真命题,而没有相信"你的彩票会中奖"这个假命题,虽然是因为运用了推理能力,但更突出的因素是运气。

---

① 赵海丞在给我的反馈中提供了另一个思路:苹果例子和彩票例子里的方法不同。彩票例子里,无论是在现实世界中,还是在中奖的可能世界中,你的方法都纯粹基于概率。但是在苹果的案例中,你在现实世界中碰到一个可靠的接线员 A,然后相信他说的话。在产生错误信念的可能世界中,碰到不可靠的 B,产生了错误信念。但因为 A 和 B 是两个人,所以这两个世界中的方法不一样。在这个意义上,这两个案例其实不是同构的。如果这样,那么即便我们考虑敏感性,对这两个例子的评价也是不一样的。苹果案例中,锁定你的方法(采纳 A 的证言),你的信念其实是敏感的。而在彩票案例中,锁定你的方法(概率的考量),你的信念似乎是不敏感的。赵海丞的这一思路涉及如何划分方法的问题(也是一种分类问题)。我倾向认为在苹果例子中,虽然 A 和 B 是两个人,但你在这两个世界中使用的方法是一样的,因为你无法分辨 A 和 B。

然而,Greco 的这一分析很难成立。如果你中奖,那的确是因为运气好:运气是解释你中奖的突出因素。但如果你没有中奖,你的运气不够好,但也不坏。没中奖是正常情况。你之所以相信"你的彩票不会中奖"这个真命题,而没有相信"你的彩票会中奖"这个假命题,似乎跟好运没有任何关系,只是你运用推理能力的结果。(Greco 可能很快就意识到这一点。后来,在其 2010 年的专著 *Achieving Knowledge* 中,他完全没有提及彩票问题。他在 2012 年的论文中虽然提到彩票,但讨论的是认知封闭问题。)

另一位同情 Sosa 核心思想的哲学家 Duncan Pritchard 认为,如果给德性知识论加上一个精致版本的安全性条件,就可以解决彩票问题。[①]安全性条件是说:如果 S 的真信念 p 是不安全的,那么 S 不知道 p。粗略言之,在 w 世界中,S 的真信念 p 是安全的,仅当:在所有"S 相信 p"的邻近可能世界中,p 为真。[②] 但这一粗略版本似乎无助于解决彩票问题:你的彩票中奖的可能性非常小,因此,"你相信你的彩

---

① Pritchard 又认为 Sosa-Greco 把"因为运用理智德性而获得真信念"中的"因为"理解成"突出因素",会无法解释证词知识(我们下一节会讨论)。Pritchard 主张我们应该从宽理解"因为"关系。

② 要理解"邻近世界"这一概念,考虑以下几个世界:(W1)这个世界大体上就是当代自然科学和历史学描述的那个样子。我于 1983 年在中国出生,花了 10 年时间读完哲学硕士和博士,毕业后在一所中国南方大学从事哲学研究,是个非常普通的哲学工作者。2023 年 12 月 15 日那天,我 6:55 分起床。(W2)与 W1 的唯一不同是:2023 年 12 月 15 日那天,我 6:56 分起床。(W3)与 W1 主要不同在于:我花了 5 年时间读完哲学硕士和博士,毕业后在一所中国北方大学从事哲学研究,是个非常优秀的哲学工作者。2023 年 12 月 15 日那天,我下午 2 点才起床。一些与我相关的事也因此而与 W1 不同。其他方面都与 W1 一样。(W4)与 W1 的自然世界相同,1850 年之前的历史也都一样,但之后的历史与 W1 很不一样,没有两次世界大战,同样也没有两次世界大战的前因后果。此外,也没有我这个人。(W5)这个世界的自然规律与 W1 的自然规律很不同,人类历史也完全不一样。与 W1 相似的世界称为"W1 的邻近世界"。"相似"或"邻近"是个程度概念。W2 是最邻近的世界,W3 比较远一些,W4 更远一些,而 W5 就完全不能被称为"邻近世界"了。

票不会中奖,但你的彩票却中奖"的世界不是一个邻近可能世界。所以,在所有"你相信你的彩票不会中奖"的邻近可能世界,你的彩票都没有中奖。这意味着,在现实世界中,你相信你的彩票没有中奖,是安全的。①

Pritchard 不同意这一分析。他认为"你相信你的彩票不会中奖,但你的彩票却中奖了"的世界不但是一个邻近可能世界,而且是非常邻近的可能世界。邻近可能世界不是概率很小的世界,而是与实现世界相似的世界。你中奖的概率的确非常小,但你中奖的可能世界与现实世界非常相似:如果世界的其他方面都不变,只是抽奖机器的

① Sosa(2015)似乎认为"S 的真信念 p 是 S 运用自己理智德性产生的"就蕴含了"S 的真信念 p 是安全的"(参见 John Greco 2020)。但在主张安全性是知识的必要条件的同时,Sosa 肯定了在开票之前,你就知道你的彩票不会中奖。这意味着他认为安全性条件并不说明在开票之前,你并不知道你的彩票不会中奖。早期 Sosa 曾认为,安全性和理智德性都是知识的必要条件。但他一度否定了这一观点,因为这与他主张在假粮仓(以及黄庭坚书法)那种例子中主体有动物知识相矛盾,因为在假粮仓(以及黄庭坚书法)那种例子中,主体的信念是不安全的(参见 Sosa 2007: 34)。有段时间,Sosa 似乎认为安全性条件会导致怀疑主义。假设在现实世界中,我此刻在咖啡馆通过观察相信前面坐着一个人。那么我知道前面坐着一个人。但我的信念却是不安全的,因为在一个"我相信前面坐着一个人"的邻近可能世界,我此刻正在做梦,梦到我在咖啡馆观察到前面坐着一个人。(这是正常的梦,不是恶魔让我做的那种梦。所以这个可能世界不是遥远的可能世界)因此,Sosa 后来不认为安全性是知识的必要条件。然而,再后来,Sosa(2015)又主张安全性是知识的必要条件,因为理智德性蕴含了安全性。这可能是因为他认为,我们不可能在梦中形成信念,因此,不可能存在一个【我此刻正在做梦,梦到我在咖啡馆观察到前面坐着一个人,因而相信前面坐着一个人】的邻近可能世界。也可能是因为安全性应该被理解为:在 w 世界中,S 通过 M 相信 p 是安全的,仅当:在所有"S 通过 M 相信 p"的邻近世界中,p 为真。在清醒的时候,我是通过观察相信前面坐着一个人。但在梦中,我不是通过观察相信前面坐着一个人。梦中的"观察"不是真的观察。因此,安全性不会导致怀疑主义。

状态有一点不同，你就会中奖。[①]因此，Pritchard 认为，在开奖之前，你相信你的彩票不会中奖，是不安全的。[②]

然而，如何处理“苹果公司”和“东京”那种例子呢？Pritchard（2009：34）区分了“邻近的可能世界”与“非常邻近的可能世界”。他会说：“碰到不可靠接线员”的可能世界和“东京机场今晚不让你朋友飞机降落”的可能世界不是非常邻近的可能世界，而仅仅是邻近的可能世界。他给出了一个精致版的“安全性”定义：S 的真信念 p 是安全的，当且仅当：在**大多数** S 用和现实世界中同样的方法相信 p 的**邻近**可能世界，以及**所有** S 用和现实世界中同样的方法相信 p 的**非常邻近**的可能世界，该信念也是真的。根据这一定义，即使存在极少数 S 用和现实世界中同样的方法相信 p 但 p 为假的**邻近**可能世界，S 的真信念 p 也是安全的。[③]

问题是：为什么“碰到不可靠接线员”的可能世界和“东京机场今晚不让你朋友飞机降落”的可能世界不是非常邻近的可能世界，而仅仅是邻近的可能世界呢？Sosa 会说：“碰到不可靠接线员”的可能世界是非常邻近的可能世界：如果世界的其他方面都不变，只是苹果公司处理来电的机器的状态有一点不同，就会导致你的来电被分配到那个不可靠的接线员。同样，“东京机场今晚不让你朋友飞机降落”的可能世界也是非常邻近的可能世界：如果世界的其他方面都不

---

① Pritchard（2010：56）的原文是：“For although this is a low-probability event, very little about the actual world needs to change in order for this event to obtain—in most lotteries, just a few coloured balls need to fall in a different configuration—and so there will be scenarios just like the scenario the agent is actually in in which she continues to form her belief on the same basis and yet ends up with a false belief as a result.”参考李麒麟（2016）和 Zhao（2023）的相关讨论。

② Beddor & Pavese（2023）给出了类似的分析，只是他们主张认知技能（理智德性）蕴含了安全性。他们所谓的安全性是 global safety。对于 global safety 的讨论，见 Bin Zhao（2022）。中文可参考赵海丞的综述《安全性原则：一个非批判的综述》。

③ 进一步讨论，参见 Haicheng Zhao（2020）。

变,只是东京机场某条跑道的信号灯坏了,就会导致飞机无法降落。有人可能会说:飞机正常降落在东京的后果与飞机被迫降落在大阪的后果会非常不同。但在彩票例子中,你中奖的结果与你不中奖的结果也会非常不同。[①]

总之,安全性条件似乎很难在解决彩票问题的同时又不导致新归纳问题。根据安全性条件,要解决彩票问题,必须说"你相信你不会中奖"是不安全的;但要解决新归纳问题,必须说(比如在"东京"那个例子中)"你相信朋友今晚在东京"是安全的。但很难给出这样一个安全性定义,根据这个定义,"你相信你不会中奖"是不安全的,但"你相信朋友今晚在东京"却是安全的。因为安全性定义不得不诉诸"相关的邻近可能世界"这一概念,而很难给出一个"相关的邻近可能世界"的定义,使得一个"你相信你不会中奖,但你却中奖"的邻近可能世界是相关的,而一个"你相信朋友今晚在东京,但朋友今晚不在东京"的邻近可能世界是不相关的。[②]

这个二难困境与 Goldman 面临的二难困境很相似:他的过程可靠主义可以轻易地解决彩票问题,但会导致新归纳问题。要避免新归纳问题,只能说具有很大现实可能性的$\neg p$选项才是相关选项,但这会导致彩票问题,因为这会使得"你的彩票会中奖"变成不相关的选项——"你的彩票会中奖"的现实可能性微乎其微。

3.2 轻易知识问题

有些哲学家反对 Sosa-Greco 对美诺问题的解决方案,因为很多

---

① 参考 John Greco (2007)。Beddor & Pavese (2023)说中奖和不中奖的世界一样正常,但没说为什么一样正常。我们的直觉性判断是:不中奖是正常情况,中奖是不正常。如果 Beddor & Pavese 在另外一个意义上使用正常这个词,那么在"东京"那个例子中,"朋友今晚在东京"和"朋友今晚不在东京"似乎都是正常的。

② Beddor & Pavese (2023)用安全性条件处理了彩票问题,但没有讨论新归纳问题,只在一个注脚中说安全性条件不必然否定归纳知识。进一步讨论,见 Zhao & Baumann (2021)。

时候,我们可以通过简单容易的方式获取知识,这不是什么理智成就。比如我坐在咖啡馆写作,不经意抬头看见对面坐着一个人,就知道对面坐着一个人。这当然运用了我的观察能力。但这显然不是理智成就,因为获取这种知识太简单、太容易了,而成就是一种有难度的成功(Pritchard 2010)。

Greco 可能会说:他可以放弃"知识是一种理智成就"这一观点,只说"知识具有内在价值,是因为知识是通过运用自己的理智德性获得的真信念,而通过运用自己的德性获得的成功具有内在价值"。事实上,根据 Greco(2010: 97-98)对《尼各马可伦理学》的解读,亚里士多德区分了以下两种情况:(a) 因为运气或意外而达到某种目的,以及(b) 通过自己的德性而达到某种目的。亚里士多德认为,只有后一种才有内在价值,才构成我们的福祉(flourishing)。Greco 可以直接借用亚里士多德的福祉理论来解释知识的价值,不必诉诸"成就"这一概念。①

① 与之相关的一点是:Sosa 和 Greco 有时候用 credit 这个概念去界定知识。当一个人通过运用理智德性而获得真理(=相信一个真命题)时,他在相关问题上就有功绩(deserve credit)。Riggs(2009)认为德性知识论中讲的 credit 可以有两个意义:praiseworthiness 和 attributability。他认为即使德性是导致某人获得成功的突出因素,这个人的成功也不一定是 praiseworthy,只是在 attributability 意义上拥有 credit。但 Greco 有时候(2010)似乎在赞许(praiseworthiness)的意义上使用 credit 一词。他说:"知识应该是一种卓越的状态。拥有知识的人应该是值得赞许的,而只有意见没有知识的人是不值得赞许的(Knowledge is supposed to be a superior state. There is supposed to be something good or praiseworthy about the person who knows, as opposed to the person who has only opinion" [Greco 2010: 6]。Riggs 认为 Lackey 在批评德性知识论时,过于专注 Greco 的观点,把 credit 等同于 praiseworthiness。其实德性知识论可以把 credit 与 praiseworthiness 分开。后来 Greco (2012)采取了 Riggs 的观点,他在一个脚注中写道:But "creditable" is ambiguous between "praiseworthy" and "attributable." To avoid that confusion, I will use the latter term. 但这个修改会对他的"知识是一种成就"这个观点构成挑战。或许他应该放弃"知识是一种成就"这个观点。

然而,有些证词知识(testimonial knowledge)比较容易获取,似乎不是通过运用自己的理智德性获得的真信念。我们的大多数知识并不来自自己的观察和推理,而是依赖于别人的言辞。比如,我们通过父母的言辞知道自己的生日,知道谁是我们的家人,知道生活中常见的东西叫什么名字,等等。我们通过老师的言辞知道李白是唐朝的诗人,知道地球绕着太阳转,知道氧气是燃烧的必要条件,等等。这种基于别人言辞的知识被哲学家称为"证词知识"。我们通过阅读书本或新闻报道获得的知识显然也属于证词知识,因为书本和新闻报道是作者的言辞。在延伸的意义上,我们通过 ChatGPT 获得的知识也属于证词知识。①

为什么有些证词知识不是通过运用自己的理智德性获得的真信念?假设你通过阅读历史学家李开元撰写的《秦崩:从秦始皇到刘邦》,得知秦始皇只比刘邦大三岁。为什么你会相信"秦始皇只比刘邦大三岁"这个真命题,而没有相信"秦始皇比刘邦大三十岁"等假命题?适切的解释是:因为李开元那本书是这么写的,给你提供了可靠的信息。当然,你必须能够阅读那本书,理解"秦始皇只比刘邦大三岁"这个中文句子的意思,才会相信秦始皇只比刘邦大三岁。在这个意义上,你之所以相信"秦始皇只比刘邦大三岁"这个真命题,部分是因为你运用了自己的认知能力。但这不是突出因素。突出因素是李开元那本书给你提供了可靠的信息。如果那本书没有这么写,(在其他条件不变的情况下)你就不会相信秦始皇只比刘邦大三岁。因此,根据 Sosa 的德性知识论,你并非真正知道秦始皇只比刘邦大三

---

① 当然,并非所有证词知识都很容易获取。大多数听过高中物理和数学课的人对此都有很深的感触。

岁;你通过阅读那本书只能获得真信念,不能获得知识。[①]

一种可能的回应是:要通过别人的言辞获得知识,你必须有较高的分辨能力。如果你是轻信之人,别人说什么你就相信什么,你的信念就不是知识。[②] 就阅读历史书那个例子,我们可以区分两种不同的情况:

(a) 你并没有分辨可靠的历史书与不可靠的历史书的能力。虽然你读的那本书事实上是可靠的,但如果给你一本不可靠的历史书(三分真实、七分虚构),你也会相信书上写的东西;

(b) 你有较高的分辨可靠历史书与不可靠历史书的能力。你认识到你读的那本书是可靠的。如果给你一本不可靠的历史书,你不会相信书上写的东西。

在情况(a)中,你仍可能通过阅读一本历史书相信"秦始皇只比刘邦大三岁"这个真命题。但你之所以相信这个真命题(而没有相信某个假命题),不是因为你运用了自己的理智德性,而是因为那本书是这么写的,而你轻信了那本书。但在情况(b)中,你之所以相信"秦始皇只比刘邦大三岁"这个真命题(而没有相信某个假命题),不仅仅是因为那本书是这么写的,还因为你运用了自己的理智德性——分辨可靠历史书与不可靠历史书的能力。[③]换言之,你能获得真信念(避免了假信念),既有作者的认知功劳(写出一本可靠的历史书,必定运用了理智德性),也有自己的认知功劳。这两个都是突出因素。Sosa(2007: 94)认为,我们通过他人的言辞知道 p,当且仅

---

① 参见 Jennifer Lackey (2007)。她用了问路的例子。

② 《孟子·尽心下》:"尽信书不如无书。"

③ 参考 Greco (2010: 81)和郑伟平 (2018) 的讨论。

当:我们之所以相信真命题 p,而没有相信某个假命题,是因为我们和他人都运用了自己的理智德性(the collective social competence)。如果他人没有运用理智德性(从而无法可靠地给我们提供准确的信息),或者我们自己没有运用理智德性(从而无法分辨可靠的信息源与不可靠的信息源),那么即使我们通过他人的言辞获得了真信念,也是运气好;我们并不知道真相是什么。这个证词知识的定义是 Sosa 的德性知识论的一个扩展。根据 Sosa 的德性知识论,S 知道 p,当且仅当:S 之所以相信真命题 p,是因为运用了自己的理智德性。这个定义只要求【运用了自己的理智德性】是突出因素,不要求它是唯一的突出因素。它可以承认在证词知识中,别人的言辞——更深一层地说,别人的理智德性——也是解释 S 之真信念的突出因素之一。①

然而,这个回应似乎不能解释为什么一个小学生可以通过阅读可靠的历史书获得历史知识,即使她没有分辨可靠的历史书与不可靠的历史书的能力。同样,它也不能解释为什么一个领域的外行常常可以通过可靠专家的证词获得知识,即使她缺乏分辨可靠专家与不可靠专家的能力。我们可以进一步区分情况(a)来理解这一点:

> (a1):你是一个三年级的小学生,没有分辨可靠的历史书与不可靠的历史书的能力,但你处在认知上安全的环境中:家里和学校给你提供的历史书都是可靠的。假设你能接触到 20 本关

---

① 当然,某人向我们说真相是 p,不一定是因为他独立发现了真相是 p;可能他也是听别人说的。证词的链条可以很长:A 通过 B 的证词 p 而知道 p,B 通过 C 的证词 p 而知道 p,C 通过 D 的证词 p 而知道 p,等等。但独立发现 p 的人必定运用了理智德性。

于中国秦朝和汉朝历史的书,绝大多数对秦始皇和刘邦的描述都是可靠的。[1]

(a2):你是一个三年级的小学生,没有分辨可靠的历史书与不可靠的历史书的能力,而你又处在认知上危险的环境中:你能接触到的历史书,没有经过父母和老师的筛选,都是同学借给你的,并且绝大多数是不可靠的。假设你能接触到20本关于中国秦朝和汉朝历史的书,至少有15本对秦始皇和刘邦的描述是不可靠的。

在认知上安全的情况(a1)中,你并不需要分辨可靠的历史书与不可靠的历史书的能力,也能够通过阅读历史书获得历史知识。只有在认知上危险的情况(a2)中,你似乎才需要分辨可靠的历史书与不可靠的历史书的能力,否则就无法通过阅读历史书获得历史知识——至多只能侥幸获得一些真信念。[2]

Sosa可能会说,在情况(a1)中,你对那些书的信任(trust)是可靠的。你的信任在这种情况下是一个理智德性,因为它能帮你获得大量的真信念(远远多于假信念)。[3] 在情况(a2)中,你也信任那些书,然而你的信任在这种情况下不是一个理智德性,因为它会让你获得大量的假信念(远远多于真信念)。与情况(a2)不同,在情况(a1)中,你之所以获得大量的真信念,是因为【你所读之书是可靠的,并且

① Jennifer Lackey (2007: 34) 似乎暗示在通过问路得知方向的例子中,主体处在认知上安全的环境中。

② 参见 Kallestrup and Pritchard (2012)的讨论。

③ 参考 Sosa (2022) 为 John Greco's *The Transmission of Knowledge* 撰写的书评。根据这个观点,在认知安全的环境中,匆忙概括(hasty generalization)——倾向从极少数个例推出一般性规律——似乎也是一个理智德性。比如,小孩子看了身边的几个人都有两只耳朵,就推出所有人都有两只耳朵。

你运用了自己的理智德性——信任自己所读之书】。你所读之书之所以是可靠的,则是因为作者运用了他们的理智德性。因此,归根结底,在情况(a1)中,你之所以获得大量的真信念,是因为你和作者一起运用了各自的理智德性。①

然而,这一说法有两个问题。首先,在认知上安全的情况(a1)中,你之所以获得大量的真信念,是因为你所读之书是可靠的,并且你信任自己所读之书,但突出因素是【你所读之书是可靠的】,不是【你信任自己所读之书】。从德性知识论的视角,情况(a1)与"失灵的温度计"那个例子类似。在那个例子中,董博士之所以获得了关于试管液体温度的真信念,是因为天使的帮忙和他对温度计的信任,但突出因素是天使的帮忙,不是他对温度计的信任。

有人可能会说:读书这个例子与"失灵的温度计"那个例子不同:后者有天使帮助的运气,但前者没有。对于读书例子的正确分析是:假设你有一个同学,跟你同处在认知上安全的情况(a1)中。但他不信任这些书。那么他无法通过阅读这些书获得关于秦汉历史的真信念。你不一样。你信任这些书。你可以阅读这些书获得关于秦汉历史的真信念。在这种对比下,你之所以获得真信念,突出因素之一是【你信任自己所读之书】。

然而,即使在情况(a1)中,【你所读之书是可靠的,并且你信任自己所读之书】都是解释为什么你获得大量真信念的突出因素,也不意味着德性知识论可以解释情况(a1)。因为你对所读之书的信任,是一种轻信。我们会同意,在认知上安全的环境中,一个小孩子轻信所读之书既是认知上可靠的,也是认知上无可指摘的(epistemically

---

① Greco(2020)用"joint agency"这一概念发展了这一思想。参见 Paul Faulkner (2014)。

blameless)。但说“这种轻信是一种理智德性”,却有些违背我们的直觉。认知上可靠并且无可指摘的倾向,并不一定就是理智德性。比如,因为天使的帮助,董博士对温度计的信任是认知上可靠的;因为有正面证据同时没有反面证据,董博士对温度计的信任是认知上无可指摘的。但说“董博士对温度计的信任展现了一种理智德性”,似乎不妥。①

值得一提的是:Goldman 的过程可靠主义似乎很容易解释为什么在认知上安全的环境中,我们可以通过轻信他人的言辞获得知识。根据 Goldman 的过程可靠主义,S 知道 p,当且仅当:S 的真信念 p 是

---

① 这里涉及“什么是理智德性?”这一问题。前面提到,Sosa 等人把理智德性界定为一种可靠的能力/品质,它使得主体获得真信念的概率高于 50%。在这个意义上,正常的观察能力、记忆能力、推理能力以及谨慎、勤奋等品质的适当综合,是理智德性。宽泛一点说,这些能力和品质单独而言也可称为理智德性。这个观点被称为“德性可靠主义”(Virtue Reliabilism)。另一些哲学家如 Lorraine Code (1987)、James Montmarquet (1993)和 Linda Zagzebski(1996)等人把理智德性界定为一种以负责的态度追求真理的人格特征,如理智上很勇敢(比如一个文科生在发现逻辑很难后,依旧积极主动地上逻辑课)、开明而不教条(open-minded)、谦虚、谨慎、勤奋等。这个观点被称为“德性负责主义”(Virtue Responsibilism)。如果这些人格特征之所以是理智德性,是因为具有这些人格特征的人获得真信念的概率高于 50%,那么德性负责主义只是德性可靠主义的一种(比如,Greco 对理智德性的界定包含了认知上负责和认知上可靠两个方面)。但 Montmarquet 明确说,有些人格特征之所以是理智德性,并非因为它们使得主体获得真信念的概率高于 50%。换言之,以负责的态度追求真理,有时候不一定能可靠地获得真理(因为有些问题对于主体来说难度太大)。因此,Montmarquet 的德性负责主义不是一种德性可靠主义。然而,Zagzebski 对理智德性的定义是:X 是理智德性,当且仅当:X 是一个深层的、持久的、通过后天的学习和培养获得的优秀品质,具有这个品质的主体不但热爱真理,而且能够可靠地获得真理(Zagzebski [1996: 137]对“德性”的定义:“A virtue is a deep and enduring acquired excellence of a person, involving a characteristic motivation to produce a certain desired end and reliable success in bringing about that end.”)。因此,Zagzebski 的德性负责主义可以视为德性可靠主义的一种。她与 Sosa 等人的不同只在于:她认为可靠的观察能力和记忆能力如果不是通过后天学习或培养的,就不是理智德性,而 Sosa 等人认为是。因为这一不同,Zagzebski 常被称为德性负责主义者。

通过可靠的过程产生的,并且S能排除所有相关的¬p选项。假设你处在认知上安全的环境中,通过阅读某本可靠的历史书相信秦始皇只比刘邦大三岁。Goldman会说:你知道秦始皇只比刘邦大三岁,因为(a)你的信念为真,并且产生这个真信念的过程是可靠的;(b)你能排除所有相关的其他选项:如果秦始皇不是比刘邦大三岁(而是大四岁或三十岁),那本可靠的历史书作者就不会写"秦始皇只比刘邦大三岁",因此,你就不会(通过阅读那本历史书)相信秦始皇只比刘邦大三岁。假设你处在认知上危险的环境中,通过阅读某本历史书相信秦始皇只比刘邦大三岁。Goldman会说:你并不知道秦始皇只比刘邦大三岁,因为你的信念不是由一个可靠的过程产生的。你的信念产生过程是:从众多历史书选择一本,并阅读这本书。你的择书过程却是不可靠的(因为你处在认知上危险的环境中)。即使这本书本身是可靠的,你的信念产生过程也是不可靠的。①

3.3　超常发挥问题

Sosa-Greco的辩护者可能会说,以上两个批评并没有否定以下观点:S知道p,仅当:S之所以相信p这个真命题,而没有相信某个假命题,部分是因为运用了相关的可靠认知能力(即使这不是突出因素)。这一观点才是Sosa-Greco德性知识论的核心洞见。

然而,这一观点似乎也是错误的。考虑如下情况:

> **超常发挥**:与绝大多数同学相比,小明是个数学能力很强的高中生。但在做数学奥林匹克竞赛题时,他的正确率非常低。其中有一道题,需要进行很长的复杂推理,小明做这道题时,处在思考数学的巅峰状态,经过2个小时连续不间断地试错和推

---

① 参考Goldman(1986:45)的讨论。他用了"在众多不可靠的体温计中碰巧选择了一个可靠的体温计"的例子。

理,终于给出了正确的答案和证明。然而,小明后来再也没有体验过这种巅峰状态,他在同样的环境中做类似难度的题,再也没有成功过。①

我们的直觉性判断是:当小明超常发挥,做对那道题时,他知道那道题的正确答案。毕竟,如果一个人知道 P1、P2……Pn,从 P1、P2……Pn (经过非常复杂的推理过程)演绎有效地推导出 Q,从而相信 Q,那么他知道 Q。小明符合这个标准。然而,根据 Sosa-Greco 的德性知识论,当小明超常发挥,做对那道题时,他只是侥幸正确,并不真正知道那道题的正确答案,因为他缺乏解决那类难题的可靠能力,不具有相关的理智德性(理智德性是稳定的,不会轻易丧失)。②

值得注意的是,Goldman 的过程可靠主义很容易处理"超常发挥"这种例子。根据 Goldman 的过程可靠主义,当小明超常发挥,做对那道题时,他关于那道题答案的信念是由可靠的过程产生的,因为从一组数学真命题出发,经过高度复杂但演绎有效的推理,得出一个结论,是可靠的信念形成过程。当小明做错类似的题(在推理过程中犯错)时,他的信念形成过程就是不可靠的。概而言之,我们在某个领域中的信念形成过程是否可靠,并不依赖于我们在那个领域中有可靠的认知能力。③

---

① 这个例子改自 Hirvelä (2019: 116)。

② 有人可能会为 Sosa 作如下辩护:对这个例子的诊断好像取决于我们怎么理解能力。德性知识论者好像也没必要说对于任何 task,成功率必须高于 50%才算有可靠的能力。比如对于投三分球这种比较难的事情来说,高手的命中率也达不到 50%,但这也不是说他们没有相应能力。我们对能力的评价是相对于 task 的难易程度而言的。我们将在"责任知识论"那一章说明为什么 Sosa 会反对这一辩护。

③ 有人可能会替 Sosa 辩护说:"超长发挥"这个例子中的能力应该被理解为"从真前提根据某种推理形式推导"的能力,而不是做奥赛题目的能力。然而,根据 Greco 对分类问题的解决思路,这个例子中的能力似乎应该被理解为做奥赛题目的能力。Goldman 诉诸的可靠推理过程也不是泛泛的"前提为真的演绎有效推理",而是"从一组数学真命题出发,推理过程复杂到某种程度的演绎有效推理"。

或许 Sosa-Greco 应该像 Zagzebski 一样,吸收过程可靠主义的观点,对他的德性知识论略作修改,以处理数学难题这类情况。Zagzebski(1996: 271)对知识的定义是:"知识是源自具有理智德性之行为的真信念状态"(Knowledge is a state of true belief arising out of acts of intellectual virtue)。其中"具有理智德性之行为"是个术语。Zagzebski (1996: 279)认为,不具有理智德性的人也可以做出具有理智德性之行为,就像不具有伦理德性的人也可以做出具有伦理德性之行为。比如,一个平常不倾向帮助别人的小人偶尔也会善心大发,像仁慈慷慨之人一样积极主动地帮助别人。同样,一个平常不喜欢数学、在中学数学奥林匹克竞赛题上不具有可靠能力的中学生,偶尔也会对数学很有感觉,灵光闪现,超常发挥,像数学好的学生一样准确无误地做对一些题。因此,根据 Zagzebski 的知识定义,要知道 p,S 不必具有理智德性(即不必具有可靠的认知能力),只需要像一个有理智德性的人那样去相信 p 即可。[①]如果 Sosa-Greco 吸收这一思想,就可以处理数学难题这类情况(同时也可以完全避免处境主义的挑战)。[②]

① 这一段只是略述 Zagzebski 的大义。更精确的说法,可参考 Zagzebski (1996: 279) 的原文:"On my definition of an act of virtue, it is not necessary that the agent actually possess the virtue. But she must be virtuously motivated, she must act the way a virtuous person would characteristically act in the same circumstances, and she must be successful because of these features of her act. What she may lack is the entrenched habit that allows her to be generally reliable in bringing about the virtuous end. This definition permits those persons who do not yet fully possess a virtue but are virtuous-in-training to perform acts of the virtue in question." 另,参见 Nathan King (2014)。

② Zagzebski 认为要像一个有理智德性的人那样去形成信念,需要有热爱真理的动机。但这个条件很难解释日常知识,因为有时候我们并不想看到某个真相(没有追求这方面真理的动机),但因为被迫或某种偶然因素还是看到了(比如我们不想看到某些人谄媚领导的样子,但还是偶然看到了)。这时候我们显然知道了真相。Zagzebski(1996: 131-132)的回应是:追求真理的动机有时候是无意识的。但这个回应有些牵强。根据 Sosa 等人的德性知识论,要知道 p,并不需要有热爱真理的动机。在这一方面,Sosa 的理论能更好地解释日常知识。

然而,吸收 Zagzebski 的思想,意味着否定以下观点:S 知道 p,仅当:S 之所以相信 p 这个真命题,而没有相信某个假命题,部分是因为运用了相关的可靠认知能力。如果否定这一观点,知识就不是通过运用自己可靠能力获得的成功,Sosa-Greco 对美诺问题的解决就不能成立了。

小 结

综上所述, Sosa 对知识的定义是:S 知道 p,当且仅当:(i) S 相信 p,(ii) p 为真,并且(iii) S 之所以相信了 p 这个真命题,而没有相信某个假命题,是因为他运用了自己的理智德性。对于过程可靠主义面临的四个问题,Sosa 及其辩护者都试图给出解决方案。然而,Sosa 的德性知识论面临着三个难以克服或避免的问题:(a) 否定彩票问题的问题,(b) 轻易知识问题,以及(c) 超常发挥问题,而 Goldman 的过程可靠主义可以避免/解决这三个问题。

第五章

新证据主义

1994年8月8日早上，有人向石家庄市公安局桥西分局报警：石家庄液压件厂一名女工失踪。次日中午，警方在工厂后方的玉米地里发现了那名女工的尸体。尸检发现，女工生前曾遭强奸。通过两个月的走访调查，警方很快逮捕了一个叫聂树斌的人。他只有19岁，在当地一所职业技术学校的校办工厂上班。五个月后（1995年3月3日），聂树斌被石家庄市中级人民法院认定为凶手，判处死刑。聂树斌不服，向河北省高级人民法院提出上诉。审理期间，河北公检法机关曾有人提出，聂树斌案只有口供，没有其他证据，建议改判，但这个建议没有被采纳。一个月后（1995年4

月 25 日)，聂树斌的上诉被河北省高级人民法院驳回，两天后被执行枪决。被枪决后的第二天，聂树斌父亲去看守所送生活用品，才被狱警告知，他的儿子已于前一日被执行了死刑。

2005 年 1 月 18 日，河北人王书金在河南荥阳被捕，供述了自己在 1993—1995 年间犯下的四起强奸杀人案和两起强奸案。因为这些案子都是在河北做的，河南警方便将王书金移交给河北警方。河北警方在调查时发现，王书金供认的一件案子——石家庄液压件厂女工被杀案——早在十年前就已告侦破。鉴于案件前后矛盾，河北省高级人民法院于 2005 年 3 月对聂树斌案进行复查。两年后(2007 年 3 月)，河北省邯郸市中级人民法院认定十年前没有冤枉聂树斌，王书金不是杀害石家庄液压件厂女工的真凶，不但没有自首情节，而且混淆视听。王书金不服，提出上诉。2013 年 9 月，河北省高级人民法院驳回王书金的上诉，维持原判。

然而，随着河北的一些高官被中纪委调查，案件在一年多后出现了转折。2015 年 4 月 28 日，山东省高级人民法院就聂树斌案召开听证会，听取申诉人及其代理律师、原办案单位代表意见，认定河北两级法院的判决“缺少能够锁定聂树斌作案的客观证据，在被告人作案时间、作案工具、被害人死因等方面存在重大疑问，不能排除他人作案的可能性，原审认定聂树斌犯故意杀人罪、强奸妇女罪的证据不确实、不充分”①。2016 年 6 月，最高人民法院同意山东高院的意见，决定由第二巡回法庭审理该案。第二巡回法庭于 2016 年 12 月 2 日对聂树斌公开宣判，宣告撤销原审判决，改判无罪。

聂树斌案折射了 2013 年之前中国执法和司法部门的一个问题：某些冤假错案，一开始并不涉及贪腐，纯粹是因为某一些警察和法官

① 见人民网和新华网的相关报道。

在认定嫌疑人与罪犯时，并不严格地跟着证据走，而是迷信自己经验丰富，有可靠的直觉和判断力，即使只有三分证据，也会对自己的结论十分自信。

许多哲学家认为，我们不仅要在法律实践中养成处处跟着证据走的习惯，在学术研究和日常生活中也要尊重证据、无证不信；没有支持 p 的充分证据，就算不上知道 p。自 1985 年开始，Earl Conee 和 Richard Feldman 发表了一系列捍卫证据主义、反驳可靠主义(Sosa 等人的德性知识论也是一种可靠主义)的经典论文。这些论文在 2004 年被汇编成书 *Evidentialism: Essays in Epistemology*，代表着新证据主义的兴起。在这一章，我将首先通过说明 Conee & Feldman 会如何解决/避免传统证据主义面临的问题，来澄清他们的新证据主义知识定义。其次，我将通过说明 Conee & Feldman 会如何解决/避免过程可靠主义和德性知识论面临的问题，来进一步澄清他们的新证据主义知识定义。最后，本章将论证 Conee & Feldman 的新证据主义不能成立，因为它无法很好地处理四个问题：(a) 知识存储问题，(b) 对新怀疑主义的让步问题，(c) 本应拥有的证据问题，以及(d) 理性主义的价值问题。

第一节 什么是新证据主义？

传统证据主义对知识的定义是：S 知道 p，当且仅当：(i) S 相信 p，(ii) p 为真，并且(iii) S 的信念 p 是受到辩护的=S 拥有支持 p 的充分证据。这是 JTB 定义的代表。我们在“JTB 定义面临的问题”那一章，提到这一定义面临着五个问题：奠基问题、Gettier 问题、彩票问题、新怀疑主义问题以及无证据的知识问题。在这一节，我将通过说明 Conee & Feldman 会如何解决/避免这些问题来阐明他们的新证据主义。

先说奠基问题:假设 p 为真,S 相信 p 并且拥有支持 p 的充分证据,但 S 不是基于这些证据而相信 p,那么 S 不知道 p。为避免这一问题,Conee & Feldman 区分了两种辩护:命题性辩护(propositional justification)和信念性辩护(doxastic justification)。Conee & Feldman (2004: 201)认为,传统证据主义的辩护理论针对的是命题性辩护:S 相信的命题 p 是受到辩护的,当且仅当:S 拥有支持 p 的充分证据。他们又提出"基于好理由的信念"(well-founded belief)这个新概念。S 的信念 p 是基于好的理由(well-founded),当且仅当:S 不但拥有支持 p 的充分证据,而且是基于这些证据相信 p(believe that p based on the evidence)。Conee & Feldman 把"基于好的理由"等同于"信念性辩护"。[1]他们主张,信念性辩护是知识的必要条件:如果 S 的信念 p 没有受到信念性辩护(即 S 不是基于充分的证据相信 p),那么 S 不知道 p。

然而,Conee & Feldman 不同意 Goldman 对"S 基于证据 E 相信 p"的分析。我们在"过程可靠主义"那一章看到,Goldman 认为"基于"是指因果关系;S 基于证据 E 相信 p,当且仅当:S 拥有 E 是导致 S 相信 p 的原因。Conee & Feldman 不同意这个观点。他们没有把"基于"理解为因果关系。他们可能认为,说 x 导致了 y,意味着 x 发生在 y 之前。但 S 基于证据 E 而相信 p,是发生在同一时刻的一件事(synchronic),不是涉及时间流逝的一个因果过程。[2] 然而,Conee & Feld-

① 有人认为"基于好的理由"并不等同于"信念性辩护"。但知识论学者一般把这两个术语当作可以互相替换的同义词。

② 这是 Goldman 的解读。Goldman(2011: 138)抱怨 Conee & Feldman 忽视了因果过程,又说要刻画"基于好的理由相信 p",证据主义者不能把"因果过程"隐藏起来。Goldman (1979)把他的观点类比成诺齐克那种注重历史的(historical or genetic)正义理论,而把证据主义类比成罗尔斯那种忽视历史的正义理论(Current Time-Slice theories)。

man 并没有对“基于”做详细的说明，只是说：当 S 基于充分的证据而相信 p 时，S 是在**使用**这些证据去形成信念 p（using the evidence in forming the attitude，见 Conee & Feldman 2004：93）。但这一分析面临着一个问题：假设小陶之所以相信勾股定理，是因为他相信欧氏几何公理，并从欧氏几何公理推出了勾股定理，但他的推理充满了错误。在这种情况下，小陶相信勾股定理的方式是有缺陷的：虽然他使用了充分的证据——欧氏几何公理——去形成对勾股定理的信念，但他的信念似乎不是基于好的理由（not well-founded）。当然，Conee & Feldman 可以说：小陶没有适当地使用证据。他们可以主张，当 S 基于充分的证据而相信 p 时，S 是**适当地**使用这些证据去形成信念 p。[①] 但什么是“适当地使用”，Conee & Feldman 需要给出进一步的说明。[②]

对于 Gettier 问题，Conee & Feldman 诉诸了“削弱者”（defeater）这一概念。削弱者是那种我们尚未发现，但一旦发现就能削弱（或摧毁）我们证据效力的东西。更具体一点说，假设 S 基于证据 E 相信 p，q 是证据 E 的削弱者，当且仅当：q 为真，而 S 尚未意识到 q 为真，但如果 S 意识到 q 为真，E 的证据效力就会减小（或变得没有任何证

---

① 舒卓提醒我，Feldman 可能会说：小陶并没有支持勾股定理的相关证据，因为拥有证据需要正确地把握到证据与勾股定理之间的关联，但小陶并没有满足这一点。这一解读有一定的文本支持，因为 Conee & Feldman（2008：95）认为“正确地把握到证据与信念之关系”是辩护（justification）的必要条件，而“S 拥有的证据总体上支持 p”是“S 以受到辩护的方式相信 p”的充分必要条件。这里的“辩护”似乎是指命题性辩护（propositional justification），而非信念性辩护（doxastically justification 或 well-foundedness）。然而，如果“S 正确地把握到 e 与 p 的关联”是“S 拥有支持 p 的证据 e”的必要条件，那么很多人（特别是小孩子）没有支持“a+b=b+a”的证据，因为他们没有把握到“a+b=b+a 符合他们的直觉”与“a+b=b+a”的关联。在“Having evidence”一文中，Feldman 捍卫的观点则是：p 在 t 时刻是 S 拥有的一个证据，当且仅当：S 此刻想到 p（S has p available as evidence at t iff S is currently thinking of P）。

② 更多讨论参考 SEP 的“The Epistemic Basing Relation”词条。

据效力)。[1] 比如,警察观察到刺死乙的刀上有甲的指纹,这本来是支持“甲是凶手”的证据(虽然不是充分的证据,但也有几分证据效力)。但假设存在一个真命题:刺死乙的刀上不但有甲的指纹,还有另外两个人的指纹。一旦警察意识到这个真命题,其原来之证据——观察到甲的指纹——的证据效力就减少了。假设还存在一个真命题:在乙的死亡时间,甲在1000公里外的地方参加婚礼。如果警察又意识到这个真命题,其原来之证据——观察到甲的指纹——的证据效力就变得微不足道了。[2]

根据Conee & Feldman的新证据主义,S知道p,当且仅当:(i) p为真,(ii) S基于充分的证据相信p(=S的信念p受到信念性辩护),并且(iii) 不存在削弱者。[3] 在Gettier例子中,主体之所以缺乏知识,

---

① 有人把defeater翻译成“否决性的证据”或“证据的否决者”。但削弱有程度之别。假设E是本来被当作证据的东西。有时候一个defeater能在很大程度上削弱E,使得E的证据效力接近为零,但有时候一个defeater仅在一般程度上削弱了E的证据效力。因此,把defeater翻译成“否决性的证据”或“证据的否决者”似乎都不妥。参考Patrick Bondy和Dustin Olson为*Oxford Bibliographies Online*撰写的词条Epistemic Defeat。Feldman在不同地方对削弱者(defeater)有不同的界定。有些界定遭到了de Almeida & Fett (2016)的批评。一些哲学家区分了psychological defeater与normative defeater、doxastic defeater与propositional defeater。de Almeida & Fett (2016)则认为这些区分是某些哲学家乱用“defeater”的结果。

② Pollock(1986)区分了两种削弱者:undercutting defeater和rebutting defeater。假设你基于证据e而相信p。undercutting defeater是削弱证据e效力的东西,rebutting defeater是直接支持¬p的东西。然而,如果直接支持¬p的东西也能间接削弱支持p的证据的效力,这一区分并不重要。感谢赵海丞的反馈。

③ 这是我综合Conee & Feldman在不同地方的说法而做出的解读。他们并没有明确提出这个定义,但有接近的说法,比如Conee & Feldman (2004: 3-4)。另外值得注意的是,在其教材Epistemology中,Feldman(2003: 36-37)给出了另一种知识定义:S知道p,当且仅当:(i) S相信p,(ii) p为真,(iii) S的信念p是受到辩护的,并且(iv) 这个辩护不依赖于任何假命题(S's justification for p does not essentially depend on any falsehood)。这个定义中的条件(iv)似乎是被“没有会削弱S证据之强度的东西”这个条件所蕴含(根据某种削弱者理论),虽然Feldman本人在教材*Epistemology*中批评了无削弱者理论(no defeaters theory)。对于Feldman批评的一个回应,见de Almeida & Fett (2016)。

是因为存在削弱者。比如,在求职那个例子中,Smith 相信获得工作的那个人口袋里有 10 枚硬币。这个信念是基于充分的证据。构成证据的是 Smith 的另外两个信念:(a)获得工作的那个人是 Jones,以及(b)Jones 口袋中有 10 枚硬币。Smith 之所以不知道获得工作的那个人口袋里有 10 枚硬币,是因为有一个真命题:Smith 自己——而非 Jones——是获得工作的那个人。这个真命题是削弱者,因为一旦 Smith 意识到这个命题为真,他的信念(a)就失去了证据效力。对于田中之羊那个例子,Conee & Feldman 会给出类似的分析:假设你站在一块田地外面,看到田里有一只看起来很像羊的东西。你基于这个观察相信田里有一只羊。虽然田里的确有一只羊,但你并不知道田里有一只羊,是因为有一个是你尚未意识到的真命题:你观察到的那个东西并不是羊,而是装扮成羊的一只狗。一旦你意识到这个命题为真,你的观察就丧失了相关的证据效力,无法支持"田里有一只羊"这一命题。

有人可能会反驳说,说无削弱者是知识的一个必要条件,会引起新的问题。考虑如下例子:

> **偷书**:今天下午我在图书馆看到一个人悄悄地把一本书藏在他的大衣里面,然后转过身向门口走去。我赫然发现那人竟是我的同学小孔——我们俩天天见面,所以我一眼就认出了他。但我完全没有意识到以下两件事:(F1)小孔妈妈今天下午打电话跟我们数学老师说,她生了一对长得一模一样的双胞胎大孔和小孔,今天大孔在学校,而小孔去了几千公里之外的日本。(F2)小孔的妈妈因为患有精神疾病而一直误以为她生了双胞胎。①

① 这个例子来自 Lehrer & Paxson (1969: 228)。

说“我知道在图书馆偷书的是小孔”,似乎没有不妥。然而,如果无削弱者是知识的一个必要条件,那么我并不知道。因为在这个例子中,F1 是一个削弱者:虽然小孔妈妈对数学老师说的是假话,但 F1 本身为真。如果我意识到 F1,就不再有好的理由相信在图书馆偷书的是小孔:对于我而言,原来的证据——我看到一个长得很像小孔的人偷了书——不足以再支持“在图书馆偷书的是小孔”这个命题。

Conee 和 Feldman 会像 Peter Klein(1976)那样区分真正的削弱者(genuine defeaters or undefeated defeaters)与误导性削弱者(misleading defeaters)。在偷书例子中,如果我仅仅意识到 F1(没有意识到 F2),就不再有好的理由相信在图书馆偷书的是小孔。但如果我不仅仅意识到 F1 而且意识到 F2,就跟原来一样有好的理由相信在图书馆偷书的是小孔。所以,F1 这个真命题不是真正的削弱者,只是误导性削弱者。[①]如果 Conee 和 Feldman 把知识定义中的“无削弱者”这一条件明确为没有真正的削弱者,就可以很好地处理偷书这类例子。

关于彩票问题,Conee 和 Feldman 只简略地提到,并没有明确地提出解决方案。[②] 但根据他们的知识定义,他们似乎可以说:在官方开奖之前,你并不知道你的彩票不会中奖,因为存在削弱者。假设编

---

① 真正的削弱者与误导性削弱者的区分很符合直觉,但要给出一个区分性的标准并非容易的事。Klein(1976;2010)先后提出了不同的标准。他的新标准虽然可以处理旧标准的一些困难,但也更复杂。对于这一“无削弱者是知识必要条件”这一观点的捍卫,见 Claudio de Almeida & J. R. Fett (2016)。

② 他们的说法比较模棱两可。一方面,他们说:“在彩票例子中,主体似乎显然不知道。根据我们的理论,主体之所以不知道,是因为存在怀疑的理由。”(Conee & Feldman 2004: 302)另一方面,他们说:“在彩票例子中,主体的信念是基于足够高的概率。或许这样的信念也‘差不多是知识’。这类问题值得进一步探究。”(同上)如果他们认为彩票例子的主体拥有知识,那么他们会否定彩票问题的合法性。下面我将假设 Conee & Feldman 承认彩票问题的合法性,并尝试根据他们对知识的定义,来回应这一问题。

号为 20080405 的彩票——不是你买的那张彩票——将会被官方宣布为唯一的中奖彩票。在官方开奖之前,你没有意识到“编号为 20080405 的彩票将会被官方宣布为唯一的中奖彩票”这一命题为真。但如果你意识到这个真命题为真,它会削弱你原来证据的效力。具体言之,你原来相信你的彩票不会中奖,是基于如下证据:每张彩票的中奖率都只有千万分之一。这个证据同等地支持“编号为 20080405 的彩票不会中奖”这个命题。但当你意识到编号为 20080405 的彩票将会被官方宣布为唯一的中奖彩票时,对你而言,“每张彩票的客观中奖率都只有千万分之一”就丧失了支持“编号为 20080405 的彩票不会中奖”这个命题的证据效力,从而也丧失了支持“你买的彩票不会中奖”这个命题的证据效力。这时,对你而言,“编号为 20080405 的彩票将会被官方宣布为唯一的中奖彩票”才构成支持“你买的彩票不会中奖”这个命题的有力证据。①

再说新怀疑主义问题。新怀疑主义论证说:(i) 对于两个互相竞争的假设(不能都为真),如果我没有充分的证据表明其中一个比另一个更可能为真,那么我不知道哪一个为真。(ii) 即使我事实上生活在认知桃花源中,我也没有充分的证据表明非怀疑主义假设比怀疑主义假设更可能为真。因此,(iii) 即使我事实上生活在认知桃花源中,我也不知道怀疑主义假设为假,从而不知道他人存在。Goldman 的过程可靠主义和 Sosa 的德性知识论对新怀疑主义问题的回应是否定(i),但 Conee 和 Feldman 接受(i),否定(ii),理由是:非怀疑主义假设比怀疑主义假设更好地解释了我的观察/记忆。我们在“JTB 定义面临的问题”那一章提到,要说明非怀疑主义假设是比怀

① 这是我在撰写“责任知识论”那一章想到的方案,觉得新证据主义也可以采取类似的方案。感谢赵海丞和李麒麟对这一段草稿的批评性反馈,使得我能更清楚地表述自己的观点。刘晓飞和叶茹的反馈增加了我对这一段的信心。

疑主义假设更好的解释，并不容易。Conee & Feldman(2004：305)的回应是：

> 恶魔假说通常对恶魔的存在、力量和欺骗性动机，以及我自己的存在完全没有解释。即使对于这些事情给出解释，也不是简单明了的那种解释，而是很复杂的那种解释：要么是一台无比精巧智能的计算机，要么是邪恶的天才监视着我的思想，诱导我相信一切关于外部世界的假命题，并使我无法发现自己被骗，要么是一场大梦，梦中发生的事情前后连贯，有条有理。这些解释似乎是特设的(ad hoc)，而且复杂可笑。当然还有一种解释，就是我的感觉经验是没有原因的，我突然就有这些感觉经验(不是我的感官与外部事物接触导致的，也不是恶魔的操控导致的)。但这个观点有一个明显的缺点：它无法解释为什么我的各种感觉经验是前后连贯，有条有理的(而非碎片化的)，也无法解释为什么我的各种感觉经验与我的记忆是融贯的。相比较而言，日常的解释——我的感觉经验是由我的感官与外部事物接触导致的——则没有这些缺点，是最好的解释。

Conee & Feldman 认为怀疑主义假设之所以不够好，是因为它们面临一些难以回答的问题。比如，为什么会有恶魔存在？为什么恶魔具有欺骗我的力量？为什么恶魔要欺骗我？如果没有恶魔，而是我一直在做梦，为什么我一直在做梦？如果我看到的幻象是没有原因的，为什么我的各种感觉经验(在我看来)是前后连贯、有条有理的？为什么我的各种感觉经验与我的记忆(在我看来)是融贯的？

然而，怀疑主义者可以从三个方面为自己辩护：首先，非怀疑主义假设面临着类似的问题：为什么我没有受到恶魔的操控和欺骗？如果我看到的东西(包括他人、日月星辰、山川河流、花鸟鱼虫等)大多真实存在,为什么这些东西会存在(而不是不存在)？为什么世界是这个样子而不是另一种样子？其次,怀疑主义假设可以与我们拥有的最好科学理论兼容——怀疑主义者可以对科学理论做一种反实在论的解读。此外,怀疑主义假设还有一个优点:它更为简单,因为它只预设了两个精神实体:恶魔与我。其他一切都是幻象。非怀疑主义假设则预设了日月星辰、山川河流、鸟虫鱼兽以及不同肤色的人等都真实存在,把世界设想得非常复杂。

Conee & Feldman 没有讨论这一怀疑主义的回应。他们承认,要论证非怀疑主义假设是最佳解释,并非容易的事。但他们认为,新证据主义面临的这一困难恰恰是新证据主义的优点。如果一个知识定义(比如 Goldman 的过程可靠主义和 Sosa 的德性知识论)能够简洁明了地回应怀疑主义,这反而是它的缺点,因为一个好的知识定义不仅要能解释(a) 为什么我们知道许多关于外部世界的事,而且要能解释(b) 为什么怀疑主义那么有吸引力,连续几个世纪一直困扰着哲学家？Conee & Feldman 认为 Goldman 的过程可靠主义和 Sosa 的德性知识论无法很好地解释(b),因为 Goldman 和 Sosa 给出的解释只能是:之前的哲学家都不够聪明,没看到对怀疑主义有一个简洁明了的回应。相反,Conee & Feldman 的新证据主义则可以解释为什么怀疑主义连续几个世纪一直困扰着哲学家:因为要说明非怀疑主义假设是比怀疑主义假设更好的解释,是一件非常复杂困难的事。Conee & Feldman (2004: 305-306)甚至说,如果他们的回应思路是错误的,那么怀疑主义就是正确的——怀疑主义者提供的另类解释才是对我们观察/记忆的最佳解释。

最后,Conee & Feldman 否定了无证据的知识问题。Goldman 和 Sosa 都认为,"被遗忘的证据"那个例子说明存在无证据的知识:姐姐五年前通过听一个医学科普讲座而得知有些双胞胎出生间隔长达 87 天,现在她依旧相信有些双胞胎出生间隔长达 87 天,只是没有任何支持这一信念的证据。或许"听医学学科普讲座"算证词性证据,但姐姐现在完全忘记她听过那个讲座了。为什么姐姐依旧知道有些双胞胎出生间隔长达 87 天? Conee & Feldman 的回应是:即使姐姐忘记了原来的证据,她可能还有其他证据。比如,(a) 她不但有回忆起"有些双胞胎出生间隔长达 87 天"这一命题的倾向(disposition to recollect),还可能对这一命题有鲜明的记忆,并且对自己的记忆很有信心,这些都是支持她信念的证据。又比如,可能(b) 最近两年姐姐在媒体上听到关于最长双胞胎出生间隔的报道,这也是支持她信念的证据。此外,很可能(c) 姐姐有证据相信自己的记忆力总体上可靠,而这一证据能间接地支持她关于双胞胎出生间隔的信念。如果姐姐不满足 a、b、c 这样的条件,她关于双胞胎出生间隔的信念就不是受到辩护的。即使她五年前知道有些双胞胎出生间隔长达 87 天,现在也不知道了。[①]

第二节　如何处理过程可靠主义和德性知识论的问题

在前两章,我们看到 Goldman 的过程可靠主义面临着四个问题:归纳问题、不理性问题、新恶魔问题以及美诺问题,而 Sosa-Greco 的德性知识论面临着轻易知识问题和超常发挥问题。这一节将通过说明 Conee & Feldman 会如何处理这些问题,来进一步阐明新证据

---

① 参见 Conee & Feldman (2004: 70)。他们讨论的是 Goldman 之前给出的例子,不是这个例子。关于 disposition to recollect 的讨论,见 Conee & Feldman 在 *Evidentialism and its Discontents* 一书中对批评者的回应。

主义。

2.1 新归纳问题

在前两章,我论证了 Goldman 的过程可靠主义很容易解决彩票问题,但会引起新归纳问题,而 Sosa 的德性知识论可以避免新归纳问题,但没有解决彩票问题。在上一节,我说明了 Conee & Feldman 的新证据主义会如何解决彩票问题。下面我将说明 Conee & Feldman 的新证据主义会如何避免新归纳问题。

休谟对归纳法的质疑依赖的一个前提是:如果我们没有好的理由相信归纳推理过程是可靠的,那么我们通过归纳推理获得的信念都是没有受到辩护的(unjustified)。Goldman 会否定这一前提。他会说:只要我们事实上通过可靠的过程相信 p,我们的信念 p 就是获得辩护的,即使我们没有好的理由相信我们的信念形成过程是可靠的。但 Goldman 自己的知识定义会导致新归纳问题。根据 Goldman 的定义,要知道 p,必须能排除所有相关的¬ p 选项。这一定义有助于解决 Gettier 问题和彩票问题,但会无法解释为什么在“东京”“斑马”和“电动车”几个例子中,主体能够通过归纳推理知道 p,即使无法排除所有相关的¬ p 选项。

Conee & Feldman 和 Goldman 一样会否定休谟诉诸的那个前提,但他们的理由与 Goldman 的不同。他们认为,我们通过归纳推理获得的信念是受到辩护的,当且仅当:(i) 我们对于前提的信念是受到辩护的,(ii) 我们是基于这些前提相信结论,并且(iii) 我们对于前提的信念是支持我们相信结论的证据。满足这三个条件,不需要有好的理由相信我们的归纳推理过程是可靠的。即使没有意识到——更没有好的理由相信——自己满足其中某个条件,我们也可能客观上满足这一条件。

Conee & Feldman 会说,在“东京”“斑马”和“电动车”几个例子中,主体能够通过归纳推理知道 p,因为主体通过归纳推理获得的真信念 p 可以是受到辩护的(即使主体本人没有好的理由相信他们的归纳推理是可靠的),并且不存在削弱者。考虑“电动车”那个例子。为什么你知道在你做饭的时候,你的电动车依旧在楼下?Conee & Feldman 会说:首先,你之所以相信你做饭的时候,你的电动车依旧在楼下,是基于充分的证据:你记得不久之前把电动车停在自家楼下,而你又知道你所在的小区治安很好(上一次发生盗窃电动车事件,还是在五年前)。因此,你的信念是受到辩护的。注意:【你基于充分的证据相信 p】和【你有好的理由相信自己是基于充分的证据相信 p】是两个不同的命题,前者并不蕴涵后者。即使你缺乏好的理由相信自己是基于充分的证据相信 p,你仍可能基于充分的证据相信 p,你的信念 p 仍可能是受到辩护的。

其次,不存在削弱者。如果“你的电动车在你做饭的时候被偷走了”这一命题为真,那么它是一个典型的削弱者:一旦你意识到你的电动车在你做饭的时候被偷走了,你原来证据的效力就会被削弱。但事实上,你的电动车一直在那里,没有被偷走。因此,“你的电动车在你做饭的时候被偷走了”这一命题不是削弱者。有人可能会问:“你的电动车在你做饭的时候被偷走的现实可能性虽然很小,但不是没有”这一命题为真,它是否是削弱者?要回答这一问题,我们可以问:如果你记得不久之前把电动车停在自家楼下,而你又知道你所在的小区治安很好(上一次发生盗窃电动车事件,还是在五年前),但你意识到你的电动车在你做饭时被偷走的现实可能性虽然很小,但不是没有,那么你是否还可以合理地相信——以受到辩护的方式相信(justified in believing)——在你做饭的时候,你的电动车依旧在楼下?答案似乎是肯定的,因此,“你的电动车在你做饭的时候被偷走的现实可能性虽然很小,但不是没有”这一命题不是削弱者。

2.2 不理性问题

我们在前两章看到,Goldman 的过程可靠主义面临着不理性问题,很难处理“善意的谎言”和“植入型温度计”等例子。后来 Goldman 提出融入证据的过程可靠主义,虽然可以避免不理性问题,但很难处理“失灵的温度计”例子。Sosa 的德性知识论可以处理“植入型温度计”和“失灵的温度计”那个例子,但不容易处理“善意的谎言”那个例子。在处理“神秘的认知能力”那个例子时,Sosa 又引入了动物知识与反省知识的区分,使得他的理论变得复杂。Sosa 捍卫者 Greco 不赞同对动物知识与反省知识的区分,而引入“认知整合”(cognitive integration)这一概念,将“对证据的敏感”包含在“理智德性”这一概念中,可以一揽子处理“善意的谎言”“植入型温度计”“失灵的温度计”和“神秘的认知能力”等例子。Conee & Feldman 会认为,Goldman 和 Greco 对证据的重视说明了证据主义有不可磨灭的洞见。下面我将说明他们会如何处理不理性问题中的几个例子。

关于“善意的谎言”那个例子,Conee & Feldman 很容易解释:琼思之所以不知道自己 7 岁那年经历了一些恐怖的事,是因为他的总体证据不够充分;他的鲜明记忆是支持“自己 7 岁那年经历了一些恐怖的事”的正面证据,但他父母的证词是反面证据;因此,他的总体证据并不很支持“自己 7 岁那年经历了一些恐怖的事”这一命题。

关于“植入型温度计”那个例子,Conee & Feldman 也很容易解释:甄先生之所以不知道现在的温度是 40℃,是因为他缺乏相关的证据。他对自己大脑里被植入 tempucomp 毫不知情。这个 tempucomp 将有关温度的信息传送到他的大脑的计算系统,然后又向他的大脑发送一个信息,使他不假思索地产生一个关于温度的真信念。虽然他对自己为什么会产生这样的信念感到困惑，但他从来没有去调查原因，也没有通过阅读温度计或看天气预报来检验他的信念是否为真。（同样，Conee & Feldman 可以很简单直接地处理神秘认知能力那类例子：小诺之所以不知道美国国务卿此刻正秘密访问中国，是因为他缺乏相关的证据。）

此外，Conee & Feldman 的新证据主义可以像 Sosa-Greco 的德性知识论一样很容易处理“失灵的温度计”那个例子。Conee & Feldman 会说：董博士之所以不知道此刻试管中液体的温度是 23℃，是因为存在削弱者：如果董博士意识到“温度计已经失灵，有一个天使在调整试管中液体的温度”这一命题为真，那么他原来证据的效力就被削弱了。他原来的直接证据是：他观察到温度计读数是 23℃，且这个温度计此刻依旧是灵敏的。支持“该温度计依旧灵敏”的间接证据是：这个温度计是著名品牌，在第一次使用时，他验证过温度计的读数。在意识到温度计失灵和天使的帮助后，原来的证据显然不再构成充分的证据。

2.3　新恶魔问题

对于新恶魔问题，Conee & Feldman 会说：我们不必像 Goldman 一样区分“强辩护”和“弱辩护”，也不必像 Greco 那样区分“主观上适当”（认知上负责）和“客观上适当”（认知上可靠），而可以用“证据”这一概念去统一解释：在认知双胞胎那个例子中，甲和乙的信念要么都是受到辩护的（justified），要么都不是受到辩护的（unjustified），因为他们基于相同的证据——他们的知觉经验——形成相同的信念。

然而，与乙不同，甲观察到的都是幻象，为什么他的知觉经验构成支持他信念的证据？Goldman（2011）等可靠主义者认为，证据是真理的可靠标记(E is evidence for p if and only if E is a fairly reliable indicator of the truth or existence of p)。根据这一观点,甲的知觉经验并非支持他信念的证据,因为甲基于其知觉经验形成的信念都为假——他的信念形成过程是完全不可靠的。

Conee & Feldman(2008)否定了可靠主义的证据观。他们把证据分成两种:一是原初证据(ultimate evidence),一是衍生证据(intermediate evidence or derivatively evidence)。我们可以通过一个简单的例子来理解这一区分:

> 假设一个警察在麦当劳用餐,看到进来一个人。他立刻相信这个人就是他一直在寻找的嫌疑人——燕三郎。于是他打电话给在另一个城市寻找嫌疑人的同事,说:"燕三郎肯定不在那个城市,赶紧回来。"

这个警察的知觉经验(他对眼前之人容貌的观察)是支持"眼前之人是燕三郎"的证据,而"眼前之人是燕三郎"是支持"燕三郎不在另一个城市"的证据。前者是初始证据,后者是衍生证据。

为什么这个警察的知觉经验(他对眼前之人容貌的观察)构成支持"眼前之人是燕三郎"的初始证据?Conee & Feldman (2008: 98-99)的回答是:因为对这个警察而言,"眼前之人是燕三郎"最好地解释了为什么他有这一知觉经验——为什么他看到如此这般容貌的人:如果眼前之人不是燕三郎(而是别人),他就不会看到如此这般容貌的人(而会看到另一个容貌)。[1] Conee & Feldman 给出了一个初

---

① 或许是在这个意义上,Conee 写道:"支持一个命题的证据,无论多么微弱,都是此命题为真的某种迹象(All evidence for a proposition, however weak, is some indication that the proposition is true. Thus, the sort of justification that is constituted by evidence always bears on the truth of what is justified)。"见 Conee & Feldman(2004: 253)。

始证据的标准,与科学中"如果一个假设最佳解释了我们的观察,那么我们的观察是支持这个假设的证据"这一标准相似:

> **解释主义证据观**:对于S而言,e是支持其信念p的原初证据,当且仅当:p属于一组命题,这组命题是S所能想到的对S为什么拥有e的最佳解释(the best explanation that is available to S)。其中,"所能想到"≠"事实上想到",而是说如果深入反思,就能想到。[①]S所能想到的最佳解释不是S主观上觉得最好的解释,而是在S所能想到的几种解释中客观上最好的解释,尽管这种解释不一定是实际上正确的解释。[②]

根据这一标准,如果我感觉到房间里很暖和,那么对我而言,这是支持"房间温度高于室外温度"的证据,不是支持"房间温度低于室外温度"的证据。因为对于"为什么我感觉到房间里很暖和?"这个问题,我能想到的最佳解释是:因为房间温度高于室外温度,而我对温度的感觉比较准确。同样,如果a+b=b+a符合我的直觉,那么对我而言,这是支持a+b=b+a的证据,不是支持"a+b>b+a"的证据,因为对于"为什么a+b=b+a符合我的直觉?"这个问题,我能想到的最佳解释是:因为"a+b=b+a"为真,我关于这种命题的直觉比较准确。

在认知双胞胎那个例子中,虽然甲的信念形成过程是完全不可

---

① 一些读者可能会好奇英文文献如何阐明available这个概念。Kevin McCain (2014: 67)的说法是:For S, p is available as part of the best explanation of why S has e just in case: At t S has the concepts required to understand p and S is disposed to have a seeming that p is part of the best answer to the question "why does S have e?" on the basis of reflection alone。注意"on the basis of reflection alone"这几个字。

② 这个标准仅就初始证据而言。衍生证据涉及逻辑推理。这个定义似乎不能很好地覆盖涉及逻辑推理的证据。参见Kevin McCain (2014)和Tommaso Piazza (2016)的讨论。另外,对于心理主义证据观的批评,参考舒卓(2024)。

靠的,但甲能够想到的对自己知觉经验的最佳解释仍是:他观察到的东西真实存在,而他具有可靠的观察能力。因此,甲的知觉经验是支持“他观察到的东西真实存在”的证据。(在讨论 Conee & Feldman 对新怀疑主义问题的回应时,我们提到,Conee & Feldman 承认要说明非怀疑主义假设是比怀疑主义假设更好的解释,很困难。对于新恶魔问题,他们会给出相似的回应:如果怀疑主义假设是更好的解释,那么甲和乙的信念都不是受到辩护的。)

2.4 轻易知识与超常发挥问题

我们在前一章看到,经过 Greco 改造后的德性知识论面临着(Goldman 的过程可靠主义可以避免的)轻易知识问题和超常发挥问题。下面我将说明 Conee & Feldman 的新证据主义会如何处理这两个问题。

先说轻易知识问题:为什么在认知上安全的环境中,一个三年级的小学生可以通过轻信一本历史书获得历史知识(比如知道秦始皇只比刘邦大三岁),而在认知上危险的环境中,他无法通过轻信同一本历史书获得历史知识(虽然可以获得真信念)? Conee & Feldman 没有讨论这一问题。他们可能会说:在认知上安全的环境中,三年级小学生通过信任和阅读一本(他随意抽取的)历史书知道秦始皇只比刘邦大三岁,因为他有证据相信他随意抽取的历史书是可靠的,从而有证据相信书上的话。他的证据是:每一本可供他选取的书都放在学校阅览室的书架上。在认知上安全的环境中,这是充分的证据,并且不存在削弱者。(“他有获得一本不可靠历史书的现实可能性,但可能性非常小,因为他处在认知上安全的环境中”这一命题为真,但不是削弱者,因为即使他意识到这一命题为真,其原来证据的效力也不会被削弱。)然而,假设有人偷偷替换了学校阅览室的书架上的书,导致三年级小学生处在认知上危险的环境中,他随意抽取的书很可能是不可靠的。在这种情况下,即使他仍有充分的证据相信他随意抽取的历史书是可靠的(他没想到有人会偷偷用不可靠的书去替换可靠的书),也存在削弱者:一旦他意识到"自己很可能抽取一本不可靠的历史书(因为处在认知上危险的环境中)"这一真命题,他就没有充分的证据相信自己所读之书是可靠的,从而没有充分的证据相信书上的话。

关于超常发挥问题,Conee & Feldman 的新证据主义也容易处理:在"超常发挥"那个例子中,小明从已知条件出发,进行有效的复杂推理,得出了正确答案。他符合新证据主义的知识标准:(i) 他是基于充分的证据相信正确答案。他的证据是那些已知条件。他的信念是基于那些已知条件,因为他做出了有效的推理。(ii) 不存在削弱者:小明在做那道数学题时的确超常发挥,但意识到这一事实,并不会削弱他原来证据的证据效力。

2.5　美诺问题

我们在前两章看到,Goldman 的过程可靠主义和 Sosa-Greco 的德性知识论都没有很好地解决美诺问题。对于美诺问题,Conee & Feldman 没有直接讨论。但 Feldman (2000)在 The Ethics of Belief 一文里,简短地讨论了认知价值。他认为唯一具有内在认知价值的东西是理性的信念态度(doxastic attitudes)。对于任何一个命题 p,我们可以有三种信念态度:相信 p,否定 p(=相信¬p),悬置判断(既不相信 p,也不否定 p)。S 对 p 的信念态度是理性的,当且仅当:S 的信念态度符合自己拥有的总体证据。据此,S 相信 p 是理性的,当且仅当:S 拥有的总体证据支持 p,并且 S 是基于总体证据而相信 p;S 否定 p 是理性的,当且仅当:S 拥有的总体证据支持¬p,并且 S 是基于总体证据而否定 p;S 对 p 悬置判断是理性的,当且仅当:S 拥有的总体证据既不支持 p,也不支持¬ p,并且 S 是基于总体证据而悬置判断。[①] Feldman 认为,只有这三种理性的信念态度具有内在认知价值。单纯的真信念不具有任何内在认知价值,因为一个基于非理性的方式获得大量真信念的人,在认知上做得并不好。为方便起见,我们可以把 Feldman 的观点称为"关于认知价值的理性主义"。关于认知价值的理性主义可以用来解决美诺问题:知道 p 比侥幸正确(相信真命题 p,但缺乏好的理由)有更大的内在认知价值,是因为理性地相信 p 具有内在认知价值:知道 p 蕴含着理性地相信 p,而侥幸正确则是非理性地相信 p。

第三节　新证据主义的缺陷

上一节解释了 Conee & Feldman 的新证据主义会如何解决/避免过程可靠主义和德性知识论面临的问题。这一节将批判地考察 Conee & Feldman 对某些批评的回应,并在此基础上进一步反驳他们的新证据主义。

3.1　知识存储问题

Conee & Feldman 对无证据的知识问题的回应似乎不足以拯救证据主义。考虑如下例子:

忘记中学数学的文科博士:自高中以来,甲和乙都相信一个反直觉的数学命题 p 为真(p 的内容是:0.9999…=1)。不过,甲

① Feldman (2000: 685)写道:"理性在于使自己的信念符合证据"(rationality consists in making one's beliefs conform to one's evidence)。理性的信念是基于证据的信念(well-founded belief),还是仅仅与证据相符的信念(justified belief),他没有明确地说。但他似乎会同意"理性的信念=基于证据的信念"这一观点。

> 之所以相信p,最初是基于正确的证明。乙最初也是基于自己的证明相信p,但他在证明中犯了两个错误。高中毕业后,甲和乙都读了中文系,后来都从事古典文学研究,完全放弃了数学,也从没读过或听过与p相关的东西。此刻甲和乙都不会证明p,也完全想不起高中时的证明,但他们都倾向回想起p,都非常确信p为真,都对"自己高中时证明过p"这件事有强烈而生动的记忆,也都相信自己的记忆总体上是可靠的,没有好的理由怀疑这一点。

在这个例子中,说"乙高中和现在都不是基于充分的证据相信p",似乎没有什么不妥。甲高中是基于充分的证据相信p,但甲现在完全忘记了高中的证明,也没有获得支持p的新证据,因此,甲现在也不是基于充分的证据相信p。根据Conee & Feldman的新证据主义,甲和乙现在都以认知上不适当的方式相信p(即他们的信念都是没有受到辩护的),都不知道p为真。然而,说"甲现在仍以认知上适当的方式相信p",似乎没什么问题。说"甲现在仍知道p为真,虽然他不再能证明p,不再理解为什么p为真",似乎也没有什么不妥。这似乎是知识存储的一个典型例子:我们起初通过搜集和分析证据获知某个问题的正确答案(或某件事的真相),后来为了节省脑力,不再基于之前的证据而直接相信那个问题的正确答案(或那件事的真相)。这种存储信息的过程,不应该被视为丧失知识(仅仅保留真信念)的过程,而应该被视为知识的存储过程。(Goldman的过程可靠主义和Sosa的德性知识论都可以解释为什么这是一种知识的存储过程。)

知识存储的另一个典型例子是睡眠中的知识:当我们进入睡眠时,我们意识不到周边发生什么,也意识不到自己的内心状态,但我们仍拥有在清醒时获得的知识,比如在睡眠中我们仍知道5+7=12,人体需要水才能生存,司马迁是汉朝人,等等。不是我们只在清醒时拥有这些知识,睡觉时就丧失了,第二天醒来又重新拥有这些知识。(这好比大多数时间我们并没有想到“5+7=12”“人体需要水才能生存”“司马迁是汉朝人”等命题,但我们仍知道这些命题为真。)

然而,Conee & Feldman 的新证据主义似乎也无法解释为什么我们在睡眠时仍拥有知识,因为当我们进入睡眠时,我们的信念并非基于我们拥有的证据。考虑 Andrew Moon (2012: 312)给的一个例子:

> **睡眠中的逻辑知识**:小蒂是大一新生,第一次上“逻辑学入门”这门课。老师在课上讲了“不矛盾定律”:对于任何命题 p,p 和¬p 不能都为真。老师让每个同学考虑这个定律在直觉上是否合理。小蒂认真考虑了这个定律,发现它非常符合自己的直觉,便相信了这个定律。上了一天的课之后,小蒂累了,很快入睡。她睡得很熟,没有在梦中继续思考不矛盾定律,也没有做任何其他梦。

在上课的时候,小蒂拥有支持不矛盾定律的证据:这个定律非常符合她的直觉。这一直觉就是证据。然而,当小蒂睡着的时候,她没有了这个直觉,也意识不到曾经有过这个直觉,因此,当小蒂睡着的时候,她没有支持不矛盾定律的证据。但当小蒂睡着的时候,她显然还继续相信不矛盾定律(虽然这个信念没有被当下意识到①),也知道不矛盾定律为真。

在一篇与他人合写的文章中,Feldman 认为,证据主义者可以主张我们之所以在睡眠中有知识,是因为我们在睡眠中仍可以基于某

① 这是大多数哲学家接受的观点,最近的捍卫者是 Rik Peels (2017),他的观点是:相信 p 就是当下有意识地认为、或隐意识地认为,或默认为 p 为真(To believe something is to occurrently, dormantly, or tacitly think that it is true, an account I call the Combination Account of belief)。另一个有影响的观点是:如果 S 在清醒的状态下考虑“p 是否正确?”后就立刻相信 p,那么 S 相信 p。这是一个反事实条件句。它不否定一个人在睡眠中仍会相信 p。

些证据相信某个命题。比如,当小蒂睡着的时候,她暂时意识不到不矛盾定律,也意识不到自己的任何信念。如果可以说小蒂在睡着的时候仍继续相信不矛盾定律,那么也可以说小蒂在睡着的时候仍拥有那个直觉,只是她暂时意识不到那个直觉,还可以说小蒂在睡着的时候,她对不矛盾定律的信念仍是基于那个直觉,虽然她暂时意识不到这一"基于"关系。(或许对于被遗忘的证据也可以采取类似的回应:忘了某个证据,只是当下意识不到那个证据,但那个证据还存储在我们的心灵之中,我们的信念还是基于那个证据。)①

然而,这一回应涉及一个重要问题:如果在 t 时刻,S 没有意识到 E,也不能通过反省意识到 E,那么在 t 时刻,对于 S 而言,E 是否能构成支持其信念的证据?常识性的回答是否定的,比如对于秦朝人而言,凶器上的指纹不能成为支持某人是凶手的证据,因为那个时候没人能意识到凶器上指纹的存在。再比如,爱因斯坦是基于某种证据 E 相信在任何参考系中光速不变。如果我一辈子无法意识到 E,那么 E 并不构成我相信在任何参考系中光速不变的证据。

Conee & Feldman 在许多论文中明确地尊重这一常识性观点。他们认为,只有一个人能够意识到的心理状态(mental states)才构成他相信某个命题的证据。我们无法意识到的东西不能成为支持我们信念的证据。② 比如,只有当我们观察到凶器上的指纹时,它才构成

---

① 参见 Feldman & Cullison (2012: 113)为 *The Continuum Companion to Epistemology* 撰写的词条"evidentialism"。后来 *The Continuum Companion to Epistemology* 改名为 *The Bloomsbury Companion to Epistemology*。

② Feldman (1988)区分了我们当下意识到的心灵状态(occurrent mental states)与我们当下没意识到的心灵状态(nonoccurrent mental states),认为只有前者才能作为证据。根据这一观点,我们的大多数记忆内容不能作为证据,因为大多数记忆内容都是我们当下没意识到(但想一想就能够意识到)的心灵状态。Conee and Feldman (2008: 88-89)则认为有些我们当下没意识到(但想一想就能够意识到)的心灵状态也能作为证据。

支持我们相信某人是凶手的证据(更精确地说,不是指纹构成证据,而是我们对指纹的观察构成支持我们相信凶器上有指纹的证据,而我们的这一信念进一步构成支持我们相信某人是凶手的证据)。[①]

根据 Conee & Feldman 的证据观,他们似乎必须否定小蒂在睡眠中仍知道不矛盾律为真,因为小蒂在睡眠中无法意识到任何支持不矛盾律的证据。即使她在睡眠中仍存有清醒时对不矛盾律的直觉,她也不能意识到这一直觉。[②] 如果 Conee & Feldman 否定我们在睡眠中拥有知识,否定知识存储,会让新证据主义的解释范围变得非常狭窄,同时突出过程可靠主义和德性知识论的优点:过程可靠主义和德性知识论很容易解释知识存储(包括为什么我们在睡眠中拥有知识)。

---

① 在这个意义上,Conee 和 Feldman 是内在主义者。内在主义认为,只有内在于我们心灵的东西才能用来为一个信念辩护(justify a belief),成为支持这个信念的理由/证据(justifier)。"x 内在于 S 的心灵"的意思是 S 能(通过反思)意识到 x。我们能(通过反思)意识到自己的感觉经验、内省经验、直觉、记忆内容、信念等。根据内在主义,只有这些东西才能用来为一个信念辩护。外在主义是内在主义的否定,认为有些外在于我们心灵的东西也能用来为一个信念辩护(justify a belief)。比如,Goldman 的过程可靠主义是一种外在主义:即使我们无法意识到我们的信念形成过程是可靠的,我们的信念也可以是受到辩护的。Feldman (2014: 342)特别指出,他所谓的 justified belief 是内在的,而 well-founded belief 则是外在的。S 虽然能够意识到自己的信念 p 和支持信念 p 的证据 e,但不一定意识到自己的信念 p 不是建立在证据 e 的基础上,而是另外一些因素导致的。

② 舒卓提醒我,McCain 认为,如果 S 此刻没有思考 p 是否为真,也无法意识到 e,但当 S 思考 p 是否为真时就能够意识到 e 是支持 p 的证据,那么 S 此刻就拥有支持 p 的证据 e。小蒂在睡眠中没有思考不矛盾律是否为真,但当她在思考不矛盾律是否为真时(这时她是清醒的),她会意识到她对不矛盾律的直觉是支持不矛盾律的证据。因此,小蒂在睡眠中也有支持不矛盾律的证据。然而,即使如此,小蒂在睡眠中也不是基于那个证据相信不矛盾律。此外,McCain 诉诸的那个原则似乎也是错误的。比如我过去算过 13×14=? 此刻我彻底忘记了答案,也没有思考这个问题,但后来当我思考这个问题时,我就能意识到支持 13×14=182 的证据。但这并不意味着我此刻拥有支持 13×14=182 的证据。

3.2 对新怀疑主义的让步问题

Conee & Feldman 承认他们对新怀疑主义的回应远不够充分有力,因为他们没有充分地说明为什么恶魔假设不是最佳解释。但他们认为过程可靠主义和德性知识论对新怀疑主义的回应简洁明了,是它们的缺点,因为它们不能很好地解释为什么怀疑主义那么有吸引力,连续几个世纪一直困扰着哲学家。

然而,Conee & Feldman 的说辞似乎不能成立。考虑一个类比。假设一个与开普勒同时代的天文学家说:"我的理论无法准确地预测金星凌日(transit of Venus)这一现象,恰恰是它的一个优点:它能解释为什么这一现象连续几个世纪一直困扰着天文学家。因为根据我的理论,要准确地预测金星凌日,先要解决某个问题 Q,但要解决 Q,是一件非常复杂困难的事。开普勒回避了 Q,用他的几条定律简洁明了地预测金星凌日,这是他理论的一个缺点,因为他只能说:金星凌日之所以连续几个世纪一直困扰着天文学家,是因为之前的天文学家都不够聪明。"这一说法显然有问题。

此外,如果不能解释为什么怀疑主义连续几个世纪一直困扰着哲学家,是可靠主义的一个缺陷,似乎也可以说:不能解释为什么绝大多数人(除了少数哲学家)都认为怀疑主义是荒诞不经的,是 Conee & Feldman 之新证据主义的一个缺陷。

退一步说,即使 Conee & Feldman 能成功地论证非怀疑主义假设是最佳解释,是比怀疑主义假设(即恶魔假设)更好的解释。他们的新证据主义知识定义也不能很好地解释日常知识。比如,如果我事实上生活在认知桃花源中,基于清楚明白的观察相信前方有一个人,那么我就知道前方有一个人。但我似乎不是基于充分的证据相信前方有一个人。我相信前方有一个人的证据是:我清清楚楚地观察到前方有一个人。然而,根据解释主义证据观,这一观察似乎不是充分的证据。

为什么呢?前面提到,根据解释主义证据观:对于S而言,e是支持其信念p的原初证据,当且仅当:p属于一组命题,这组命题是S所能想到的对S为什么拥有e的各种可能解释中最好的。这个"原初证据"定义并没有说明如何区分充分的证据与不充分的证据。但按照解释主义的思路,一个合理的区分标准是:对于S而言,e是支持p的初始证据,但只是比较弱的证据,当且仅当:在S能想到的对e的可能解释中,p是最佳解释,但不是唯一的最佳解释,还有很多与p同等好、但与p不兼容的解释。对于S而言,e是支持p的初始证据,但与e相比,(e+e*)是支持p的更强证据,当且仅当:在S能想到的对e的可能解释中至少有这样一个q,q和p都是对e的最佳解释之一,但q不是对(e+e*)的最佳解释,而p是对(e+e*)的最佳解释之一。比如,"在t时刻我观察到家里的所有灯都灭了,所有电器也不工作了"对我而言是支持"在t时刻我所在的社区停电"的证据,但"在t时刻我观察到家里的所有灯都灭了,所有电器也不工作了,并且10秒钟后我又观察到所有邻居家的灯都不亮"对我而言是支持"在t时刻我所在的社区停电"的更强证据。这是因为"在t时刻我所在的社区停电"和"在t时刻我所在的社区并没有停电,只是我家跳闸"这两个假设可以同等好地解释(为什么)"在t时刻我观察到家里的所有灯都灭了,所有电器也不工作了"。它们都是最好的解释之一。(一个相比较而言不太好的解释是:在t时刻我家的所有灯和电器都坏了,没有跳闸,也没有停电。这个解释之所以不太好,因为它比较复杂,并且与我的背景知识——"我知道我家的所有灯和电器不太可能在同一个时刻都坏了"——不融贯。)但这两个假设并不能同等好地解释(为什么)"在t时刻我观察到家里的所有灯都灭了,所有电器也不工作了,并且10秒钟后我又观察到所有邻居家的灯都不亮"。基于第一个假设的解释比基于第二个假设的解释更好。

但到底多强的证据算充分的证据?Conee & Feldman 可能认为,如果(e+e * * +e * * *)是支持 p 的充分证据,那么在 S 能想到的对(e+e * * +e * * *)的可能解释中,p 是唯一的最佳解释,比任何一个¬p 选项的解释都要好。如果 p 只是最佳解释之一,不是唯一的最佳解释,那么(e+e * * +e * * *)就不是支持 p 的充分证据。这一观点支持 Feldman 所主张的唯一性论题(the Uniqueness Thesis):对于任何一个命题 p,给定一堆证据 E,只有一个信念态度——要么相信 p,要么相信¬p,要么悬置判断——是受到辩护的或理性的(justified or rational)。[①]

然而,这一充分证据的标准无法解释日常知识,因为在日常生活中,支持我们信念的证据远达不到这一标准。更具体一点说,假设我事实上生活在认知桃花源中,通过清清楚楚地观察到前方有一个人而相信前方有一个人。然而,如果反思为什么我会清清楚楚地观察到前方有一个人,我至少能想到两个不同的解释:可能是因为(A)前方的确有一个人,而我的观察能力是可靠的,也可能是因为(B)我一个小时之前被别人下了一种迷幻药,此时出现了幻觉(前方其实没有任何人)。但我完全没有反思,没想过 B,只相信 A。在这种情况中,否定我知道前方有一个人,似乎是不妥的。然而,根据上一段提到的充分证据标准,我没有充分的证据相信前方有一个人。因为 A 和 B 同等好地解释了为什么我清清楚楚地观察到前方有一个人。因此,我的观察同等地支持 A 和 B。有人可能会说:A 是最佳解释,而 B 不

① 正如 J de Ridder(2014)所说,在讨论分歧(disagreement)时,哲学家常常把 rational 和 justified 当作同义词使用。

是,因为 B 不能解释为什么我记得过去三个小时我一直在家里,没有接触过任何人,也没有任何饮食。但这是举出新的证据(我的记忆)来排除 B。而我之所以相信前方的确有一个人,仅仅是基于我的观察,而不是基于这一新的证据(我的记忆)。如果不考虑新的证据(我的记忆),仅仅考虑我的观察,那么 A 和 B 同等好地解释了为什么我清清楚楚地观察到前方有一个人,都是最佳解释之一。因此,我的观察并非支持"前方的确有一个人"的充分证据:我并没有基于充分的证据相信前方的确有一个人。[①]

当然,Conee & Feldman 可以降低充分证据的标准,否定唯一性论题。但降低标准后,充分证据的门槛到底在哪里,会变成他们难以回答的问题。(这一问题会削弱 Conee & Feldman 对新归纳问题和轻易知识回应的力量)Conee & Feldman(2004: 296)在某些地方说:充分证据的标准=刑法中排除合理怀疑的证据标准(the criminal standard)。但这个刑法标准具体到底是什么,Conee & Feldman 没有详细说。此外,我们的日常知识所需要的证据,似乎不必达到刑法讲的证据标准。

3.3 本应拥有的证据问题

Conee & Feldman 的新证据主义的另一个问题是:有时候,S 基于充分的证据相信真命题 p,并且不存在削弱者,但 S 似乎并不知道 p。考虑以下情况:

> **谋杀案**:李警探负责调查一件没有任何监控录像的谋杀案。很快他接到老王的自首电话。老王说,他最近丢了工作,失去收入来源,而死者欠他 20 万,一直赖着不还,又辱骂他,导致他一

---

① 我将在"责任知识论"那一章继续讨论这一问题。

时冲动杀人。老王提供了死者给他写的欠条。技术人员比对了死者的笔迹,认定这是死者所写。技术人员又比对了老王的指纹与凶器上的指纹,发现二者吻合。李警探便基于这些证据断定老王是凶手,很快提交了结案报告。然而,死者的一个朋友不相信李警探的调查,偷偷聘请了一名私人侦探。私人侦探先获取了李警探的结案报告,了解了警察掌握的情况,然后开始暗中访问老王和死者的邻居和亲友。一个月后,私人侦探有了新的发现:(i) 老王相信自己有一个私生子,叫小杨;(ii) 有人目击到小杨在死者死前一个小时在案发现场附近出现过;(iii) 小杨与死者有仇,半年前曾威胁杀死者。基于这些新发现,私人侦探怀疑小杨才是真正的凶手,老王只是替小杨顶罪。另一方面,李警探因为从未走访老王和死者的邻居和亲友,对(i)、(ii)和(iii)一无所知,也完全不知道有个私人侦探在调查他负责的案子。事实上,老王的确是真正的凶手,他本来是想要到一笔钱给小杨,但遭到死者拒绝,盛怒之下,杀了死者。当时小杨也在现场,目睹了老王杀人的过程,还试图夺走凶器(导致凶器上也有小杨的指纹),阻止老王杀人。在给警察的口供里,老王为了不给小杨惹麻烦,故意隐瞒了小杨的存在。然而,如果李警探意识到(i)、(ii)和(iii),会无法判定(prove beyond a reasonable doubt)谁是真正的凶手。这个案子会成为无法破解的疑案。[①]

在这个例子中,李警探的结论是正确的——凶手的确是老王,而非小杨。但他之所以得出这个结论,只是因为他拥有老王的供词、死者的欠条和老王留在凶器上的指纹等证据,他对这个案子并没有进行深入调查,对(i)、(ii)和(iii)完全不知情。在这种情况下,李警探

① 这个例子受到 Harman (1973: 143-144)的启发。

的“破案”有很大的侥幸成分，似乎算不上真的知道凶手是老王。[1]

然而，根据 Conee & Feldman 的新证据主义，李警探知道凶手是老王，因为（a）他基于充分的证据相信“凶手是老王”这个真命题，并且（b）不存在削弱者——私人侦探发现的东西对于李警探只是误导性削弱者，不是真正的削弱者。

Conee & Feldman 可能会说：我们需区分“我们应该如何收集证据？”与“在某人拥有某些证据的情况下，他应该如何形成信念？”这两个问题。前者是个实践问题，而不是认知问题。一个人在某个时刻是否知道 p，只取决于他在那个时刻是否拥有支持 p 的充分证据，以及是否存在削弱者，而不取决于他之前如何收集证据。如果他以不负责的方式收集证据，因为运气好收集到了支持 p 的充分证据，同时没有收集到反对 p 的误导性证据，这种运气并不影响他基于充分证据相信 p 的认知状态。[2]

然而，这一回应有些牵强，因为它将两个紧密联系的问题割裂开了：“在某人拥有某些证据的情况下，他应该如何形成信念？”与“（从求真角度）我们应该如何收集证据？”是两个紧密联系的问题，它们统一在“如果我们想知道某个问题的真相，应该遵守何种规范？”这个问题下。

Feldman & Cullison（2012：97）给出了不同的回应：有时候，虽然 S 拥有支持 p 的证据，但同时 S 又有证据表明自己（在 p 是否为真这个问题上）是个不负责的证据收集者。在这种情况下，S 就有证据怀疑自己拥有的支持 p 的证据是充分的。如果 S 基于证据 E 相信 p，但又有证据怀疑 E 是支持 p 的充分的证据（虽然 S 事实上没有怀疑 E

---

① 相关的讨论参见 Kornblith（1983），Baehr（2009）和 Axtell（2011）。

② 参见 Conee & Feldman（2004：90）。

是支持 p 的充分的证据),那么 S 就没有支持 p 的充分证据,因而就不知道 p。[1] 在“谋杀案”那个例子中,李警探有证据表明自己是个不负责的证据收集者。他记得自己没有去走访老王和死者的邻居和亲友,也记得他的职业规范要求他去走访老王和死者的邻居和亲友。对李警探而言,这都是支持“自己是个不负责的证据收集者”的证据。因此,李警探并没有支持“凶手是老王”的充分证据。

然而,我们可以稍微修改“谋杀案”那个例子中,使得李警探虽然事实上是不负责的证据收集者,但没有证据相信自己是不负责的证据收集者。假设李警探在录完老王的口供并收到技术人员对笔迹和指纹的鉴定报告后,相信自己收集的证据已经非常充分,无须再找老王和死者的邻居和亲友了解情况,就在调查报告上写了一句虚言:“已找老王和死者的邻居和亲友了解情况,与口供完全一致”。假设过了不久后,这句虚言骗到了李警探自己:他真的相信自己已找老王和死者的邻居和亲友了解情况。在他的记忆中,自己一直严格遵守警察调查凶杀案的规范。这时,李警探完全没有证据相信自己是不负责的证据收集者。因此,根据 Conee & Feldman 的新证据主义,李警探知道老王是凶手。但这似乎更背离我们的直觉性判断。

3.4 理性主义的价值问题

最后,Feldman 的认知价值理性主义虽然可以解决美诺问题,但这种理性主义自身面临着一个问题:它不能解释为什么知道 p 比理性地悬置判断有更大的内在认知价值。假设你通过仔细研究,知道夏季飞雪的物理原因是什么,而我对这个问题没有研究,悬置判断。显然,你的认知状态比我的更好。但我们的认知状态都是理性的。Feldman 只能说:我们的认知状态一样好。一个相似的问题是:如果

---

① 关于高阶证据与认知责任的进一步讨论,见 Ye (2020b)。

你知道 p 为真,而我理性但错误地相信¬p,那么你的认知状态显然比我的更好。但 Feldman 也无法解释这一点。[①]

此外,Feldman 的认知价值理性主义也很难解决由 Gettier 问题引申出来的价值问题:与 Gettier 式正确(基于充分的证据相信真命题 p,但不知道 p)相比,为什么知道 p 是更好的认知状态?知道 p 蕴含理性的信念,但 Gettier 式正确也蕴含理性的信念。根据 Conee & Feldman 的知识定义,二者的区别仅在于:知道 p 蕴含无削弱者,而 Gettier 式正确则有削弱者。没有削弱者,似乎并不能使得 S 更理性,因为削弱者是 S 尚未意识到的真命题,而 S 是否理性不依赖于他尚未意识到的东西。

小　结

总而言之,Conee & Feldman 的新证据主义对知识的界定是:S 知道 p,当且仅当:(i) S 相信 p,(ii) p 为真,(iii) S 拥有支持 p 的充分证据,(iv) S 基于这些证据相信 p,并且(v) 没有会削弱 S 证据之强度的东西(no defeaters)。本章的分析表明,这一定义比传统证据主义有很大的改进,与 Goldman 的过程可靠主义和 Sosa-Greco 版本的德性知识论相比也有一些优势,但本身面临着一些难以处理的问题。

---

① Feldman 认为知识具有内在认知价值,完全是因为它的构成元素之一——理性的信念——具有内在认知价值。他不认为知识的内在认知价值大于其构成元素的内在认知价值。正因为如此,他才说:"对一个命题采取理性的态度,就是最大化认知价值。"(Feldman 2000: 685)

第六章

责任知识论

我对中共党史很感兴趣。通过中国共产党新闻网,我了解到1961年,由于自然灾害和“反对右倾机会主义”造成的恶劣后果,国内面临着严重的经济困难。为了恢复经济,毛泽东决定于8月23日至9月16日在庐山召开中共中央工作会议,史称“第二次庐山会议”。

在开会之前,邓小平的夫人轻轻走到邓小平身旁,郑重其事地对丈夫说:“老邓,前车当鉴。1959年那次庐山会议,张闻天在会上大谈经济工作,讲了真话,结果挨了批判。彭老总等人也戴上了右倾的帽子。这一次,你讲话也不要太直率

> 了……”邓小平用亲切而平静的目光望着夫人，笑了笑，然后严肃地说：“共产党人就是要讲真话。我该说的还是要说，‘大跃进’过了头，违反了客观规律。”①

改革开放后，邓小平多次说：共产党员有说真话的责任。他也呼吁地方政府要创造让群众说真话的环境。对于那种“一听到群众有一点议论，尤其是尖锐一点的议论，就要追查所谓‘政治背景’、所谓‘政治谣言’，就要立案，进行打击压制”的做法，邓小平认为“是软弱的表现，是神经衰弱的表现”。他更进一步要求：“群众有气就要出，我们的办法就是使群众有出气的地方，有说话的地方”，“使他们有意见就能提，有气就能出”。②

在讲真话不会受到打压、也不会妨碍我们履行其他重要责任的情况下，我们每个人似乎都有讲真话的责任——我们甚至要求小孩子讲真话，不撒谎。③ 讲真话的责任，不仅是一种道德责任，也蕴含着一种认知责任——求真的责任。因为“真话”不仅仅是真心话，还是真理。④ 假设某个人真心相信自己是救世主转世，当他说“我是救世主转世”时，这是他的真心话，但不是真话，因为他并不是救世主转世。我们之所以肯定讲真话的价值，不仅因为我们在乎真心话，更因为我们在乎真理。要使自己说的话是真理，必须先弄清楚真相是什么。当然，没人能确保自己讲的话一定是真理，因为我们都有弄错的可能。讲真话的责任并不意味着我们要确保自己讲的每句话必须为

---

① 转引自中国共产党新闻网：http://cpc. people. com. cn/n1/2017/0601/c69113-29312039. html。访问日期：2025 年 3 月 8 日。

② 转引自中国共产党新闻网：http://cpc. people. com. cn/n1/2019/0111/c69113-30516158. html。访问日期：2025 年 3 月 8 日。

③ 用 David Ross 的术语，讲真话是我们的 *prima facie* duty。

④ 此处“真理”指一切符合事实的命题，既包括揭示宇宙规律的命题，也包括“汤唯是个演员”这种很平常的命题。

真,而只是意味着我们在相关问题上尽到了求真的责任。比如,当牛顿提出万有引力定律时,他讲的不一定是真理,但如果这是建立在他系统观察、深思熟虑的基础上,那么他在相关问题上尽到了求真的责任——他是以认知上负责的方式提出万有引力定律。

很多哲学家认为,"以认知上负责的方式相信 p"是"知道 p"的必要条件。比如,传统的内在主义者(如 Chisholm 1977; BonJour 1985)主张,要知道 p,S 的信念 p 必须是受到辩护的(justified),而"S 的信念 p 是受到辩护的"="S 以认知上负责的方式相信 p"。[①] 一些同情传统内在主义的证据主义者(如 Feldman 2000;Dougherty 2010)主张"基于充分的证据相信 p"="以认知上负责的方式相信 p"。[②] 因此,他们也同意如果 S 不是以认知上负责的方式相信 p,那么 S 不知道 p。此外,一些外在主义者如 John Greco(2010)和 Sandy Goldberg(2018)主张要知道 p,既需要以认知上负责的方式相信 p,也需要

---

① Richard Feldman (2014: 343)写道:"一些哲学家将内在主义等同于'辩护需要履行义务或责任'这一观点。同样,也有人说,受到辩护的信念是在认知上负责的信念。例如,Plantinga 写道,内在主义的一个核心观点是:'认知上受到辩护是责任的辩护……它所要求的只是我尽到我的主观责任,以无可指责/批评的方式行事'。"(Some philosophers identify internalism with the view that justification involves fulfilling obligations or duties. Similarly, some say that justified belief is epistemically responsible belief. For example, Alvin Plantinga (1993, p. 19) has written that one central internalist idea is that 'epistemic justification is deontological justification… All that it requires is that I do my subjective duty, act in such a way that I am blameless.')

② 胡适似乎也认为"尽到认知责任"="只跟着证据走":"从消极的方面说,就是'无徵则不信',要严格地不信任一切没有充分证据的东西。换句话说,就是没有充分证据,我们就不信。从积极的方面说,就是要拿出证据来,要跟着证据走,不论他带我们到什么危险可怕的地方去,我们也要去。"见胡适《科学精神与科学方法》,收入《胡适精品集》第 16 卷,光明日报出版社,1998,第 65 页。胡适显然读过剑桥数学家 W. K. Clifford 于 1877 年发表在 *Contemporary Review* 上的文章 The Ethics of Belief。他在 1924 年 1 月 4 日写给韦莲司的信里说:"我们在这儿重新过着 A. L. Huxley 与 W. K. Clifford 从前所过的日子。'给我证据,我才会相信。'这是我和我的朋友重新揭起的战斗口号。"见周质平:《不思量自难忘:胡适给韦莲司的信》,台北:联经出版事业公司,1999,第 148 页。

通过运用可靠的认知能力相信 p。

我同意"以认知上负责的方式相信 p"是"知道 p"的必要条件。但我不赞同"S 基于充分的证据相信 p"="S 以认知上负责的方式相信 p",也不赞同"通过运用可靠的认知能力相信 p"是"知道 p"的必要条件。[①] 在这一章,我将论证(在 t 时刻)S 知道 p,当且仅当:(在 t 时刻)S 之所以相信真命题 p,而没有相信某一个¬p 选项,[②]是因为 S 的信念形成方式是认知上(底定)负责的。简言之,知识是因为负责而获得的成功(success because of being *ultima facie* responsible)。[③] 接下来,我将先通过说明这一定义会如何处理过程可靠主义、德性知识论与新证据主义共同面临的问题,来初步阐明责任知识论与这三个理论的区别。然后,我将说明责任知识论会如何处理过程可靠主义、德性知识论与新证据主义各自面临的问题,并回应一些针对责任知识论的可能反驳。最后,我将简单讨论责任知识论与中国古代知识论的关系。

第一节 什么是责任知识论?

要理解责任知识论的定义,我们可以先从它如何处理过程可靠主义、德性知识论与新证据主义共同面临的几个问题入手。

---

① 与传统内在主义不同,本书对于"以认知上负责的方式相信 p"是否等同于"以认知上受到辩护的方式相信 p"这一问题存而不论,持开放态度,直接用"认知上负责"去界定知识。德性知识论对知识的界定也回避了"辩护"这一概念,直接用"理智德性"去界定知识。参考陈嘉明(2003b)和曹剑波(2019)的讨论。

② 假设 p 是"雪是白色的",那么"雪是红色的","雪是蓝色的","雪是无色的"等等都是¬p 选项。

③ 我的责任知识论不同于 Lorraine Code(1987)的责任知识论。正如 Jason Baehr 所说,虽然 Code 认为"认知上负责"是主要的理智德性,但她并没有试图用"认知上负责"这一概念去界定知识。参见 Baehr 为 *Internet Encyclopedia of Philosophy* 的词条"Virtue epistemology"。见 https://iep.utm.edu/virtue-epistemology/。访问日期:2025 年 3 月 8 日。

1.1 不可靠的知识问题

根据 Goldman 的过程可靠主义、Sosa 的德性知识论以及 Conee & Feldman 的新证据主义,可靠性是知识的必要条件:如果 S 不是通过可靠的能力/过程相信 p,那么 S 一定不知道 p。Goldman 的过程可靠主义和 Sosa 的德性知识论对这一点有明确的说明。Conee & Feldman 的新证据主义看上去与过程可靠主义针锋相对,其实也是一种可靠主义,因为根据新证据主义,S 知道 p,仅当:(i) S 基于充分的证据 E 相信 p,并且(ii) 不存在削弱者。虽然"S 基于充分的证据 E 相信 p"与"S 通过不可靠的过程相信 p"这两个命题是兼容的(在"新证据主义"那一章,我们看到 Conee & Feldman 反对用可靠性去界定"充分的证据"),但正如 John Pollock (1984: 113)指出,"不存在削弱者"这一条件蕴含了"S 基于证据 E 相信 p 的过程是可靠的"。如果 S 基于证据 E 相信 p 的过程事实上是不可靠的,那么它就是削弱者:一旦 S 意识到这一过程的不可靠,E 对他而言就不再是相信 p 的充分证据。因此,Conee & Feldman 的新证据主义虽然不是关于辩护的可靠主义,却是关于知识的可靠主义。

然而,可靠性似乎不是知识的必要条件:即使 S 不是通过可靠的能力/过程相信 p,也可能知道 p。考虑一个虚构的例子:

> **天残村**:有一个与世隔绝的地方,叫"天残村"。因为受到恶魔的操控,村里每个人天生都有一些认知障碍。恶魔没有让村里人关于外部世界的信念都为假,而是使得他们的信念形成过程的可靠性低于 50%。比如,如果他们通过清楚的观察相信前方有一个人,那么前方可能——50%以上的可能——没有任何人。同时,恶魔没有剥夺村里人的认知能动性。村里每个人都有观察、推理和反思的能力。恶魔惊奇地发现,一些村里人很善于发挥自己的认知能动性。他们不但关心真理,而且以认知

> 上负责的方式追求真理。他们尽自己最大的努力,很快找到了一套判别真假的方法,虽然可靠性只有49%,但这是他们所能找到的最可靠的方法(对他们而言,抛硬币不是更可靠的方法,因为恶魔很讨厌他们用抛硬币这种懒惰的方法来判别真假,确保他们抛硬币的正确概率在5%以下,而非50%[①])。通过运用这套49%可靠的方法,他们获得了很多关于外部世界的重要真理,成为天残村的智者。与之相对照,天残村其他人的信念形成过程都不足20%的可靠程度。

我们似乎可以说:天残村的智者拥有一些知识。否定天残村的任何人拥有任何知识,听起来有些荒谬。[②] 然而,任何一种可靠主义都会否定天残村的人拥有任何知识,因此,任何一种可靠主义都是错误的。[③]

---

① 恶魔如何让抛硬币的正确概率低于5%? 要通过抛硬币解决任何一个“是否p为真?”的问题,你必须先制定一条决策规则(比如,“如果硬币落下后的正面是国徽,那么相信p;如果是反面,那么相信¬p”),然后再抛硬币。恶魔具有读心术,在你抛硬币之前就知道你制定的决策规则。恶魔又预先知道p的真假。如果p为真,恶魔会让硬币落地后正面是国徽的概率低于5%。如果p为假,恶魔会让硬币落地后正面是国徽的概率高于95%。即使你经过多次试验发现抛硬币的正确概率非常低,也无法改进,因为恶魔具有读心术。

② 我随机对一些非哲学专业的人(他们的年龄和职业不同)做了调查,他们所有人的直觉性判断都是天残村的智者拥有一些知识。我也对大一的本科生和非分析哲学方向的哲学系研究生和教师做了随机调查,他们大多数人的直觉性判断也是天残村的智者拥有一些知识。但在具有分析哲学背景并且了解英美知识论的哲学系师生中,只有很少的人认为天残村的智者有知识,多数认为很难说天残村的智者有没有知识,还有一部分认为天残村的智者没有知识。如果你属于最后一种,参见本书最后一章关于如何做知识论的讨论。

③ 一个可能的反驳:天残村智者那么努力地研究那么久,认知过程还没有我们在正常世界抛硬币可靠——我们在正常世界抛硬币的正确概率尚有50%。在正常世界,我们显然无法通过抛硬币获得知识。所以,在天残村,智者也无法通过只有49%可靠的认知过程获得知识。回应:这一反驳预设了“我们之所以无法通过抛硬币获得知识,是因为抛硬币的正确概率只有50%,不可靠”这一观点。这个预设本身是可靠主义。如果非可靠主义也可以很好地解释为什么我们(在正常世界)无法通过抛硬币获得知识,这一反驳就不能成立。责任知识论的解释是:因为抛硬币是认知上不负责的信念形成方式(假设抛硬币能够让某些人形成信念)。我将在后面进一步解释。

与可靠主义不同,责任知识论可以解释为什么天残村的智者可以获得知识:因为他们能通过认知上底定负责的方式相信一些真命题。"认知上底定负责"(*ultima facie* epistemically responsible)是个有点复杂的概念。粗略言之,认知上底定负责=认知上负责+不缺乏相关信息。责任知识论对"认知上负责"的界定是:

> S 通过认知上负责的方式相信 p(即 S 在形成信念 p 的过程中尽到了自己的认知责任),当且仅当:(a)S 在形成(或保留)信念 p 的过程中发挥了自己的认知能动性(epistemic agency),且(b)S 形成(或保留)信念 p 的过程在认知上是无可指责/批评的(epistemically blameless)。[1]

条件(a)和(b)需要进一步澄清。首先,条件(a)不是说:S 可以自由地选择相信 p 或相信¬p,但决定相信 p。条件(a)只是说:S 之所以相信 p,是 S 运用了自己的知觉和理性等认知官能的结果。[2]如果一

---

① "负责"有两个含义:一个是"S 对 x 负责"意义上的,通常表示 x 是 S 做的,S 可以被评价(比如被表扬或谴责);另一个是"S 尽到了责任"意义上的,通常表示 S 满足了合理的规范,不应该受到指责/批评。Peels (2017) 区分了 doxastically responsible 与 epistemically responsible。"以认知上负责的方式相信 p"是说 S 相信 p 的方式尽到了认知责任(epistemically responsible),不仅仅是说 S 对相信 p 的方式负责(doxastically responsible)。又,中文"批评"通常有一点"指责"的意思,但"指责"是个更严重的词。最近,一些英文文献也区分了 epistemic criticizability 与 epistemic blameworthiness。其中 epistemic criticizability 是指 deserving criticism for an epistemic failing。而 epistemic blameworthiness 是更严重的词。

② 关于什么是认知能动性,参考 Setiya (2013)、Engel (2013)、Sosa (2015)、Kornblith (2016)、Pearson (2023) 等。Sosa(2015) 认为,能动性是通过"努力"实施行动而自由实施行动的能力(A being's agency consists in that being's capacity to perform actions freely, by "endeavoring" to perform them)。但认知能动性似乎不是有选择相信哪个命题的自由。比如,此刻我看到一架飞机飞过,就只能相信此刻有一架飞机飞过。我没法选择不相信。有些哲学家(如 Peels 2017)认为,如果 S 在相信 p 的过程中发挥了自己的认知能动性,那么他本可以自由地选择做一些行为,让自己不相信 p 或停止相信 p。比如,我可以选择此刻不去看天上,从而不让自己此刻看到飞机飞过,进而不让自己相信有一架飞机飞过。

个正常人通过观察相信前方有一个人,那么他满足条件(a),即使他的观察使他不得不相信前方有一个人。不满足条件(a)的典型例子是大脑被偷偷植入芯片的甄先生(见“过程可靠主义”那一章):他之所以相信现在的温度是40℃,完全是因为脑中芯片的作用,不是他运用自己知觉和理性的结果。换言之,他在形成信念的过程中没有发挥自己的认知能动性。(我对“认知能动性”的理解接近John Greco的观点)其次,条件(b)是说:“S形成(或保留)信念p的过程尽到了自己的认知责任。”“尽到自己责任”常常不是什么了不起的成就,不值得赞美,只是无可指责/批评。[①] 假设一个正常人通过清楚明白的观察相信前方有一个人,并且没有任何反面证据,那么他满足条件(b)。不满足条件(b)的常见例子包括粗心大意,在重要问题上没有仔细观察或调查就下结论,坚持把抛硬币、主观愿望等不是证据的东西当作证据(无视他人提醒),对反面证据视而不见,等等。如果正常人犯了这些错误,我们就可以从认知角度指责/批评他们(they are

① 尽到责任需要意识到责任并主动履行责任吗?似乎不需要。如果一个父亲每天送孩子上学,他也算尽到了做父亲的责任之一,即使他很乐于送孩子上学,从来没意识到这是他的责任,也没有“做父亲的责任”这个概念。有人可能会说:如果没有意识到自己的责任,就不是康德所谓的“基于责任的行动”(acting from duty),只有“基于责任的行动”才可以被描述为“尽到责任”。“仅仅符合责任的行动”(acting in accordance with duty)不能被描述为“尽到责任”。我觉得“仅仅符合责任的行动”也是一种尽到责任,只是它的道德价值低于“基于责任的行动”的道德价值(在康德看来,“仅仅符合责任的行动”没有道德价值)。如果你坚持认为尽到责任需要意识到责任并主动履行责任,可以把本书的“尽到责任”理解为“履行了责任”。一个人履行了责任,可能是主动的,也可能是被动的,还可能是无意识的。

epistemically blameworthy)。[①]

如果认知上负责=发挥了认知能动性+认知上无可指责/批评，那么可靠性不是认知上负责的必要条件。一个人即使通过不可靠的过程相信 p，他的信念形成方式仍可能是认知上负责的。比如，很多哲学家都会同意我们尚未发现一种可靠的获得哲学真理的研究方法。但很少哲学家会认为，所有哲学家(包括 John Rawls 和 David Lewis 在内)都是以认知上不负责的方式相信某些哲学理论。换言之，很多哲学家认为，即使我们是通过不可靠的哲学方法——比如反思平衡——而相信某个哲学理论，这种信念形成方式仍可能是认知上负责的。[②] 又比如，在用来说明新恶魔问题的那个"认知双胞胎"例子中，甲基于观察形成信念的过程是 100%不可靠的(因为恶魔的干涉)，而乙基于观察形成信念的过程则是非常可靠的。但甲和乙的

---

① 每个正常人——具有正常认知能动性的人——似乎都有避免这些基本错误的认知责任。为什么？Goldberg(2018)认为认知责任源于我们的合理期望。一个认知共同体中的成员可以合理地期望其他成员能避免这些基本错误。一个相关的问题是：是否存在"有足够的认知能动性，但没有尽到认知责任，却依旧可以原谅，不应该受到任何批评/指责"的情况？有人认为存在。假设一个科学家明天要做一个报告。在做报告之前，她似乎有认知责任去阅读一篇今天刚刚发表的论文，因为这篇论文发表在学术声誉崇高的期刊上，又和她论文研究的问题紧密相关。她原本计划今晚认真阅读论文，但其小区晚上突然停电。她可以点一根蜡烛读完论文——烛光不会影响她的认知能力。但她不习惯在烛光下阅读，于是没有读那篇论文。这似乎是可以原谅的(excusable)。但另一些哲学家可能会说：认知责任总是相对于某种环境/条件而言。在停电的情况下，这个科学家没有阅读那篇论文的认知责任。如果她坚持在烛光下阅读，这是值得我们敬佩的行为(supererogation)，但不在她的责任之内。这一分歧的核心是：一方认为，虽然做 x 是 S 的责任，S 也有能力做 x，但因为 y 这种特殊情况的出现，S 不做 x，也应该被原谅；另一方认为，虽然 S 有能力做 x，但在 y 这种特殊情况下，做 x 不是 S 的责任，因此 S 不做 x，也没有错。就法律/合同责任而言，第一种观点似乎更合理。就(与法律/合同无关的)认知责任而言，或许第二种观点更更合理。

② 对于"尚未发现可靠哲学方法"的讨论，见 Jason Brennan (2010)。关于反思平衡不可靠的讨论，见 Michael DePaul (1993)。

信念形成方式都是认知上负责的,因为他们都发挥了自己的认知能动性,并且都在认知上无可指责/批评。同样,在"天残村"那个例子中,至少智者会符合(a)和(b)两个条件:他们发挥了自己的认知能动性,他们的信念形成过程虽然不可靠,但这不是他们的错。在形成信念的过程中,他们没有犯粗心大意,坚持把抛硬币、主观愿望等不是证据的东西当作证据(无视他人提醒),对反面证据视而不见等应受指责/批评的认知错误。

然而,根据责任知识论,通过认知上负责的方式相信真命题 p,还不算知道 p。责任知识论还区分了"认知上负责"与"认知上底定负责"。[①] S 通过认知上底定负责的方式相信 p,当且仅当:S 相信 p 的方式之所以是认知上负责的,不是因为 S 缺乏相关信息。要理解这一点,需要区分以下两种"缺乏相关信息"的情况:

- 因为认知上不负责,才缺乏相关信息。比如,领导在做出重要的决策之前,有收集相关信息——做系统调研、兼听社会各方面的建议和意见——的认知责任。但有些领导刚愎自用,不愿意兼听各方面的建议和意见(不让过去批评过自己的人发声),以致在缺乏重要信息的情况下贸然做出决策。
- 因为缺乏相关信息,才算认知上负责。比如,周幽王为了博得美人褒姒开心一笑,在骊山点燃报警用的烽火。各方诸侯看见烽火燃起,就相信敌人入侵,赶紧领兵前来救驾。显然,他们形成"敌人入侵"这个信念的方式之所以是认知上负责的,是因为他们事先没有收到"周幽王为博美人一笑而点烽火"这个信息;对他们而言,看见烽火就可以相信敌人入侵。我们不可

① 类似于 *prima facie* justification 与 *ultima facie* justification 的区分,参见 Thomas D. Senor (1996)的相关讨论。

责怪他们没有调查清楚就相信敌人入侵：缺乏“周幽王为博美人一笑而点烽火”这个信息，并非他们的过错。（当然，一旦他们拥有这个信息，就不应该仅仅因为看到烽火燃起就相信敌人入侵。）

第一种情况是认知上不负责，第二种情况是认知上负责，但不是认知上底定负责。如果周幽王从未“烽火戏诸侯”，每次点燃烽火都是因为敌人入侵，那么各方诸侯看见烽火燃起，就相信敌人入侵，不仅是认知上负责的，而且是认知上底定负责的。[①] 我们也可以通过“削弱者”这一概念来理解“认知上底定负责”：如果 S 通过认知上负责的方式相信 p，并且不存在真正的削弱者，那么 S 是认知上底定负责的。削弱者是 S 缺乏的信息：对于“S 通过认知上负责的方式相信 p”这一情况而言，q 是削弱者，当且仅当：q 为真，但 S 尚未意识到 q 为真，而一旦 S 意识到 q 为真，那么 S 原来的信念形成方式就不再是认知上负责的。因此，对于“S 通过认知上负责的方式相信 p”这一情况而言，不存在削弱者意味着 S 相信 p 的方式之所以是认知上负责的，不是因为 S 缺乏相关信息。（注意：认知上底定负责，意味着不存在真正的削弱者。“真正的削弱者”对应的英文是 genuine or undefeated defeaters，不是 misleading defeaters。见“新证据主义”那一章的讨论。）

假设某些天残村人以认知上负责的方式相信 p，但后来意识到“他们的信念形成过程是不可靠的，但这是魔鬼让他们天生有认知障碍的结果，不是他们的错”时，他们似乎仍可以像原来一样形成各种信念——要求他们对一切悬置判断，是不合理的。换言之，意识到“他们的信念形成过程是不可靠的，但这是魔鬼让他们天生有认知障

---

① “底定”是说不会因为获得新信息而“反转”。原来认知上负责的信念形成方式不会受到新信息的震荡而变成认知上不负责的。宋蔡沈《书集传》：“底定者，言底于定而不震荡也。”

碍的结果,不是他们的错”,并不会使得他们原来的信念形成方式变得认知上不负责。(这意味着证据的削弱者不同于认知上负责程度的削弱者。当S意识到自己基于证据E相信p的过程是不可靠的,E就不再是支持其信念p的充分证据,但这不一定会使得S基于E相信p变得认知上不负责。有时候基于不充分的证据相信某个命题,也是认知上负责的。我们将在后面详细讨论这一点。)

如果以上分析是正确的,那么一些天残村的人能够通过认知上底定负责的方式相信真命题p。因此,根据责任知识论,一些天残村的人能够知道p,即使他们的信念形成过程是不可靠的。①

有人可能会觉得用“天残村”这种离现实世界太远的例子去反驳关于知识的可靠主义,捍卫责任知识论,没有说服力。然而,我们在某些方面离天残村的人并不太远。比如,我们关于自己过去的知识很大程度上完全依赖于我们个人的记忆,而随着年龄的增长,我们的记忆——特别关于细节的记忆——变得越来越不可靠。② 考虑如下例子:

不可靠的记忆:老董今年80岁,对于年轻时许多日常细节之事,仍有鲜明的记忆。然而,在他记忆中非常鲜明、非常确定

① 注意:严格地说,“S通过认知上底定负责的方式相信真命题p”并不等同于“S之所以相信真命题p,而没有相信某个¬p选项,是因为S的信念形成方式是认知上底定负责的”。比如,假设S以认知上负责的方式相信p,但S没有意识到的是:有一个天使确保无论S相信什么命题,那个命题都为真。即使S意识到这一点,他原来的信念形成方式似乎不会变得认知上不负责。在这种情况下,S通过认知上底定负责的方式相信真命题p,但S之所以相信真命题p,而没有相信某个¬p选项,并非因为S的信念形成方式是认知上底定负责的,而是因为天使的帮助。但天残村那个例子并没有天使的帮助。为了使表述简洁一些,在没有必要的情况下,我将“S之所以相信真命题p,而没有相信某个¬p选项,是因为S的信念形成方式是认知上底定负责的”简化为“S通过认知上底定负责的方式相信真命题p”。

② 关于记忆的不可靠,实验心理学家有很多研究,比如Raykov, P. P., Varga, D., & Bird, C. M. (2023)。

的事，有50%以上的可能完全没发生过，或者不是以在他记忆中呈现的那种方式发生过。比如老董觉得自己“清楚记得”他15岁那年曾杀过一条2米长的蛇，但其实此事从未发生过。老董也意识到自己记忆的不太可靠。他遵循一条规则：如果自己对p的记忆比较模糊，就不相信p；如果自己对p有鲜明的记忆，但存在（除了“自己的记忆不太可靠”之外的）反面证据（比如老董的朋友告诉他：当年他也在场，但清楚记得不是p，而是q），也不相信p。但如果没有反面证据，就可以基于自己的鲜明记忆相信p。这条规则虽然比“如果自己对p有一点记忆，就相信p”更可靠，但它的可靠程度仍低于50%，因为老董对自己（早年经历中的日常细节之事）的鲜明记忆本身不可靠。根据这条规则，老董相信自己初三上学期期末数学考试得了满分，因为他对此事有鲜明的记忆，并且他没有任何反面证据（他的初中同学和数学老师都没有否定他的记忆）。事实上，老董对这件事的记忆是准确的：他初三上学期期末数学考试的确得了满分。

说“老董知道自己初三上学期期末数学考试得了满分”，似乎没有任何不妥之处。[①] 责任知识论很容易解释为什么老董知道：因为他是通过认知上底定负责的方式相信自己初三某次数学考试得了满分。之所以是认知上负责的，是因为他发挥了认知能动性，并且他的信念形成方式在认知上无可指责/批评的。之所以是认知上底定负责的，是因为老董不缺乏相关信息。即使他意识到自己遵循的那条规则不可靠，继续按照那条规则形成信念，仍是认知上无可指责/批评的。说“因为他遵循的那条规则不可靠，所以他不应该相信他觉得清楚记

① 这里并没有说“记得蕴含知道”。关于记得p是否蕴含知道p的讨论，见Lai（2022）。

得的任何事”,显然太苛刻。

此外,科学家常常通过最佳解释推理获得知识,而最佳解释推理似乎是不可靠的。对于一个自然现象,原则上有无数个候选解释,但只有一个解释为真。最佳解释推理过程是排除错误解释、选出正确解释的过程。然而,一个顶尖的、推理能力远高于常人的科学家在进行最佳解释推理时,也不免常常犯错,误以为某个错误解释是正确的。假设她花了很长时间研究一个现象的原因,通过复杂的最佳解释推理,相信 E1 是对这个现象的正确解释。与她背景信息相同的同行,都认为她的推理是合理的。但三个月后,她发现了某些新信息(新证据),让她相信 E1 是错误的。于是她把这些新信息纳入前提,重新进行最佳解释推理,得出“E2 是正确解释”的结论。过了半年后,她又发现了某些新信息(新证据),让她相信 E2 也是错误的。于是她把这些新信息纳入前提,重新进行最佳解释推理,得出“E3 是正确解释”的结论。她所做出的每个具体的最佳解释推理,虽然在前提和结论的内容上有所不同,但都属于(合理的)最佳解释推理那一类过程。这意味着(合理的)最佳解释推理是不可靠的过程,因为这种推理的结论常常是错误的。① 然而,当她选出对某个现象的正确解释时,说“她知道那是正确的解释”似乎没有问题。责任知识论很容易解释为什么她知道:因为她通过认知上底定负责的方式相信了真命题。

可靠主义者之所以用可靠性去界定知识,目的是把侥幸正确与真正知道区分开来。他们认为任何由不可靠的过程产生的真信念都

---

① John Turri (2013)对于为什么最佳解释推理是不可靠的,给出了一个形式的论证。赵海丞提醒我:就 E1、E2、E3 三种不同的情况而言,主体积累的信息不一样。可靠主义者可以认为这三种情况下的方法也是不一样的,只有推出 E3 的时候才是可靠的方法。这一回应值得考虑。我觉得说“只有推出 E3 的时候才是可靠的方法”,像是特设性(ad hoc)的回应。

是(与知识不兼容的)侥幸正确。然而,这一观点似乎是错误的。通过不可靠的过程获得真信念,固然是一种认知运气,但有时候这种认知运气与知识是兼容的。[①]【在非认知领域,我们也不贬低通过不可靠的能力获得的成功。比如,在奥林匹克冬奥会自由式滑雪女子大跳台决赛中,双周偏轴转体1620(double cork 1620)是超高难度动作。2022年1月,法国运动员泰丝·勒德(Tess Ledeux)成功完成1620度转体并以94分的成绩夺冠,这是人类女子选手历史上第一次。但在2022的冬奥会上,泰丝·勒德并没有做到1620度转体。假设她的成功概率只有30%,我们依旧会觉得她在2022年1月的那次成功是伟大的成就,不是侥幸成功。】与知识不兼容的运气是那种没有尽到认知责任却获得真理的运气:如果S不是以认知上负责的方式相信p,即使p为真,S也不知道p。[②]

2.2 门槛问题与实用/道德因素入侵问题

过程可靠主义、德性知识论与新证据主义面临的另一个共同问题是门槛问题。

根据Conee和Feldman的新证据主义,S是否知道p(或者S的信念p是否受到辩护的),依赖于S是否基于充分的证据相信p。然而,什么样的证据算是充分的?充分的门槛是什么?Conee & Feldman (2004)的回答是:刑法中排除合理怀疑的证据标准。这个说法

① John Turri (2013; 2015)持有类似的观点。Turri捍卫能力主义(Abilism):知识是展现(manifest)主体认知能力(不一定可靠)的真信念。他与Sosa观点非常接近,唯一核心区别是Sosa认为知识需要可靠的认知能力,而他认为不需要。然而,展现(manifest)主体认知能力(不一定可靠)的真信念不一定是认知上底定负责的。这一观点无法处理彩票问题(Turri采取了跟Sosa一样的回应策略),也很难解释实用/道德入侵(Turri否定了实用入侵)。下一节我们将讨论实用/道德入侵。

② 我们后面将说明,所谓"Gettier运气"仍可以通过"未尽到认知责任的运气"来解释。

本身是含糊的,并且不能解释许多日常知识,因为在日常生活中我们知道许多事情,但显然达不到刑法的证据标准。此外,要说明支持"我没有被恶魔操控(或我不是缸中之脑)"的充分证据是什么,无法诉诸刑法中排除合理怀疑的证据标准,因为刑法完全不考虑"我被恶魔操控(或我是缸中之脑)"这种假设。根据刑法,"我可能被恶魔操控(或我可能是缸中之脑)"是完全不合理的怀疑。但 Conee 和 Feldman 否定每个人都必然有充分的证据相信自己没有被恶魔操控(或不是缸中之脑)。他们认为怀疑主义问题是个真正的难题。

Goldman 和 Sosa 给出了不同的回答:假设 S 基于 E 相信 p,E 是充分的证据,意味着【S 基于 E 相信 p】属于可靠的过程,或者【S 基于 E 相信 p】是 S 运用自己可靠认知能力的结果。(无论是 Goldman 的过程可靠主义还是 Sosa 的德性知识论,都主张 S 是否知道 p,依赖于 S 的信念 p 是否由一个可靠的过程或认知能力产生的。)但什么算是可靠的过程或认知能力?可靠的门槛是什么?根据 Goldman 和 Sosa 的观点,一个过程或认知能力是可靠的,当且仅当:运用这个过程或认知能力产生的真信念多于假信念,即真信念与假信念的比例超过 0.5,但不必是 1。到底门槛是多少呢?0.51 还是 0.80?Sosa 没有直接回答这个问题。Goldman 有一个著名的说法:这是一个模糊的问题,因为辩护(justification)这个概念是模糊的。[①] 但这一说法很难让

---

① Goldman 和 Beddor 为 SEP 撰写的"Reliabilist Epistemology"词条原文说:"Justification is conferred on a belief by the truth-ratio (reliability) of the process that generates it. Just how high a truth-ratio a process must have to confer justification is left vague, just as the justification concept itself is vague. The truth-ratio need not be 1.0, but the threshold must surely be greater (presumably quite a bit greater) than .50."

人满意。①

除了“充分证据”和“足够可靠”的门槛问题外,过程可靠主义、德性知识论与新证据主义还共同面临着另一个问题:它们很难解释所谓的“实用/道德因素入侵”(Pragmatic/Moral Encroachment)。比如,考虑以下两种情况:

银行存款$_{低风险}$:龚小宝每年春节都会收到很多压岁钱红包。春节之后,龚爸爸和妈妈去当地银行存压岁钱。那个银行很小,设施非常简陋,只有两位工作人员,对外公布的营业时间是:早上8:30到下午6:30,没有说周末是否营业。春节后的一个周五下午,龚爸爸和妈妈来到银行存压岁钱,发现里面的队伍很长。龚妈妈便提议明天早上再来银行存,因为晚一天存款也不耽误事。但龚爸爸说:“你哪知道银行明天上午营不营业。很多银行周六都不营业。”龚妈妈回道:“放心!我知道的。一个月前的周六早上,我来这家银行办理过业务。”

银行存款$_{高风险}$:与低风险情况一模一样,只有一处不同:龚爸爸和妈妈不仅要存压岁钱,还要同时给龚小宝的爷爷汇10万元。龚爷爷在外地,生了大病,急需在周日动手术,而这10万元是手术医疗费。因为金额较大,必须在银行柜台办理汇出手续。如果银行周六不营业,龚爷爷就无法在周日收到汇款,耽误治疗。当龚妈妈看到排队长龙,提议周六早上再来存款时,龚爸爸说:“你哪知道银行明天上午营不营业。很多银行周六都不营

① 如果“模糊”的意思是辩护是分程度的:越可靠,获得辩护的程度越高,并且知识也是分程度的(参见Lai 2021a; 2021b),那么这也是一种可以自圆其说的理论。但最低程度的知识需要多大的可靠性?Goldman的过程可靠主义似乎很难回答这一问题。此外,Goldman并不认为知识是分程度的。

业。”龚妈妈回道：“放心！我知道的。一个月前的周六早上，我来这家银行办理过业务。”①

在低风险情况中，龚妈妈凭“一个月前的周六早上自己在这家银行办理过业务”这一理由相信银行明天上午会营业，并无不妥。但在高风险情况中，龚妈妈则不应该仅仅凭“一个月前的周六早上自己在这家银行办理过业务”这一理由就相信银行明天上午会营业。即使银行明天上午的确会营业，龚妈妈在高风险情况中也算不上知道银行明天上午会营业——她只是侥幸正确。但在低风险情况中，说“龚妈妈只是侥幸正确，并不知道银行明天上午会营业”，则不太妥。

如何解释这一差别？过程可靠主义、德性知识论与新证据主义似乎都无法解释。② 因为在低风险和高风险情况中，龚妈妈基于完全相同的证据相信这家银行明天上午营业。她形成这个信念的过程是完全相同的，运用的认知能力也是完全相同的。因此，一些哲学家（比如 Fantl & McGrath 2002：69）认为过程可靠主义、德性知识论与新证据主义都是错误的。

另一些哲学家（比如 Grimm 2011；2015）则认为，过程可靠主义、德性知识论与新证据主义可以对门槛问题和实用/道德因素入侵问题给出统一的回答：证据是否充分，过程/认知能力是否可靠，部分依赖于实用/道德风险。门槛线是不固定的：在实用/道德风险特别低

① 这个例子最初来自 Keith DeRose（1992）。我做了一点修改。值得注意的是：DeRose 本人并不承认实用因素入侵。他是一个语境主义者，认为实用因素会改变“知道”的意义。一旦“知道”的意义确定了，实用因素不会影响一个人是否知道相关的事。关于道德因素入侵，参见 Keller（2004）；Stroud（2006）；Moss（2018）。

② Williamson（2000）和 Sosa（2021）倾向于反对“实用因素入侵”。他们给出了另一种解释：高风险和低风险中都有一阶知识（Sosa 所谓的动物知识），都缺乏高阶知识。但高风险需要高阶知识。我们关于高风险的直觉应该被理解为主体缺乏高阶知识。我不同意这一解释。如果在高风险中，主体不应该仅仅基于某个证据就相信 p，那么主体似乎不拥有关于 p 的一阶知识。

的情况下,充分和可靠的门槛比较低;在实用/道德风险很高的情况下,充分和可靠的门槛也会很高。[1]这一回答有助于处理前面提到的“不可靠的知识问题”。可靠主义者可以说要知道 p,只需要足够可靠的认知过程/能力,而“足够可靠”不必是高于 50%的可靠,在风险非常低的情况下,可以是 10%的可靠。[2]

然而,Sosa 明确否定了这一思路。他承认实用/道德因素入侵在某种程度上决定了“足够可靠”的门槛,但坚持认为要知道 p,可靠性必须要在 50%以上。早先 Sosa(2007)突出认知领域与体育领域的相似之处,但后来 Sosa(2015, 2017, 2021)突出认知领域与体育领域的不同之处:在体育领域,才力所致的成功(apt success)不需要 50%以上的可靠,有时候 10%的可靠性已足够,但在认知领域,才力所致的成功需要 50%以上的可靠性。Sosa 的理由是建立在 Edward Craig(1990)观点基础上的:人类的繁荣高度依赖于准确信息的共享。我们通过别人的书面或口头证词获得大量的信息,但我们所在的情境常常与别人不同。这意味着我们需要识别在不同情境中都足够可靠的信息提供者。如果你处在超低风险的情境中,或许 10%的认知可靠性没什么问题,但对于处在较高风险中的我们,你不是足够可靠的信息提供者。这些社会性需求决定了我们如何使用“知识”这一概

---

① 这一观点可以追溯到 Richard Rudner (1953)。参考方红庆 (2024)的讨论。

② 我在一个大学讲“从德性知识论到责任知识论”时,有个学生对我说:你的责任知识论与 Sosa 的德性知识论很接近,因为 Sosa 可以在保留其德性知识论核心洞见的同时,放弃对 50%以上可靠性的要求、在动物知识层面也引入“认知上负责”这一维度。我在另一个大学讲“从证据主义到责任知识论”时,也有个学生跟我说:你的责任知识论与 Conee & Feldman 的新证据主义很接近,因为他们其实也是用“认知上负责”去界定知识,你只是否定“以认知上负责的方式相信 p”=“基于充分的证据相信 p”。我对这两个学生的回答是:这些差别是很重要的差别,责任知识论与这两个理论还有一些重要的差别。然而,从更高的角度看,的确可以说这几个理论很相似。之所以很相似,可能是因为它们都比较接近真理,“虽不中,亦不远矣”。

念:只有当我们认为S是一个超过50%可靠的信息提供者时,我们才会说S知道某件事。这样一来,即使我们与S所处的情境很不同,也能通过S的证词获得很可能为真的信息。Sosa认为,一个好的知识定义必须与我们如何使用"知识"这一概念相一致:如果一个知识定义意味着"S知道p,即使S以低于50%可靠的方式相信p",那么这个定义是不好的。因此,只有可靠主义版本的知识定义才可能是好的。[①]

我认为Sosa的这一论证不能成立。的确,人类的繁荣高度依赖于准确信息的共享。的确,我们所在的情境常常与别人不同,需要识别在不同情境中都足够可靠的信息提供者。然而,这仅仅意味着我们需要识别相关的专家。[②] 当我们需要某个领域的信息时,我们会依赖于那个领域的专家,不会依赖外行,但我们不会否定外行可能知道一些重要的事。比如,我们不依赖于小孩子和哲学家获得重要的科学信息,不期望小孩子和哲学家成为在不同情境中都足够可靠的科学信息提供者,但我们不会否定小孩子或哲学家知道一些重要的科学事实。有时候,我们用"知识"这一概念去识别在不同情境中都足够可靠的信息提供者,但并不总是如此。有时候,我们仅用"知识"这一概念去识别能够以认知上负责的方式处理信息的人。

当然,有一些可靠主义者可能也反对Sosa的观点,主张知识所需要的可靠性可以低于50%:实用/道德风险越低,"足够可靠"的门

---

① Greco (2010)和Hannon (2019)持有类似的观点。他们认为,"知识"这个概念的功能是服务于我们的信息需求:我们之所以做出"某些人知道某些事,另一些人不知道"这类判断,是因为我们想标记出好的信息源(flag good sources of information),将之与坏的信息源区分开。所谓"好的信息源",就是指可靠的消息提供者(reliable informants,见Greco 2010: 73)。正如Greco(2012: 21)所说,这一观点虽然逻辑上不蕴含实用/道德因素入侵,但也没有否定实用/道德因素入侵。

② 在宽泛的意义上,可以说某些农民是种地的专家,某些当地人是当地交通路线的专家,每个正常成年人都是关于自己个人历史的专家。

槛越低。然而,这与传统可靠主义相去甚远了,似乎不能再称为“可靠主义”。所谓“可靠的认知过程/能力”,顾名思义,应当指会产生较多真信念、较少假信念的认知过程/能力。如果会产生较多假信念、较少真信念,真假之比低于50%,似乎不能称为“可靠”。退一步说,即使“知识所需要的可靠性可以低于50%”这一观点勉强可以被称为“可靠主义”,这种可靠主义还需要解释为什么实用/道德风险越低,“足够可靠”的门槛越低。一个有吸引力的回答是:因为实用/道德风险越低,主体在相关问题上所需要承担的(弄清真相)责任越小,不必以高度可靠的方式形成信念。[①]

这一回答很接近责任知识论了。对于为什么会存在实用/道德因素入侵,责任知识论可以给出一个很自然的解释(受到 Fantl & McGrath 关于知识与行动关系论述的启发):

1. 认知责任是追求真理、避免虚假(求真避假)的责任:如果一个人在某个问题上尽到了求真避假的责任,那么他关于这个问题的观点是认知上负责的。

2. 追求真理、避免虚假(求真避假)的责任(至少部分)来源于道德/福祉责任(moral/prudential duties):(a) 要履行道德责

---

① 一个可能的反驳:可靠主义者会说,使用低于50%正确率的某方法,如果是“负责任”的,也只能因为这是“最可靠”的方法。回应:这一反驳似乎预设了“我们在任何时候都应该采取我们所能获得的最可靠的方法”。但这个预设是错误的。参见“过程可靠主义”那一章的相关讨论。责任知识论会说:在道德/实用风险非常高的问题上,如果我们是相关专家,那么我们应该采取我们所能获得的最可靠的方法。但在道德/实用风险非常低的问题上,如果我们不是相关专家,那么采取我们所能获得的最可靠的方法,是一种超认知责任(epistemic supererogation)的信念形成方式。一个进一步的可能反驳:对于不重要的问题,如果我们采取的方法有80%可靠,可以不用采取90%可靠的方法。但如果我们采取的方法只有48%可靠,舍弃了49%可靠的方法,那么我们应该受到认知上的指责/批评。如何回应这一反驳,有待进一步研究。

任,我们需要了解相关的真实情况。比如,父母要履行抚养孩子的道德责任,需要了解孩子的身心情况。有些道德责任是角色责任,比如,医生要履行救死扶伤的道德责任,不仅需要了解病人的身心情况,还需要了解自己专业领域的最新进展。(b) 要履行福祉责任——做从个人福祉角度应该做的事,我们也需要了解相关的真实情况。比如,我们不应该吃不健康的东西,因此要搞清楚食物的保质期。①

3. 因此,认知责任(至少部分)来源于道德/福祉责任:一个问题的道德/福祉风险越高,我们的认知责任越大。如果时间不紧迫,在那些弄错真相会严重伤害他人或自己的问题上,我们需要慎之又慎,勤勉周密地收集相关证据,尽可能降低出错的可能。②(这解释了为什么我们在不同的学术研究领域中采取不同的证据标准。比如,在人体医学领域,一个专家要以认知上负责的方式相信某种新药是有效的,需要做很多期试验,收集到极强的支持性证据。但在古鸟类学领域,一个专家要以认知上负责的方式相信 10 万年前某个地区有 5 种不同的鸟,也需要证据,但古鸟类学领域"充分证据"的标准要比医学领域低很多。这不仅仅是因为这个领域能收集到的证据非常有限,也是因为

---

① 福祉责任是不是一种道德责任?从道德角度,我们是否应该有让自己避免受到伤害的责任?此处不讨论。

② 在时间紧迫、必须立刻做出选择的情况下,即使我们既没有支持性证据也没有反对性证据,我们似乎也可以(以无可指责/批评的方式)相信一个命题。假设你被一群恶人追杀,遇见前方有一条宽 3 米的深沟,立刻相信自己能跳过去。在跳之前,你没有支持"你能跳过去"的证据,也没有反面证据。如果事后有人跟你说:"从个人的福祉角度,你应该相信自己能跳过去,但从纯粹的认知角度,你不应该相信自己能跳过去",你觉得这种说法正确吗?这是个有趣的问题。我的初步想法是:在跳之前,你相信自己能跳过去,从福祉角度和认知角度都是无可指责/批评的。说"在做出判断/形成信念之前,你应该先收集证据",似乎不太对,因为你没有时间收集证据。参考 William James 对"真正的选择"(genuine option)的讨论。

这个领域的知识与我们的道德/福祉责任关系不紧密。在人体医学领域的某个问题上,如果能够收集到的证据非常有限,专家应该悬置判断。[①])

4. S 是否以尽到了认知责任的方式相信 p,依赖于在 p 是否为真这个问题上,S 负有多大的认知责任。

5. S 以尽到了认知责任的方式相信 p,意味着 S 以认知上负责的方式相信 p。

6. 因此,S 是否以认知上负责的方式相信 p,(部分)依赖于 S 所处之情境的道德/实用风险。[②]（这意味着"认知上负责"的门槛线不是固定不变的。)

7. 根据责任知识论,S 是否知道 p,(部分)依赖于 S 是否以认知上负责的方式相信 p。[③]

8. 因此,根据责任知识论,S 是否知道 p,(部分)依赖于 S

---

① Goldberg(2018: 150-171)认为我们可以通过合理的认知期望(reasonable epistemic expectations)来解释认知责任:S 之所以需要以认知上负责的方式相信某个问题的答案,因为我们可以合理地期望他在那个问题上提供正确的答案。Goldberg 区分了两种合理的认知期望:(1) 基本认知期望:因为我们生活在同一个社会中,互相依赖对方的信息,所以就可以合理地期望对方准确地提供信息。(2) 与社会—认知角色相关的期望,比如,如果你是物理学专家,我们就可以合理地期望你准确地提供普通人不能提供的一些物理学信息。对于不同的人和不同的问题,我们的合理认知期望会不同。所以,不同的人在同一问题上具有不同的认知责任。同一个人在不同的问题上也可能具有不同的认知责任。我觉得合理的认知期望在很大程度上可以用道德/福祉责任来解释。

② Foley(2005)和 Peels (2017)都持有这一观点,虽然他们没有明确给出上面这个解释。

③ 在 p 是否为真这个问题上,S 是否好的消息源,显然也依赖于 S 是否以认知上负责的方式相信 p:如果 S 不是以认知上负责的方式相信 p,那么 S 不是好的消息源。

所处之情境的道德/实用风险。[①]

我们可以通过考虑两个可能的反驳,来更好地理解这个解释。

反驳一:有些哲学家(如 Richard Feldman 2005)可能会说,认知责任不是求真避假的责任。如果认知责任是求真避假的责任,那么我们只要相信一个问题的正确答案,就尽到了认知责任,就是认知上负责的。但以非理性的方式相信某个问题的正确答案,并非认知上负责的。因此,认知责任不是求真避假的责任。另一方面,如果认知责任是求真避假的责任,那么只要没获得真理,就没有尽到认知责任。但尽自己最大努力、以理性的方式相信一个错误的理论(比如,托勒密相信地心说,牛顿相信万有引力定律,卢瑟福相信原子太阳系模型,等等),并非认知上不负责。因此,认知责任不是求真避假的责任。

回应:我们需要区分"追求真理"与"获得真理"。认知责任不是获得真理的责任,而是追求真理的责任。[②]从"认知责任是求真避假的责任",推不出"只要我们的信念为真,就尽到了认知责任",也推不出"只要我们的信念为假,就没有尽到认知责任"。一个类比:从"医生的职业责任是努力帮助病人康复",推不出"只要医生让一个人康

---

① 承认道德因素入侵的情况下,是否存在认知上负责但道德上应该受到指责/批评(epistemically responsible yet morally blameworthy)的情况?我觉得存在。在一些道德上重要的问题上(比如"我们的家人有没有犯罪"这一问题),获得真信念(避免假信念)很重要。这时道德风险高,需要更强的证据或更可靠的方法,才能相信一个命题。在另一些道德上重要的问题上(比如"我们应该与朋友的爱人保持什么样的距离"这一问题),避免或去除真信念很重要。这不是"需要更强的证据或更可靠的方法,才能相信一个命题"的情况。假设你无意中撞见朋友爱人裸体,通过清楚明白的观察获得"朋友爱人身体的某个隐私部位具有某种特征"这一真信念。从道德角度,你似乎应该忘记这一真信念(假设刻意的遗忘是你可以做到的),否则就应该受到指责/批评。但从认知角度,保留这一真信念是认知上负责的。

② 这个区分类似 Roderick Chisholm 的观点。他认为认知责任不是"应该相信真命题,不相信假命题",而是在自己考虑的那些命题中,我们应该试图(try)去相信其中的真命题,不相信其中的假命题。

复,就尽到了职业责任”。一方面,如果医生一心想把病人弄死,故意酒后动手术,胡乱开药,结果歪打正着,却把病人治好了,那他显然没有尽到职业责任。另一方面,如果医生抱着救死扶伤之仁心,处处遵守医疗规范,根据自己的专业知识为病人治疗,结果运气不好,却把病人治死了,那么他也算尽到了职业责任。同样,如果一个科学家抱着追求真理之心,处处遵守认知规范,试图根据自己的专业知识解决新问题,即使运气不好搞错了,也算尽到了认知责任。当然,从事认知活动的不仅仅是科学家。几乎每个人都从事一些认知活动。广而言之,如果S发挥了认知能动性,以认知上无可指摘/批评的方式形成信念,即使他的信念为假,也算尽到了认知责任。① 其中“S是否以认知上无可指摘/批评的方式形成信念”,除了依赖于相关的道德/福祉风险,还依赖于S的社会角色和认知能力。专家和外行承担的认知责任不同,成人与小孩子承担的认知责任也不同。

反驳二:有人可能会说:有些求真避假的责任仅仅是道德/福祉责任,不是认知责任。假设500年前在拉丁美洲的一个岛国上,国王对“$\sqrt{7}$的小数点后第43位是什么?”这类问题非常感兴趣,下令如果学者在3年内不能解决这类问题,他将关闭全国的学校,让所有学者

① 有人可能会从另一个角度说:如果认知责任是求真避假的责任,那么任何能让我们获得最多重要真信念、最少假信念的方式都是认知上负责的方式。比如,假设小爱无视大量反面证据,相信自己是个物理学天才。这一假信念导致他对物理学超级有热情,也超级勤奋,最后让他获得了大量的物理学真理,成了著名的物理系教授。如果他当初尊重证据,不相信自己是个物理学天才,就不会认真学习物理,不会获得很多物理学真理。这是不是意味着他无视大量反面证据,相信自己是个物理学天才,是认知上负责的?一种回答是:认知责任不是追求最大化真信念、最小化假信念的责任。认知责任总是针对某个具体问题而言,是在那个具体问题上求真避假的责任。在自己是不是物理学天才这个问题上,小爱的信念形成方式是认知上不负责的。但后来在具体物理学问题上,小爱的信念形成方式是认知上负责的。这一回答是否能成立,是否有更好的回答,值得进一步研究。

失业。科学院为响应国王的号召,将这类问题列入重大项目选题。在这种情况下,这个岛国的学者的确有研究这类问题的责任,因为他们有不让自己失业的福祉责任,也有让国王不关闭学校的道德责任,而研究这类问题是履行这些福祉和道德责任的必要条件。然而,从纯粹认知角度看,这类问题毫不重要。因此,任何人在任何情况下都没有研究这类问题——追求琐碎真理——的认知责任。这意味着"如果研究问题 Q(追寻 Q 的正确答案)是我们履行道德/福祉责任的必要条件,那么研究问题 Q 是我们的认知责任"这一观点是错误的。

回应:对于岛国的学者而言,研究"$\sqrt{7}$的小数点后第 43 位是什么?"这类琐碎问题并非他们履行福祉/道德责任的必要条件。比如,他们可以通过说服国王放弃对这类问题的兴趣来履行自己的福祉/道德责任。说服国王不一定要靠理性的论证,也可诉诸情感和迷信。如果实在说服不了国王,他们也不必真的研究这类琐碎问题。如果他们能让国王误以为他们在研究,并且让国王相信他们通过艰苦的研究成功解决了这类问题(即使他们一直在敷衍,事实上没有解决这类问题),那么他们也可以履行自己的福祉/道德责任。

当然,我们可以想象一个会读心术的恶魔:他要这个岛上所有学者花一辈子时间尽心尽力地研究"$\sqrt{7}$的小数点后第 43 位是什么?"这类琐碎问题。他不是对这类问题感兴趣,只是想折磨他们。如果他们不尽心尽力地研究这类问题,恶魔会让包括他们在内的所有岛民遭受长期的病痛。在这种情况下,是否可以说:研究这类问题,只是岛上学者的道德/福祉责任,而非认知责任?有三种回答:(a) 是,所有求真避假的责任都是一种道德/福祉责任,没有纯粹的认知责任。(b) 是,虽然有些求真避假的责任是纯粹的认知责任,但岛上学者研究"$\sqrt{7}$的小数点后第 43 位是什么?"这类问题,是纯粹的道德/福祉责任。(c) 不是,因为所有求真避假的责任都是认知责任,但认知责任(至少部分)奠基在道德/福祉责任的基础上。[①]我个人倾向最后一个观点。在其他条件相同的情况下,如果研究一个问题是我们履行某些道德/福祉责任的前提(不搞清楚这个问题的正确答案,我们很难履行自己的道德/福祉责任),那么道德/福祉责任越大,认知责任越大。[②] 不同的人有不同的社会角色,承担不同的道德/福祉责任。如果研究一个问题(寻找它的正确答案)是某一群人在某个时间某个地点履行其重大道德/福祉责任的前提,但与另一群人的道德/福祉责任完全无关,那么前一群人有研究这个问题的重大认知责任,而后一群人没有。[③]

第二节 对一些著名问题的回答

上一节初步说明了责任知识论与已有的主流知识定义的独特之处。本节将说明责任知识论如何处理传统证据主义、过程可靠主义、德性知识论和新证据主义各自面临的一些著名问题。

---

① 参考 Jessica Brown (2018; 2020)与 Cameron Boult(2021)关于认知指责/批评的相关讨论。Susanna Rinard(2017)与 David Christensen (2021)关于认知理性是否可以完全还原为实用理性的争论,也与此相关。

② 有人可能会说:要履行一些道德/福祉责任,我们似乎不必弄清楚相关问题的真相。比如,有些病人如果不是无视证据,错误地相信自己的病情并不严重,就不会有奇迹般的康复,而会很快死去。有时候,相信某些虚假的东西,更有利于我们履行道德/福祉责任。这是不是意味着求真避假的责任不是(部分)奠基在道德/福祉责任上?一种回答:病人有追求康复的福祉责任,但没有让自己奇迹般康复的福祉责任。即使无视证据,错误地相信自己的病情并不严重,会有助于自己获得奇迹般的康复,也无助于自己履行追求康复的福祉责任。要履行追求康复的福祉责任和对家人的相关道德责任,病人应该力求准确地了解自己的病情,积极配合医生的治疗,同时立遗嘱,对家人有适当的交代。这个回答是否能成立,值得进一步研究。

③ 根据责任知识论,“我们没有追求琐碎真理的认知责任”是否意味着“我们无法知道任何琐碎真理”?我将在后面讨论。

2.1 Gettier 问题

责任知识论很容易处理 Gettier 问题。在 Gettier 式例子中,主体通过认知上负责的方式获得了一个真信念,但这种“认知上负责”不是“认知上底定负责”,因此,主体缺乏知识。比如,在求职那个例子中,Smith 相信获得工作的那个人口袋里有 10 枚硬币,理由是:(a) 获得工作的那个人是 Jones,以及(b) Jones 口袋中有 10 枚硬币。他相信(a),因为公司总经理事先就告诉他,他们一定会录用 Jones。他相信(b),因为他十分钟之前数过 Jones 口袋中的硬币,发现一共有 10 个。作为一个普通的求职者,就“获得工作的那个人口袋里是否有 10 枚硬币?”这个不重要的问题而言,Smith 的信念形成方式是认知上负责的(他发挥了自己的认知能动性,并且是认知上无可指责/批评的)。但这种“认知上负责”不是“认知上底定负责”,因为存在削弱者:他缺乏一个重要信息——他没有意识到总经理搞错了,获得工作的那个人不是 Jones 而是他自己。一旦他意识到这一点,如果还以原来的方式相信获得工作的那个人口袋里有 10 枚硬币,显然是认知上不负责的。① (这种基于无知的运气与知识不兼容,最终还是与认知上不负责相关。)

2.2 彩票与新归纳问题

与 Goldman 的过程可靠主义与 Sosa 的德性知识论不同,责任知识论可以同时解决彩票问题与新归纳问题。

对于彩票问题,责任知识论的分析是:在官方开奖之前,你是通过认知上负责的方式——前提为真的强归纳推理——相信你

---

① 注意:Gettier 例子与上一章提到的“偷书”例子不同。对真正的削弱者与误导性削弱者的区分,参见上一章的讨论。责任知识论中的“底定负责”是说没有真正的削弱者。

的彩票不会中奖。[1] 但这种“认知上负责”不是“认知上底定负责”，因为存在削弱者。假设编号为20080405的彩票——不是你买的那张彩票——将会被官方宣布为唯一的中奖彩票。在官方开奖之前，你没有意识到“编号为20080405的彩票将会被官方宣布为唯一的中奖彩票”这一命题为真。但如果你意识到这个真命题为真，再以“每张彩票的客观中奖率都只有千万分之一”这个理由相信“你买的彩票不会中奖”这一命题，就是认知上不负责的，因为这个理由也同等地支持“编号为20080405的彩票不会中奖”这个命题。这时，你应该以“编号为20080405的彩票将会被官方宣布为唯一的中奖彩票”这个理由相信“你买的彩票不会中奖”这一命题。[2]

对于新归纳问题，责任知识论的分析是：在“东京”“斑马”和“电动车”几个例子中，主体能够通过归纳推理知道p，因为主体以认知上负责的方式形成真信念p（主体显然发挥了自己的认知能动性，并且显然是认知上无可指责/批评的），并且这种“认知上负责”是“认知上底定负责”。考虑“电动车”那个例子。为什么你知道在你做饭的时候，你的电动车依旧在楼下？首先，在日常生活的语境中，你的

---

① 有人会认为，在官方开奖之前，通过那个归纳推理相信你的彩票不会中奖，是认知上不负责的，因为根据那个归纳推理，你会相信每一张彩票都不会中奖。然而，你知道总有一张彩票会中奖：你不应该相信每一张彩票都不会中奖。我的回应：这一论证预设了从“S通过认知上负责的方式相信P1”和“S通过认知上负责的方式相信P2”可以有效地推出“S通过认知上负责的方式相信P1∧P2”。这个预设看起来有些道理，但“通过那个归纳推理相信你的彩票不会中奖是认知上负责的”似乎更有道理。我们似乎应该否定前者。另，假设上帝告诉你：如果你相信自己会中奖，他不会干涉，但如果你相信自己不会中奖，他就确保你不会中奖。在这种情况下，如果你仅仅基于中奖的可能性非常低就相信自己不会中奖，似乎是认知上不负责的。

② Lewis（1996）用相似规则（the Rule of Resemblance）分析彩票问题。责任知识论似乎可以解释相似规则。

信念形成方式是认知上负责的——你之所以相信你做饭的时候,你的电动车依旧在楼下,是因为你记得不久之前把电动车停在自家楼下,而你又知道你所在的小区治安很好(上一次发生盗窃电动车事件,还是在五年前)。这一信念形成过程发挥了你的认知能动性,并且没有任何应该受到指责/批评的地方。其次,这种“认知上负责”不是缺乏信息的结果——不存在削弱者。事实上,你的电动车一直在那里,没有被偷走。当然,在你做饭的时候,你的电动车有非常小的被偷走的可能性。然而,在意识到这一可能性的情况下,你基于原来的理由相信“在你做饭的时候,你的电动车依旧在楼下”这一命题,仍是认知上负责的。①

2.3 新怀疑主义问题

与新证据主义不同,责任知识论很容易处理新怀疑主义问题。新怀疑主义者接受传统证据主义的核心观点——我知道 p,仅当:我拥有的证据总体上更支持 p,而不太支持¬ p。但新怀疑主义者又认为,即使我生活在认知桃花源中,我拥有的证据总体上也平等地支持“他人存在”和“他人不存在,我受到恶魔操控,看到的东西都是幻象”这两个命题。因此,即使我事实上生活在认知桃花源中,我也不

---

① 假设在你做饭的时候,你的朋友经过你的楼下,发信息问你:“看到你的电动车在楼下。你在家吗?”但你做饭的时候没看手机,完全没有意识到会有条信息。这条信息是削弱者吗?换言之,如果你看到这条信息,却还是以原来的归纳方式相信你的电动车在楼下,是不是不负责?我的回答是:这条信息不是削弱者,因为看到这条信息,你只是获得一个新证据,这个新证据并不会使旧证据的证据效力减弱或丧失。如果在看到这条信息之后,你选择基于这条信息+原来的归纳方式相信你的电动车在楼下,那么你是认知上值得肯定的——这是超认知责任的信念形成方式(epistemic supererogation)。但如果在看到这条信息之后,你还是仅仅以原来的归纳方式相信你的电动车在楼下,那么你在认知上仍是无可指责/批评的。在不重要的问题上,要求一个人必须基于他拥有的最强证据相信某个命题,是不合理的。这解释了为什么我们普通人即使拥有相关的科学证据,也可以不基于那些证据而仅仅基于科学家的证词相信某个科学命题。

知道他人存在。

与 Goldman 的过程可靠主义和 Sosa 的德性知识论一样，责任知识论否定“我知道 p，仅当：我拥有的证据总体上更支持 p，而不太支持¬ p”这一观点。但责任知识论的理由不同。首先，如果我生活在认知桃花源中，并且基于自己清楚明白的观察相信前方有一个人，这种信念形成方式是认知上负责的：我发挥了我的认知能动性，并且在认知上无可指责/批评——从认知角度批评我不应该基于自己清楚明白的观察相信前方有一个人，是不适当的。

新怀疑主义者会说：如果我仅仅基于自己清楚明白的观察就相信前方有一个人，那么我不是以认知上无可指责/批评的方式相信 p：从认知角度，我应受指责/批评，因为我的证据——清楚明白的观察——同等地支持怀疑主义假设。这一观点预设了：S 以认知上无可指责/批评的方式相信 p，仅当：S 拥有的证据总体上更支持 p，而不太支持任何一个¬ p 选项。

但这一预设是错误的：即使 S 拥有的证据总体上平等地支持 p 和某个¬ p 选项，在某些条件下 S 也能以认知上负责的方式相信 p。考虑以下情况：

> **孪生地球**：地球与孪生地球的唯一不同是：地球人喝的是分子结构为 H_2O 的水，而孪生地球人喝的是分子结构为 XYZ 的水。H_2O 的水与 XYZ 的水在颜色、味道等可以感知到的属性上完全相同，它们在地球和孪生地球上都叫“水”。小刘是生活在 1800 年之前的地球人，而小方是小刘的同时代人，但生活在孪生地球上。那时所有地球人和孪生地球人都对各自水资源的化学成分一无所知。有一次，小方被一个神秘的力量带到地球上小刘的家里。小刘很热心地照顾小方的饮食起居。小刘基于他的

观察(包括视觉经验、味觉经验和触觉经验等)相信他们喝的是自己过去喝的那种水(地球上的水),而小方也基于完全相同的观察相信他们喝的是自己过去喝的那种水(孪生地球上的水)。他们都无法意识到地球上的水与孪生地球上的水不同。[①]

在这个例子中,小刘和小方都是以认知上负责的方式形成信念:他们都发挥了自己的认知能动性,并且在认知上无可指责/批评。然而,他们的证据平等地支持"他们喝的是地球上的水"和"他们喝的是孪生地球上的水"这两个命题。他们基于完全相同的证据相信互相矛盾的命题。[②]

日常生活中也有类似"孪生地球"结构的例子。假设大林和小林是一对同卵双胞胎,长得一模一样,但从出生时就被分开,互相不知道对方的存在。你和小林同学多年,也从来没听说过他有一个双胞胎哥哥。有一次,你在学校看到一个人,基于他的外貌和动作,你相信他是小林。你看到的的确是小林。但你的证据平等地支持"那人

---

① 孪生地球的设想来自 Putnam (1981)。

② 鉴于 Conee & Feldman 解释主义的证据观,他们可以说:对于同样的观察,S1 和 S2 可能因为成长的环境不同,能够意识到的最佳解释也不同。比如,对于 S1 而言,他能意识到的最佳解释是:他们喝的是他从小喝的那种地球上的水;对于来地球旅行的 S2 而言,他能意识到的最佳解释是:他喝的是他从小喝的那种孪生地球上的水。因此,S1 和 S2 都是基于证据相信各自相信的命题。但值得注意的是,Conee & Feldman 认可唯一性论题(The Uniqueness Thesis, which states that there is a unique rational response to any particular body of evidence)。他们会说有证据与有充分的证据不是一回事。S 有支持 p 的证据 e,但 S 的证据 e 同等地支持某个¬p 选项(它与 p 都是对 e 的最佳解释之一),那么 S 没有充分的证据相信 p。当然,证据主义者原则上也可以否定唯一性论题,主张用"最佳解释之一"而不是"唯一的最佳解释"去界定"充分的证据"。参见 Christopher Willard-Kyle (2017)的讨论。感谢叶茹的反馈。赵海丞的反馈让我意识到两个有趣的相关问题:如果地球人与孪生地球人的信念不同,那么主体无法意识到构成信念的部分内容。如果信念是一种心灵状态,是不是主体可能无法意识到自己心灵状态的部分内容?根据内在主义,如果信念能够构成证据,是不是只有主体能够意识到的那部分信念内容才构成证据?

是大林”和“那人是小林”这两个假设:如果你看到的是大林(他最近来到你们学校),基于他的外貌和动作,你会依旧相信他是小林。然而,这并不意味着你基于那人的外貌和动作相信他是小林,是认知上不负责的。相反,你发挥了自己的认知能动性,并且在认知上无可指责/批评。从认知角度,你没有责任想到那人可能是大林。

我们或许可以从以上的例子中总结出一个原则:假设 S 有支持 p 的证据,但 S 拥有的证据总体上平等地支持 p 和某个¬ p 选项,而 S 没有想到那个¬ p 选项,并且从认知角度,S 也没有责任想到那个¬ p 选项。在这种情况下,S 基于自己的证据相信 p,似乎是认知上负责的。①

对于新怀疑主义问题,责任知识论可以给出类似的回应:假设我是一个商场的销售员,从未想到怀疑主义假设,此刻基于清楚明白的观察相信前方有一个人。即使我的证据平等地支持怀疑主义假设,我也是以认知上负责的方式相信前方有一个人:我发挥了自己的认知能动性,并且在认知上无可指责/批评。从认知角度,我没有责任去考虑怀疑主义假设。要求一个不研究哲学的人去考虑怀疑主义假

① 这里顺便解释一下为什么我们无法通过抛硬币获得知识。假设 S 从没有任何支持“某幅书法是黄庭坚的真迹”的证据。他选择用抛硬币来判别:如果他观察到自己在 2024 年某个时间某个地点抛出的硬币落下后是正面,他就相信那幅书法是黄庭坚的真迹。显然,S 观察到自己在 2024 年某个时间某个地点抛出的硬币落下后是正面,并非支持“那幅书法是黄庭坚的真迹”的证据。为什么? 解释主义的回答:对于为什么 S 观察到在 2024 年某个时间某个地点抛出的硬币落下后是正面,“900 多年前黄庭坚写了这幅书法”完全不构成解释。我们在上一章提到,解释主义证据观不同于可靠主义证据观。根据解释主义证据观,如果你的前方真有一个人,而你因为清楚的观察而相信前方有一个人,那么你的这一观察(视觉经验)是支持“前方有一个人”的证据,即使你的信念形成过程(因为魔鬼的干涉)只有 50%以下可靠。对你而言,“前方有一个人”构成了为什么你观察到前方有一个人的最佳解释(之一)。回到抛硬币。责任知识论可以诉诸以下原则:如果 S 从来没有任何支持 p 的证据,只是基于 x 相信 p,但 x 并非支持 p 的证据,那么 S 的信念形成方式是认知上不负责的,因而 S 不知道 p 是否为真。

设,显然是很过分的认知要求。①

此外,如果我事实上生活在认知桃花源中,我的信念形成方式不仅是认知上负责的真信念,而且是认知上底定负责的真信念,因为不存在削弱者。在认知桃花源中,“我一直被恶魔欺骗,看到的一切都是幻象”只有逻辑或形而上学的可能性,完全没有现实可能性。如果我意识到“我一直被恶魔欺骗,看到的一切都是幻象”只有逻辑或形而上学的可能性,而没有现实可能性,并继续基于自己清楚明白的观察相信前方有一个人,依旧是认知上无可指责/批评的。一个类比:你基于记忆和观察,相信你此刻看到的人是你一个星期前约会过的人。后来你意识到“你此刻看到的人是恶魔幻化的,不是你一个星期前约会过的人”不具有现实的可能性,但有逻辑或形而上学的可能性,而你继续基于记忆和观察相信你此刻看到的人是你一个星期前约会过的人,这不是认知上不负责。②

① 一个可能的反驳:我自己是不是没有身体的缸中之脑,对我的道德和福祉风险很高。所以,我的认知责任就非常大,需要做大量的工作来探究自己到底是不是缸中之脑才行。回应:相信我自己是正常人,对我的道德和福祉风险并不高。怀疑(或否定)我自己是正常人,对我的道德和福祉风险才非常高。因此,要怀疑(或否定)我自己是正常人,才需要收集非常强的证据并做深度思考。这一回应可以在一定程度上解释 Chisholm(1957)的认知无罪推定原则:我们可以相信自己的感觉和记忆是正常可靠的,除非我们有很强的证据否定这一点。另,参考 Chris Ranalli (forthcoming)的论述。感谢赵海丞和赖长生的反馈。

② 然而,“孪生地球”那个例子复杂一些。一方面,孪生地球人小方是以认知上负责——但不是底定负责——的方式相信他们喝的是孪生地球上的那种水,因为存在削弱者:如果他意识到【虽然孪生地球上的水和地球上的水在颜色、味道等可以感知到的属性上完全相同,但这两种水的分子结构不同,而他此刻在地球上,没有接触到孪生地球的水的现实可能性】,那么继续以原来的方式相信他们喝的是孪生地球上的那种水,是认知上不负责的。另一方面,地球人小刘则是以认知上底定负责的方式相信他们喝的是地球上的那种水,因为不存在削弱者:如果他意识到【虽然孪生地球上的水和地球上的水在颜色、味道等可以感知到的属性上完全相同,但这两种水的分子结构不同,而他此刻在地球上,没有接触到孪生地球的水的现实可能性】,那么继续以原来的方式相信他们喝的是地球上的那种水,依旧是认知上负责的。

有人会问:如果我事实上生活在认知桃花源中,但不是一个从未想到怀疑主义假设的商场销售员,而是一个研究知识论的哲学教授,对怀疑主义假设熟悉,并且我的证据平等地支持怀疑主义假设和非怀疑主义假设,那么我还能以认知上负责的方式相信怀疑主义假设是错误的吗?

我的回答是肯定的,因为一个研究知识论的哲学教授似乎没有(认知上的)责任去搜集更多的证据去否定怀疑主义假设。他可以相信怀疑主义假设是错误的,同时合理地质疑"如果S的总体证据平等地支持p和某个¬p选项,并且S意识到那个¬p选项,那么S就不应该相信p"这一认知规范。为什么这一认知规范是错误的?不同的哲学家可以给出不同的回答。我的回答是:如果S的总体证据平等地支持p和某个¬p选项,并且意识到那个¬p选项,但S没有(认知上的)责任去搜集更多的证据去否定那个¬p选项,那么S可以基于原有的证据相信p。[①] 比如,我从星巴克出来,刚好碰到老王进入星巴克。三分钟后,我在路上遇见老孙。他说在找老王,我告诉他:老王在星巴克。显然,我基于三分钟之前看见老王走进星巴克而相信老王此刻在星巴克,是认知上负责的。虽然我的证据同等地支持"老王还在星巴克"和"老王一分钟前已离开星巴克"两个命题,但我没有(认知上的)责任去搜集更多的证据去否定"老王一分钟前已离开星巴克"这一命题,即使我意识到老王可能一分钟前已离开星巴克。[②]

---

① 根据这个原则,我可以相信怀疑主义假设吗?参考之前的一个脚注关于认知无罪推定原则的讨论。

② 当然,一个人是否有(认知上的)责任搜集更多的证据去否定/支持某个命题,(很大程度上)依赖于这个人的社会角色以及相关的道德/福祉风险。如果我是警察,收到"老王可能会在星巴克附近的书店交易毒品"的消息,那么我就不应该仅仅基于三分钟之前看见老王走进星巴克而相信老王此刻还在星巴克。我有(认知上的)责任去搜集更多的证据去否定"老王一分钟前已离开星巴克"这一命题。但如果我不是警察,老王也不是贩毒者,我和他只是普通的咖啡店顾客,那么我没有(认知上的)责任去搜集更多的证据去否定"老王一分钟前已离开星巴克"这一命题。

顺便值得一提的是，哲学家之间可以互相批评对方的理论，但“批评对方的理论”与“指责/批评对方在提出理论时没有尽到认知责任（或以认知上不负责的方式相信某个哲学观点）”不同。如果一个哲学家相信的理论自相矛盾，而他略加反思就能发现这个矛盾，但他却没有反思，那么我们可以指责/批评他没有尽到认知责任。但如果一个哲学家经过（像罗尔斯那样）审慎的思考提出一个内部融贯的理论，那么我们很难指责/批评他在认知上不负责，即使我们可以批评他的理论。

2.4　不理性问题

关于“善意的谎言”那个例子，责任知识论的解释是：琼思之所以不知道自己7岁那年经历了一些恐怖的事，是因为他不是以认知上负责的方式相信自己7岁那年经历了一些恐怖的事。他的总体证据——他的鲜明记忆+父母的证词——平等地支持“他7岁那年经历了一些恐怖的事”和“他7岁那年患了失忆症，把听到的故事误当成自己经历的事”这两个命题。而他有认知上的责任去收集更多的证据去否定“他7岁那年患了失忆症，把听到的故事误当成自己经历的事”这一命题，因为这一问题与他的福祉紧密相关，很可能也涉及道德风险。

关于“植入型温度计”那个例子，责任知识论的解释是：甄先生之所以不知道现在的温度是40℃，是因为他的信念形成方式不是认知上负责的。要以认知上负责的方式相信p，必须发挥自己的认知能动性。但甄先生的信念不是发挥自己认知能动性的结果，而是被脑中芯片操控的结果，并且他完全没有意识到这一芯片的存在。（这与我们通过使用计算器相信99×99=9801不同。如果我们意识到自己在使用计算器，并且因为相信计算器的可靠性而相信99×99=9801，那么我们发挥了自己的认知能动性。)

对于“神秘的认知能力”例子,责任知识论的解释是:主体之所以不知道,是因为主体不是以认知上负责的方式形成信念。通常情况下,我们总会意识到自己相信某个命题的原因/过程。比如,我相信a+b=b+a,因为这符合我的直觉。我相信房间里温度很高,因为我感觉到很热。我相信前面有一棵树,因为我看到了。我相信地球是圆的,因为老师这么告诉我的。我相信三角形内角和等于180度,因为我证明了这个命题。但在“神秘的认知能力”那个例子中,小诺意识到自己信念的原因吗? Laurence BonJour (1985)写道:“有一件看起来相关的事,我在‘神秘的认知能力’(clairvoyance)那个例子中故意没有说明白:我没说小诺(Norman)是否相信自己拥有神秘的认知能力,即使他没有好的理由(no justification)相信这一点”(BonJour 1985: 41-42)。BonJour考虑了两种情况:

> 一、小诺既没有好的理由相信自己拥有神秘的认知能力,事实上也不相信自己拥有神秘的认知能力。在这种情况下,小诺对自己为什么会“看到”并相信美国国务卿此刻在中国毫无头绪。BonJour(1985: 42)跟我一样认为如果小诺继续持有这个信念,就是“在认知上不理性、不负责的”(epistemically irrational and irresponsible)。[1]
>
> 二、小诺相信自己拥有神秘的认知能力,虽然他没有好的理由相信这一点。如果小诺不相信自己拥有神秘的认知能力,

---

① Fred Dretske (1969, chap. 3)持有类似的观点。需要特别注意的是:说“如果一个人对自己信念产生的原因/过程毫无头绪,那么他就不是以认知上负责的方式形成信念”,与传统的内在主义很不同。“对自己信念产生的原因/过程有些头绪”,不意味着“能够意识到自己信念产生的过程是可靠的”,更不意味着“能够意识到自己信念产生过程的可靠性可以用来为自己的信念辩护”。

> 就不会相信美国国务卿此刻在中国。BonJour(1985: 42)认为在这种情况下,既然小诺没有好的理由(unjustified)相信自己拥有神秘的认知能力,那么他也没有好的理由(unjustified)相信美国国务卿此刻在中国,因此,他并不知道美国国务卿此刻在中国。

对于第二种情况,BonJour 实际是说:小诺相信自己拥有神秘的认知能力,但他的信念是严重不融贯的:他通过神秘认知能力产生的信念与他通过正常观察、推理产生的信念之间是断裂甚至矛盾的(比如,他既默认"如果没有任何支持 p 的证据,就不应相信 p",同时又在缺乏任何证据的情况下相信自己拥有神秘的认知能力)。[①] BonJour 是融贯主义者,主张 S 有好的理由相信 p,仅当:如果 S 相信 p,那么这一信念与 S 的其他信念是融贯的。Greco 在处理"神秘的认知能力"例子时,诉诸了"认知整合"这一概念,吸收了融贯主义的洞见。

责任知识论也可以吸收融贯主义的洞见。毕竟,一个人是否以认知上负责的方式相信 p,也部分取决于他的信念系统是否融贯。我们很难判断自己的整个信念系统是否融贯(因为我们的信念太多),但至少在某些情况下,我们可以通过反思使得自己关于某个具体问题的信念变得融贯。如果一个人的信念不融贯,但稍加反思就能发现不融贯之处,却不作任何反思,那么他不是以认知上负责的方式维

---

① 关于何为融贯,是一个很难问题的回答,但有三点比较清楚:(1) 自相矛盾是一种不融贯:如果一个人相信 p 和 q,而 p 和 q 矛盾,不能都为真,那么他的信念是不融贯的;(2) 不自相矛盾,但互相独立,也是一种不融贯:如果一个人相信 p 和 q(比如"月亮上没有氧气"和"牛顿是中国人"),但 p 和 q 之间没有任何重要的关系(如解释关系、例示关系、蕴含关系等),那么信念 p 与信念 q 是不融贯的。(3) 不融贯不一定是信念之间的不融贯,而可能是不同信念态度之间的不融贯。对于任何一个命题 p,我们可以有三种信念态度(doxastic attitudes):相信 p,否定 p(=相信¬p),以及对于 p 是否为真悬置判断。假设(p & q)→r,而某人基于很强的证据相信 p 和 q,却在思考了"r 是否为真?"之后,决定对 r 悬置判断。这也是一种不融贯。

持这些信念(参考 Bonjour 1985: 91;Goldberg 2018: 112)。关于 Bon-Jour 所说的第二种情况,责任知识论会说:小诺稍加反思就能发现,他相信自己具有神秘的认知能力(以及由运用神秘认知能力形成的信念),与他的其他信念之间不融贯。但小诺却没有反思,因此,他的信念是认知上不负责的。

顺便值得一提的是,在这方面,责任知识论比 Conee & Feldman 的新证据主义更好。假设 S 有支持 p 的充分证据 e,并且基于 e 相信 p。S 稍加反思就能意识到 $p\rightarrow\neg q$,但 S 不反思,同时相信 q。根据 Conee & Feldman 的新证据主义,S 基于 e 相信 p,是合理的、受到辩护的,但其相信 q,则是不合理的、没有受到辩护的。然而,我们的直觉性判断是:如果 S 同时相信 p 和 q,并且稍加反思就能意识到 $p\rightarrow\neg q$,那么 S 的信念 p 和 q 都是不合理的、没有受到辩护的。[①] 吸收了融贯主义洞见的责任知识论更好地尊重了这直觉性判断。

2.5　轻易知识问题

轻易知识问题:为什么在认知上安全的环境中,一个三年级的小学生可以通过轻信一本历史书获得历史知识(比如知道秦始皇只比刘邦大三岁),而在认知上危险的环境中,他无法通过轻信同一本历史书获得历史知识(虽然可以获得真信念)?责任知识论的回答:不是因为在认知上危险的环境中,三年级小孩子的信念形成方式是认

---

① Conee & Feldman 在某些地方也试图吸收融贯主义的洞见,他们写道:"最好的辩护理论应该是将融贯主义的核心与基础主义的核心结合起来,主张一个信念是认知上受到辩护的,当且仅当:它处于一个与主体经验相融贯的融贯系统中(The best theory of justification would combine the core of coherentism with the core of foundationalism and have it that a belief is epistemically justified exactly when it is in a coherent system that coheres with the person's experiences"(Conee & Feldman 2004: 43)。但根据这个观点,证据就不是决定一个信念是否受到辩护的唯一因素,弱化了证据主义立场。

知上不负责的,而是因为在认知上危险的环境中,存在削弱者:三年级小孩子的信念形成方式不是认知上底定负责的。

具体言之,无论是在认知上安全的环境中,还是在认知上危险的环境中,如果三年级小学生通过阅读和轻信一本历史书而相信秦始皇只比刘邦大三岁(假设没有人告诉他那本历史书不可靠),这种信念形成方式是认知上负责的。为什么？因为一个人是否以认知上负责的方式相信p,不仅仅依赖于相关的道德/福祉风险,也依赖于那个人的认知能力和社会角色。在其他因素相同的情况下,道德/福祉风险越低,主体的认知责任越小。在同等道德/福祉风险下,儿童的认知责任比成年人的比更小,外行的认知责任比专家的更小。[①] 对于三年级的小学生而言,秦始皇和刘邦的年龄是道德/福祉风险特别低的历史问题。此外,三年级的小学生在历史问题上的认知责任比成年人的认知责任小很多,更比历史学家的认知责任小很多:三年级的小学生没有亲自考证分辨一本历史书是否可靠的认知责任(这是历史学家的认知责任),也没有向老师或专家询问他所读历史书是否可靠的认知责任(这是中学生和成年人的认知责任)。当然,如果他读的历史书说p,而老师告诉他¬p,或者告诉他那本书是不可靠的,那么他不应该轻信p,否则就是认知上不负责的。但如果没有人跟他说¬p,也没有人告诉他那本书不可靠,那么他因为历史书说p就相信p,仍是认知上负责的。

然而,在认知上危险的环境中,存在削弱者:一旦三年级小学生意识到"自己处在认知上危险的环境中"这一命题为真,其原来形成信念的方式——随便抽取一本书并相信书上的话——就是认知上不

---

① 许多哲学家(比如Foley 2005; Peels 2017; Goldberg 2018)注意到,不同的社会角色在同一个问题上常常承担不同的认知责任。

负责的。但在认知上安全的环境中,不存在削弱者。“他有获得一本不可靠历史书的现实可能性,但可能性非常小,因为他处在认知上安全的环境中”这一命题为真,但不是削弱者,因为即使他意识到这一命题为真,依旧可以以原来的方式相信秦始皇只比刘邦大三岁。

2.6　本应拥有的证据问题

对于新证据主义面临的本应拥有的证据问题,责任知识论可以给出一个简洁明了的分析:在谋杀案那个例子中,李警探虽然拥有支持“凶手是老王”的很强证据,但他仍不是以认知上负责的方式相信凶手是老王——作为负责此案的警察,李警探并没有尽到收集证据的责任。即使他没有证据表明自己没有尽到收集证据的责任,他事实上仍没有尽到收集证据的责任。

有时候,S 缺乏支持 p 的很强证据,是因为 S 没有尽到收集证据的责任。但有时候,S 拥有支持 p 的很强证据,也是因为 S 没有尽到收集证据的责任——如果 S 尽到责任,就会收集到一些误导性反面证据(但从第一人称视角,S 无法意识到这些反面证据是误导性的),从而使得 S 的证据总体上不再支持 p。谋杀案那个例子属于后一种。

2.7　知识存储问题

对于新证据主义面临的知识存储问题,责任知识论也可以给出一个简洁明了的分析。在“忘记高中数学的文学博士”那个例子中,甲之所以相信 p($p=0.9999\cdots=1$),最初是基于正确的证明。乙最初也是基于自己的证明相信 p,但他在证明中犯了两个错误。后来,甲和乙都忘了各自的证明,但都在没有任何新证据的情况下继续相信 p。对于甲的情况,责任知识论的分析是:他最初是通过认知上负责的方式相信 p,后来通过记忆保留这一信念,也是认知上负责的:他显然可以继续相信 p;要求他悬置判断,是不合理的。此外,不存在削弱者。因此,甲现在依旧知道 p。对于乙的情况,责任知识论的分析是:如果他最初证明中的错误是粗心的结果,那么他最初就不是以认知上负责的方式相信 p,忘了自己错误的证明,并不使得乙继续保留这个信念变得认知上负责。如果乙最初是以认知上负责的方式相信 p(虽然他的证明是错误的),那么现在他仍是以认知上负责的方式保留这一信念。但存在削弱者:一旦他意识到自己的证明有两个错误,再基于那个证明相信 p,就是认知上不负责的。因此,乙过去不知道 p,现在也不知道 p。(对于睡眠中的知识,责任知识论可以给出类似的分析。)

值得一提的,在“忘记高中数学的文学博士”那个例子中,我们之所以认为甲在忘了证明之后继续相信 p,是认知上无可指责/批评的,部分是因为甲开始是以认知上负责的方式相信 p,部分是因为在忘了证明之后保留这一信念的实用/道德风险非常低。如果实用/道德风险高,我们就会认为甲在忘了证明之后继续相信 p,是认知上不负责的。考虑下面这个例子:

> **失忆者的指控**:甲碰巧看见朋友乙杀人的整个过程,很震惊,但很快被乙打晕了,并被注入一种清除最近 24 小时记忆的药。10 个小时后,甲醒来,对于之前发生的事没有任何印象,但保留了“乙是凶手”这一信念,于是报警。警察问他:是否看见了乙杀人,或听到了相关的声音?甲据实回答:完全没有印象。警察又问他:乙是如何杀人的?甲再次据实回答:不知道。警察又问他:你为什么相信乙是凶手?甲再次据实回答:我没有证据,但非常确信。

苏醒后的甲知道乙是凶手吗？对于这一问题，比较合理的分析似乎是：在和警察交流时，甲已经恢复了正常的认知能力，能够反省自己过去的信念。当他意识到自己没有任何证据指控乙杀人时，似乎不应该再相信乙是凶手，而应该悬置判断。毕竟乙是他的朋友，而相信朋友杀人是道德风险极高的事：没有非常强的证据，我们不应该相信朋友是杀人犯。因此，苏醒后的甲并不知道乙是凶手。

这一分析会受到新证据主义者的欢迎，却会对 Goldman 的过程可靠主义和 Sosa 的德性知识论构成挑战。根据他们的观点，苏醒后的甲知道乙是凶手，因为甲之所以相信乙是凶手，最初是因为他运用了可靠的认知能力——他目睹了乙杀人的整个过程。这一信念一直被完整无缺地保存在他的记忆中。此外，甲也能排除其他所有的相关选项：如果其他人（比如张三或李四）是凶手，甲就不会相信乙是凶手。（当然，Greco 会说：苏醒后的甲不知道乙是凶手，因为他关于乙是凶手的信念没有被整合到他的信念系统中——他不是以认知上负责的方式保留这一信念。）

2.8 美诺问题

对于美诺问题，责任知识论的回答是：知道 p 比仅仅相信真命题 p 更好，因为如果 S 知道 p，那么 S 是以认知上负责的方式相信真命题 p，而通过认知上负责的方式相信一个真命题比通过认知上不负责的方式相信一个真命题更好。至于为什么更好，可以给出两种解释：（1）亚里士多德主义的解释：以负责的方式（展现能动性+无可指责/批评）把一件事做成功，是有内在价值的；（2）唯真主义的解释：如果 S 以认知上负责的方式相信真命题 p，那意味着 S 在类似或周边问题上也持有真信念。换言之，如果 S 在类似或周边问题上的信念为假，或者没有信念——连隐含的信念都没有①,那么 S 不以认知上负责的方式相信真命题 p。比如,如果一个人完全不相信 2+3=5,5<12,12+1=13 等真命题,那么他无法以认知上负责的方式相信 5+7=12。②

有些哲学家(Baehr 2009)质疑美诺问题的合理性,理由是:有些真理是琐碎无聊的,知道琐碎无聊的真理本身并不比仅仅相信琐碎无聊的真理更好。责任知识论可以回应这一质疑。考虑一个典型的琐碎无聊的真理:老李的 11 位数手机号码加起来是大于 11 的偶数。如果一个人不相信“存在小于 11 的偶数”“11 是奇数”等有一定重要性的真命题,那么他无法以认知上负责的方式相信老李的 11 位数手机号码加起来是大于 11 的偶数。这意味着要知道一个琐碎无聊的真理,必须相信一些不琐碎无聊的真理。

此外,责任知识论也可以解决由 Gettier 问题衍生出的价值问题。为什么“知道 p”本身是比“相对应的 Gettier 情况”更好的认知状态?

---

① 哲学家一般区分明确信念(explicit belief)和隐含信念(implicit belief)。粗略言之,S 的信念 p 是明确的,仅当:S 当下意识到 p。如果 S 当下没有意识到 p,一旦思考“是否 p?”就迅速地赞同 p,那么 S 的信念 p 是隐含的。一个典型的例子:假设你从中学物理课堂上获知太阳系行星的数量少于 10 个,但从来没考虑过“太阳系行星的数量是否少于 11 个?”这个问题,也从来没意识到“太阳系行星的数量少于 11 个”这个命题,但说“你其实相信太阳系行星的数量少于 11 个”,并无任何不妥。如果非要把“你相信太阳系行星的数量少于 11 个”与“你相信太阳系行星的数量少于 10 个”区分开来,我们可以说:前者是隐含信念,后者是明确信念(参考 Schwitzgebel [2019] 为 SEP 撰写的词条 belief)。

② 必须承认,一个通过自己的计算而知道 987+567=1554 的大学生不一定能迅速地报出 787+835=? 的正确答案(虽然他有能力算出正确答案),因此不一定隐含地相信 787+835=1622。但如果他真的是通过计算知道 987+567=1554,那么他一旦思考“1+3=? 7+5=? 987+567+1=? 987+567-1=? 1554 是否大于 1622?”等问题,就能迅速地给出正确答案,因此可以说他隐含地相信这些问题的正确答案。对于知道 987+567=1554 的大学生而言,787+835=? 是他有能力回答的同类问题,但不是我讲的那种相邻问题。“1+3=? 7+5=? 987+567+1=? 987+567-1=? 1554 是否大于 1622?”等问题才是相邻问题。

换言之,为什么前者比后者具有更大的内在认知价值? 责任知识论的回答:在 Gettier 的求职例子中,Smith 以认知上负责的方式相信"获得工作的那个人口袋里有 10 枚硬币",但不知道这一命题为真,因为 Smith 缺乏相关信息——他完全没有意识到"获得工作的那个人是他自己,而非 Jones"和"他自己的口袋里有 10 枚硬币"这两个真命题。要能让 Smith 脱离 Gettier 情况,知道"获得工作的那个人口袋里有 10 枚硬币"这一命题为真,他需要以认知上负责的方式获得相关信息,即相信"获得工作的那个人是他自己,而非 Jones"和"他自己的口袋里有 10 枚硬币"这两个真命题。显然,处在 Gettier 情况中的 S 与知道真相的 S 明显不同之处在于:后者获得了新的真信念。因此,关于为什么"知道 p"本身是比"相对应的 Gettier 情况"更好的认知状态,责任知识论可以给出唯真主义的解释。①

第三节　反驳与回应

以上两节论证了责任知识论相对于现有理论具有的一些优点。本节将回应针对责任知识论的几个可能反驳。

反驳 1

自 Gettier 论文发表以来,不同知识论学者提出了许多个不同的知识定义,每一个都是失败的。这说明后 Gettier 时代的知识论研究

---

① 注意"相对应的 Gettier 情况"这一限制。如果 Smith 吃了一种药,立刻忘记了"获得工作的那个人是 Jones"和"Jones 自己的口袋里有 10 枚硬币"这两个信念,然后通过某个权威的证词直接相信获得工作的那个人口袋里有 10 枚硬币。假设这个权威的确知道真相,而 Smith 认识到他是可靠的。那么 S 可以通过他的证词获得知识,脱离吃药之前的 Gettier 情况。但通过这种方式获得知识与原来的 Gettier 情况不构成对应关系。通过任何一种方式知道真相是不是比任何一种 Gettier 情况都具有更大的内在认知价值? 有些人的直觉性判断或许是肯定的。我的直觉性判断是否定的。

纲领(research programme)是错误的。不突破这一研究纲领,仅仅提出一个新的知识定义,没有很高的学术价值。

回应

首先,“研究纲领”是科学哲学家 Imre Lakatos 的术语,在 Lakatos 理论中有特殊的含义。知识论界并没有 Lakatos 意义上的“研究纲领”,只是共同遵守一套做知识论的方法。这一方法并非知识界独有的,在形而上学和伦理学中也被广泛采用(详见下一章“从反思平衡到理解”的讨论)。那些厌倦“什么是知识?”这一问题或主张“知识”不可定义的哲学家,转而去研究“证据”“认知分歧”“理解”“智慧”“理智德性(如理智的谦虚、开放的心灵等)”,只是换了一个研究题目,并没有采用一套新的做知识论的方法。

其次,持有以上反驳意见的人可能受到 Timothy Williamson 的影响。在 *Knowledge and its Limits* 这本名著中,Williamson(2000: 33)论证了“知识”这一概念不能被分析成更基本的概念。如果后 Gettier 时代的知识论研究纲领仅仅是指“大多数知识论学者认为知识可以被分析成更简单的部分,而一个好的知识定义必须是用更简单的概念来定义知识”,那么这一研究纲领并不存在:就我的了解,几乎没有一个著名知识论学者主张“知识可以被分析成更简单的部分,而一个好的知识定义必须是用更简单的概念来定义知识”,Goldman、Sosa 以及 Conee & Feldman 的知识论也不蕴含这一观点。我自己也不赞同这一观点。事实上,Peter Strawson 在 *Analysis and Metaphysics*(1992)第二章区分了两种分析:(1) 还原性分析:将一个复杂的概念分析成无法分析的简单概念(接近逻辑原子主义思路),用后者定义前者;(2) 联结性分析:揭示一个概念如何与其他概念相关联,不考虑哪些概念更简单更基本。Strawson 认为我们应该从事联结性分析,而非还原性分析。我觉得后 Gettier 时代的知识论应该被理解为联结性分析。①

最后,每个哲学工作者都知道——至少可以理性地预期——绝大多数同行都不会认同自己的理论。为什么我们还要批评已有的理论,提出一个新理论呢? 因为这会加深我们对已有理论和相关问题的理解。比如,即使我们不认同康德对理性主义的一些批评,康德的批评会让我们更好地理解理性主义。对于不会被我说服的读者,我希望我的分析能帮助他们更好地理解过程可靠主义、德性知识论和新证据主义,并且更好地理解"什么是知识?"这个问题。

反驳 2

如果"还原性分析"是说我们必须用比较清楚的概念去定义不太清楚的概念,这并没有什么问题。有问题的是你的知识定义,因为"认知上负责"这个概念并不比"知识"这个概念更加清楚。

回应

"我们必须用比较清楚的概念去定义不太清楚的概念"这个观点似乎是基于如下理由:定义不能是循环的,也不能是无限倒退的,必须停在某个终点。终点的地方是初始概念(primitive concepts),它们不能再由其他概念定义,它们是最清楚的,可以通过直觉来把握。

然而,大家对于哪些概念是初始概念,莫衷一是。比如有些哲学家(比如 Sosa 1993;Davidson 1996)认为"真理"是不可定义的初始概念,但另一些哲学家认为真理显然不是初始概念。有些哲学家(比如 Williamson 2000)认为知识是不可定义的初始概念,但大多数哲学家

---

①　有两点值得注意:(1) Williamson 似乎坚持还原性分析。他认为"知识"不可再进一步分析,我们应该用"知识"去分析其他一些东西,比如证据。汉语学术界对于 Williamson 观点的批评和捍卫,参见徐召清(2022)。(2) 不同学者对"分析哲学"中"分析"这个概念有不同解读,汉语学术界的讨论见江怡(2017)、费多益(2020)和韩林合(2025)。

认为知识显然不是初始概念。

事实上,词典编纂者和绝大多数哲学家都不认同“一个好的定义,必须用比较清楚的概念去定义不太清楚的概念”这个观点。字典里大多数定义的定义项并不比被定义项更清楚,比如韦氏字典对real的定义是“having objective independent existence”,《新华字典》对“真实”的定义是“跟客观事实相符合”,定义项都不比被定义项更清楚。此外,许多哲学家并不认为“真理”和“信念”这两个概念比“知识”更清楚,但他们却依旧用这两个概念去定义“知识”。如果好的定义必须用比较清楚的概念去定义不太清楚的概念,那么哲学中几乎没有一个定义是好的定义。

有人可能会问:如果好的定义不必用比较清楚的概念去定义不太清楚的概念,那么什么是好的定义?更具体地说,评判一个知识定义是否比另一个更好的标准是什么?我将在本书的最后一章详细讨论这个问题。

反驳 3

你用“认知上负责”去界定“知识”,又用“认知能动性”和“认知上无可指责/批评”去界定“认知上负责”,但没有给出“认知能动性”和“认知上无可指责/批评”的充分必要条件。什么是认知能动性,什么是认知上无可指责/批评,是争议很大的问题。如果在这种争议很大的问题上不说清楚,你的知识定义就不是足够有趣的。

回应

这一反驳预设了“如果一个哲学定义的定义项涉及一些有争议的问题,却没有对这些问题给出明确的回答,那么这一定义不是足够有趣的定义”。根据这一观点,JTB 定义显然不是足够有趣的定义,因为它没有回答“什么信念?”“什么是真理?”这两个有极大争议的问题。Goldman 的过程可靠主义、Sosa 的德性知识论、Conee & Feldman 的新证据主义也没有回答这两个问题,因此,它们也不是足够有趣的定义。

反过来说,如果 JTB 定义、Goldman 的过程可靠主义、Sosa 的德性知识论、Conee & Feldman 的新证据主义都是足够有趣的定义(虽然它们各自面临着一些问题),而它们都没有回答"什么信念?""什么是真理?"这两个有极大争议的问题,那么以上反驳的预设就是错误的。

事实上,Goldman 的过程可靠主义用"因果关系"去界定"可靠的过程",但没有给出"什么是因果关系?"的充分必要条件。Sosa 的德性知识论诉诸一种特殊的因果关系——突出因素——去界定"因为运用理智德性而获得真信念",也没有给出"突出因素"的充分必要条件(他后来用"充分展现"(sufficient manifestation)替换"突出因素",但他说"展现"是初始概念),更没给出"什么是因果关系?"的充分必要条件。Conee & Feldman 在《证据主义》(2004)一书中,没有给出"证据"的充分必要条件。后来虽然在 2008 年的一篇论文中用"最佳解释"去定义"证据",但对于"什么是解释?""什么是最佳解释?"这两个问题,都没有给出充分必要条件。(Goldman、Sosa 和 Conee & Feldman 认为我们可以通过一些具体的范例来把握他们没有进一步界定的关键概念,如"因果关系""充分彰显""最佳解释",等等。我同意这一观点。我们也可以通过一些具体的范例来把握"认知能动性"和"认知上无可指责/批评"等概念)

有人可能会批评说:这一切表明分析哲学的知识论很浅薄,没有深挖相关的哲学问题。但这一批评既不厚道,也没有帮助我们更好地理解为什么著名分析哲学家以那种方式讨论"什么是知识?"这一问题。一个更合理的分析是:Goldman、Sosa 和 Conee & Feldman 等著名哲学家之所以不进一步给出对相关问题的详细回答,是因为要说明自己的知识定义比已有的知识定义更好,不需要给出这些问题的详细回答。哲学问题总是一个套着一个,比如用“最佳解释”去界定“证据”,会出现“什么是最佳解释?”的问题;如果用“因果关系”去界定“最佳解释”,又会出现“什么是因果关系?”的问题;如果“反事实条件”去界定“因果关系”,又会出现“什么是事实?”的问题;等等。每一个套着的问题都要详细回答,不可能做到。因此,对每个哲学问题的讨论,必须停在某个地方。在哪个地方停下是适合的? Goldman、Sosa 和 Conee & Feldman 等人似乎认为,在能够表明自己的理论可以解决/避免其他理论面临之问题的情况下,不进一步“深挖”,是适合的。[1]

反驳 4

你和大多数知识论学者一样,都预设了“知识具有本质属性,可以用充分必要条件刻画”。但这一预设是错误的。“知识”其实是一个家族相似概念。一家之中,兄弟姐妹,个个长得相似:似在眉眼者有之,似在口鼻者有之,似在性格者有之,但他们没有一个共同的特征:所有兄弟姐妹都具有这个特征,而所有外人都不具有这个特征。这是所谓的“家族相似”。不同的知识之间,也只有家族相似。我们对于某人是否知道某事的判断,是从典型的知识开始。我们知道 1+1=2,知道他人存在,知道一年有四季的变化,知道勾股定理。这是典型的知识。如果一个人的认知状态与典型的知识状态(knowing)之间存在家族相似,那么他知道;如果一个人的认知状态与典型的知

---

① 当然,这并不否定“如果进一步深挖,就更好”,只是说“不进一步深挖,也可以”。Sosa (2022: 5-6)对此有明确的论述。他说他的知识论没有对“彰显”“真理”“信念”和“辩护”给出进一步的分析,但他认为自己的知识论与已有的知识论相比有进步(“Even without that fuller philosophy—with accounts not only of manifestation but also of truth, belief, and justification—I hope and trust that we will have made some progress”)。

识状态(knowing)之间不存在家族相似,那么他不知道。

回应

在回应这一反驳之前,先说明两个历史事实:(1) 家族相似概念是维特根斯坦后期哲学中的核心概念之一。维特根斯坦死于 1951 年,Gettier 的论文发表于 1963 年。自 1963 年之后,试图给出知识(以及辩护)的充分必要条件,是英美知识论的主流。Chisholm、Goldman、Sosa、Conee、Feldman 等著名知识论学者都不认可维特根斯坦的观点。(2) Paul Ziff 和 Morris Weitz 在 20 世纪 50 年代基于"家族相似"这个概念去回答"什么是艺术?"这一问题,遭到了 George Dickie 等著名艺术哲学家的批评。后来许多艺术哲学家都试图给出艺术的充分必要条件。

一些认可维特根斯坦观点的人可能会说:这两个历史事实只能说明 1960 年之后的哲学家没有认识到维特根斯坦思想的深刻之处,误入歧途。现在该是迷途知返,回到维特根斯坦的时刻了。

然而,维特根斯坦式的知识理论似乎有两个问题:(1) 虽然它可以解释为什么某些认知状态是知识(因为它们与典型的知识之间存在家族相似),但无法解释为什么典型的知识是知识。比如,我们知道 1+1=2,这是典型的知识。但为什么我们知道 1+1=2? 注意:这不是在质疑我们知道 1+1=2,而是在问我们知道 1+1=2 的原因。维特根斯坦可能会说:我们就是知道 1+1=2,没有为什么,不存在进一步的解释。要求给出进一步的解释是一个错误。但为什么这是一个错误? 为什么其他知识论学者给出的解释不是正确的解释? 维特根斯坦的支持者需要给出进一步的说明。(2) "家族相似"是个非常含糊的概念:何种相似是家族相似? 何种相似不是家族相似? 比如,《红楼梦》、《还珠格格》和《南京大学本科生手册》这三者之间具有家族相似吗? 你相信上帝存在,也相信上海人与贵州人是平等的,还相信

水分子的结构是 H_2O。这三个信念之间具有家族相似吗？它们是同一家族吗？为什么？维特根斯坦的支持者需要对这些问题做出进一步的说明，才能比较好地处理知识论中的著名例子。

反驳 5

一个好的知识定义必须能解释小孩子和动物为什么拥有知识。然而，责任知识论不能解释动物和小孩子为什么拥有知识，因为动物和小孩子不能以认知上负责的方式形成信念。的确，动物和小孩子相信某个东西，可能是认知上无可指摘/批评的。但仅仅是认知上无可指摘/批评，还不是认知上负责。S 以认知上负责的方式相信 p（= 以尽到自己认知责任的方式相信 p），仅当：S 具有足够的认知能动性。但动物和小孩子没有足够的认知能动性，不承担任何认知责任。

回应

这不仅仅是责任知识论的问题，而是所有主张“以认知上负责的方式相信 p”是“知道 p”的必要条件的哲学家（比如 Richard Feldman、John Greco 和 Sandy Goldberg 等）共同的问题。

我们应该区分不同的动物和小孩子以及不同的问题。正常的 3 岁孩子在某些问题上显然有足够的认知能动性，可以承担一定的认知责任。比如，如果妈妈让她数桌上的苹果，她因为粗心而把 6 个苹果数成 5 个，那么妈妈可以轻责她：“要看清楚哦。”此外，一些科学研究表明，某些智力比较高的成年动物对自己的情绪和动作有一定的控制，并且他们之间存在互相指责/批评的情况，比如一些灵长类动物会惩罚不合作者。[1] 这似乎表明它们在某些简单问题上也有足够的认知能动性，可以承担一定的认知责任。然而，3 个月以下的婴儿以及一些智力水平较低的动物可能在任何问题上都不具有足够的认知能动性。或许它们有概念思维，有一些真信念——罗素所谓的“本

① https://www.sciencedirect.com/science/article/abs/pii/S1090513815001221，访问日期：2025 年 3 月 8 日。

能信念”(instinctive belief),但它们缺乏知识。当然,这仅仅是猜测,有待于进一步的科学研究。但否定3个月以下的婴儿以及一些智力水平较低的动物拥有知识并不是荒谬的。

反驳6

我们没有追求某些琐碎真理的认知责任。比如,我们可以不去弄清楚“$\sqrt{7}$的小数点后第43位是什么?”这类问题的答案(假设它与我们的道德/福祉完全无关)。如果我们没有弄清楚这个问题的认知责任,那么对于这个问题,无论我们以何种方式形成何种信念,都是认知上无可指摘/批评的。因此,即使我们以占卜的方式——这需要发挥我们的认知能动性——相信$\sqrt{7}$的小数点后第43位是5,我们的信念形成方式也是认知上负责的。事实上,$\sqrt{7}$的小数点后第43位的确是5。因此,根据责任知识论,如果我们以占卜的方式相信$\sqrt{7}$的小数点后第43位是5,那么我们知道$\sqrt{7}$的小数点后第43位是5。这显然是荒谬的。

回应

责任知识论可以有多个回应思路。首先,责任知识论可以主张虽然有些问题比另一些问题在认知上重要很多,但没有一个问题在认知上毫不重要。粗略言之,我们可以按照认知重要程度把所有问题分为三等:(a) 最重要的问题是那些与人类的道德/福祉直接相关的问题,比如,何为公正?何为自由?何为幸福?如何获得幸福?要获得幸福,需要理解我们所在的自然环境,我们的身体和心理。因此,“我们所在的自然环境遵守哪些规则?我们的身体结构是什么?哪些因素会以何种方式影响我们的身体和心理?”这些问题也是最重要的。(b) 次重要的问题:虽然他们本身与人类的道德/福祉无关,但研究他们有助于我们更好地理解那些极大地影响了人类道德/福祉的理论。比如,爱因斯坦的相对论极大地影响了人类的福祉,但并非每个关于相对论的问题都是道德/福祉上重要的。比如,相对论的本体论承诺是什么?相对论是否意味着康德的认识论是错误的?相对论的时空观与牛顿力学的时空观有何不同?从人类的道德/福祉角度,这类问题并不重要。但从认知角度,它们似乎很重要,因为研究它们,有助于我们更深入地理解相对论。(c)重要性很低的问题,比如"$\sqrt{7}$的小数点后第 43 位是什么?"。这类问题是真问题,与"为什么$\sqrt{7}$是蓝色的?"这种假问题不同。任何真问题都具有一定认知上的重要性。有些真问题的重要性非常低,但不是丝毫不重要,因为认知重要性只是部分而非完全奠基于道德/福祉重要性。我们仍有研究这些问题的认知责任,只是责任十分轻微,可以不去研究这些问题,因为研究这些问题需要花费时间和精力,从而妨碍我们履行更重要的责任。但如果我们研究这些问题,却没有尽到相关的认知责任(即以认知上不负责的方式相信某个答案),那么我们并不知道这类问题的答案。

其次,责任知识论可以诉诸一种认知规则后果主义(epistemic rule consequentialism)。比如,要在具有福祉/道德重要性的问题上履行认知责任,需要养成遵循一套认知规则的习惯。如果只在具有福祉/道德重要性的问题上遵守这套认知规则,而在不具有福祉/道德重要性的问题上完全无视这套认知规则,会不利于我们养成遵循这套认知规则的习惯。因此,根据规则后果主义,如果我们想弄清楚任何问题的真相,就必须遵循这一套认知规则。胡适似乎持有类似的观点。他在《南游杂忆之三》一文中说:"我为什么要替《水浒传》作五万字的考证?我为什么要替庐山一个塔作四千字的考证?我要教人一个思想学问的方法。我要教人知道学问是平等的,思想是一贯的,一部小说同一部圣贤经传有同等的学问上的地位,一个塔的真伪同孙中山的遗嘱的真伪有同等的考虑价值。肯疑问佛陀耶舍究竟到过庐山没有的人,方才肯疑问夏禹是神是人。有了不肯放过一个塔的真伪的思想习惯,方才敢疑上帝的有无。”然而,这种认知平等主义似乎意味着对于任何问题,我们都应该遵守同样严格的认知规则。这无法解释“实用/道德因素入侵”——如“银行”例子所示,在福祉/道德风险高的时候,我们可能需要非常强的证据,才可以相信某个观点;在福祉/道德风险很低的时候,即使我们拥有的证据没那么强,也可以相信某个观点。根据胡适的认知平等主义,无论福祉/道德风险是高还是低,我们都需要非常强的证据,才可以相信某个观点。这是反直觉的。责任知识论在否定认知平等主义的同时,可以主张一种弱版本的认知规则后果主义:虽然不同的问题具有不同的重要性(并非“一个塔的真伪同孙中山的遗嘱的真伪有同等的考虑价值”),但对于任何问题,我们都应该养成遵循一套底线认知规则的习惯。这套底线认知规则可以与“我们没有追求某些琐碎真理的认知责任”兼容(这与上一种回应不同)。比如,以下这条否定性的规则似乎可以成为底线规则:对于任何一个命题 p,在不紧迫的情况下,如果从未有过任何支持 p 的证据(这排除了“被遗忘的证据”那种情况),那么不应该相信 p。对于需要多少证据才可以相信 p,要看相关的福祉/道德风险以及主体的社会角色等因素。

小　　结

本章提出了一个新的知识定义:(在 t 时刻)S 知道 p,当且仅当:(在 t 时刻)S 之所以相信真命题 p,而没有相信某一个¬p 选项,是因为 S 的信念形成方式是认知上底定负责的。认知上底定负责=认知上负责+没有真正的削弱者。S 是否以认知上负责的方式相信 p,不仅仅依赖于相关的道德/福祉风险,也依赖于 S 的认知能力和社会角色。根据这一定义,知识不需要50%以上的可靠性,也不需要充分的证据(Conee & Feldman 所谓的"充分证据"是区别性证据,即S有支持p的充分证据,仅当:S拥有的证据更多地支持p,而不太支持¬p)。这一定义可以解决/避免过程可靠主义、德性知识论与新证据主义面临的问题。

最后值得一提的是责任知识论与中国古代知识论的关系。《论语·为政》记孔子说:"知之为知之,不知为不知,是知也。"意思是:知道就是知道,不知道就是不知道,这是真正的智慧。事实上知道却误以为不知道,跟事实上不知道却误以为知道一样,都不是真正的智慧。[①] 然而,中国古代哲学缺乏对"什么是知识?"这一问题的讨论。在认知问题上,儒家注重"君子博学而日参省乎己""慎思明辨""毋意、毋必、毋固、毋我""虚一而静"。这是建议我们以认知上负责的方式去探索重要的问题。"博学"的重要性除了体现在搜求证据上,还体现在"无削弱者"这方面:之所以存在削弱者,是因为我们不够博学,缺乏相关的重要信息。因此,儒家会认可责任知识论:S知道p,当且仅当:(i) p为真,(ii) S以认知上负责的方式相信p,并且(iii) 不存在削弱者。此外,儒家也会赞同认知责任在很大程度上源于道德/福祉责任。

① 孔子的这句话有时候被解读为"不要心里明明知道却假装不知道,也不要明明不知道却假装知道,这是真正的智慧"。这个解读把"智慧"等同于"理智上的诚实,不欺骗,不撒谎"。我觉得这个解读在哲学上不够有趣。"事实上知道却误以为不知道"的一种表现形式是:我们的一切意见或信仰(不仅包括"上帝存在"这种宗教信仰,也包括"1+1=2""人需要水和氧气才能生存"这种数学和科学常识)都是被权力规训的结果,而非客观地为真。本来知道"1+1=2","人需要水和氧气才能生存",后来却因迷信一种错误的理论而误以为自己之前并不知道,是理智的错乱,而非理智的谦虚。

第七章

从反思平衡到理解
——对方法论的反思

在柏拉图的《理想国》开篇，苏格拉底问：什么是正义？克法洛斯（Cephalus）答：正义就是实话实说，有债必还。为了反驳这个理论，苏格拉底给出一个假想的例子：假设你的朋友借给你一把武器，后来他疯了，要到处杀人，找你要回这把武器。根据克法洛斯的理论，如果此时你拒绝归还武器，就是不正义的。如果他问你将这把武器放在哪里，而你不对他说实话，也是不正义的。然而，我们的直觉性判断是：此时拒绝归还，并非不正义的；不对他说实话，也不是不正义的。克法洛斯的正义理论不能尊重和解释我们的直觉性判断。

因此,这个理论是错误的。

在很多哲学家看来,苏格拉底示范了一种反驳哲学理论的哲学方法:对于哲学问题,先给出一个假设性回答T(T哲学理论),然后通过构建一个反例——常常是虚构性的例子——来反驳T。反例的显著特点是:根据T,反例中的主体具有F属性;但我们共同的直觉性判断是:反例中的主体显然不具有F属性。因此,T是错误的。[①]

苏格拉底反驳法似乎暗示:一个好的哲学理论应该能够尊重和解释(而不是否定)我们共同的直觉性判断。如果T1能够尊重和解释我们共同的直觉性判断,而T2不能尊重和解释,那么在其他条件相同的情况下,T1是比T2更好的理论。

"用直觉检验假设"的方法(the method of testing philosophical theories against intuitions about typically hypothetical cases)这一方法与科学中"用观察检验假设"的方法类似,都是一种假设-演绎法(the hypothetico-deductive method)。它被广泛运用到各种问题上,包括什么是正义,什么是自由,什么是德性,什么是良好人生,等等。在讨论知识的定义时,很多哲学家也采用了"用直觉检验假设"的方法。[②]他们论证的步骤是:

> 1. 提出一个初步的假设性定义D1。比如,JTB定义。
>
> 2. 试图构建一个虚构性的反例。我们共同的直觉性判断是:例子中的主角显然不知道某个命题。但根据D1,主角知道那个命题。比如,Gettier反例。

---

① 这可以视为一种归谬法。另一种苏格拉底常用的归谬法是:从一个理论和一些没有争议的背景信息中推出两个互相矛盾的命题(p与¬p)。但我们的直觉性判断是:两个互相矛盾的命题显然不能都为真。因此,那个理论是错误的。

② 最近一些哲学家(如Herman Cappelen 2012)认为大多数哲学家事实上并没有采用这一方法。对这个观点的反驳见Nevin Climenhaga(2018)和William Lycan(2019)。

3. 提出一个避开这个反例的改进版假设性定义 D2。比如，过程可靠主义的定义。

4. 重复步骤 2，试图构建一个虚构性的反例：我们共同的直觉性判断是：例子中的主角显然不知道某个命题。但根据 D2，主角知道那个命题。比如，“植入型温度计”那个例子。

5. 重复步骤 3，提出一个避开这个反例（和之前 D1 的反例）的改进版假设性定义 D3。

……

我在本书中也采用了“用直觉检验假设”的方法：我论证了责任知识论是一个值得对待的知识论，因为它比较经得起直觉的检验——它比其他几种流行的知识论能更好地尊重和解释我们关于某些虚构性例子的共同直觉。

然而，这个方法让一些哲学家（如 Kaplan 1985；Williamson 2000；Nicholas Rescher 1994：71）以及一些哲学教育者（如 Carel & Gamez 2004：132）很失望。他们认为，多年的哲学实践（比如对 Gettier 问题的回应）已经表明：任何假设都会遭遇新的反例。为避免新的反例而提出一个新假设，再为避免新的反例而提出一个新假设，再为避免新的反例而提出一个新假设……这不仅仅是一个没完没了的过程，而且是一个没有价值的智力游戏。[1]

---

[1] 为什么没有价值？不同的哲学家给出了不同的回答。比如，一些人认为我们的直觉性判断是不可靠的，尊重我们直觉性判断的理论不一定更正确（参考斯坦福哲学百科全书词条 Experimental Philosophy 之 3. 1. 2 节 Philosophers shouldn't rely on intuitions）。另一些人认为“用直觉检验假设”这个方法的目标——找到一个正确的知识定义——是不值得追求的。比如 Kaplan（1985：363）认为，一个关于（命题）知识的定义对于我们没有用。作为理智的探究者，我们唯一关心的是：我们的信念是不是建立在足够强的证据基础上？如果我们的信念 p 是建立在足够强的证据基础上，再问“我们是否知道 p”没啥价值。还有些人认为，“用直觉检验假设”这个方法的目标——找到一个正确的知识定义——是不可能实现的。如 Williamson（2000）认为，自 Gettier 以来，每一个新提出的知识定义（假设）都会遭遇反例，因为知识是不可定义的，任何关于知识定义的假设都必然是错误的。

本章试图为“用直觉检验假设”的方法辩护，计划如下：首先，我将介绍 William Lycan (2019)在他的新书中为这个方法所作的辩护。其次，我将指出 Lycan 之辩护的一个困难。最后，我将对这个方法提出一个新的辩护，并说明我的观点与 Lycan 观点的核心区别。我的辩护不依赖于“大多数人的直觉性判断一定(或很可能)为真”这一观点。在开始之前，需要澄清一点：我不认为“用直觉检验假设”是唯一适当的哲学方法；我只是认为它是适当的方法之一。

第一节　Lycan 式反思平衡

在 *Evidence in Philosophy*(2019)一书中，William Lycan 很大程度上捍卫了“用直觉检验假设”的方法。他的论证可以重构如下：

1. 哲学的认知目标是获得一个合理的(或受到辩护的，justified)信念系统。

2. S 的哲学信念系统是合理的，当且仅当：S 获得一种特殊的反思平衡，在这种反思平衡中，S 相信一个理论，而这个理论能尊重和解释普遍而坚定的直觉。[①]

3. “用(普遍而坚定的)直觉检验假设”的方法有助于获得这种特殊的反思平衡。

---

① 除了解释直觉外，Lycan(2019：4)还要求这个理论能解释摩尔讲的那种常识和科学中比较没有争议的结论(“I advocate a picture of philosophy as a very wide explanatory reflective equilibrium incorporating common sense, science, and our firmest intuitions on any topic—and nothing more, not ever”)。但摩尔常识和科学中比较没有争议的结论——正如 Lycan 自己所说——常常是寂静的：它们并不更多地支持或挑战其中的某个哲学理论。比如 Goldman 的过程可靠主义和 Sosa 的德性知识论是两个关于“什么是知识”的互相竞争的理论，它们同等地尊重和解释了摩尔常识和科学中比较没有争议的结论。

4. 如果一种方法有助于我们实现哲学的认知目标,那么它是好的方法。

5. 因此,“用(普遍而坚定的)直觉检验假设”的方法是一种好的方法。

前提1说获得一个合理的信念系统——而非获得真理——是哲学的认知目标。一个合理的信念系统,有可能为真,也有可能为假。Lycan认为,我们无法知道我们相信的哲学理论是否为真,因为其他哲学家——那些至少跟我们差不多聪明、差不多博学的哲学家——相信相反的理论。如果我们无法知道我们相信的哲学理论是否为真,那么获得真理不适合成为哲学的认知目标。

前提2和3涉及“反思平衡”这个概念。当我们开始思考一个哲学问题时,我们会有一些假设性理论和直觉性判断。粗略地说,直觉性判断是我们通过理智直观(不经过推理也不经过观察)而相信的命题。[①] 假设性理论是我们经过某些简单的推理而达成的一般性结论。比如,在开始思考“我知道什么?”这个问题时,我的直觉性判断包括:我知道(在欧氏空间中)三角形内角和等于180度;我知道我有两只手;我不知道 $99^{88}=?$ 的答案;在投稿时我不知道我的论文是否会被退稿;等等。我的初步的假设性理论包括:S知道p,当且仅当:S能够证明p;如果S拥有的证据不支持p,那么S不知道p;等等。我的初步直觉性判断和假设性理论之间是零散的,甚至可能有矛盾。要把它们整合成一个融贯的系统,我必须修改其中的一些直觉性判断和假设性理论。有时候,我是根据直觉性判断修改某个假设性理论;有时候,我是根据假设性理论否定某些直觉性判断。如果通过一

① Williamson在其《哲学方法》(2020)一书中认为,“直觉性判断”最好被理解为“主体没有意识到任何推理过程的判断”,而非“没有任何推理过程的判断”。

段时间的反思,我在某个时刻整合成功,获得了一个融贯的信念系统,那么我达到了反思平衡的状态(参考 Goodman 1953; Rawls 1974)。当然,这个反思平衡在将来可能会被打破。随着阅读、思考和研究的深入,我又引入一些新的假设性理论,以及关于一些新情况的直觉性判断。这些又可能与之前的直觉性判断和假设性理论相冲突。要把所有这些整合成一个融贯的系统,我又需要对其中的一些元素做出调整。如果在未来某个时刻,我又整合成功,获得了一个新的融贯信念系统,那么我达到了新的反思平衡。

对于不同的人而言,即使从相同的直觉性判断和假设性理论出发,也会达到不同的反思平衡。因为要把这些东西整合成一个融贯的信念系统,需要修改一些直觉性判断和假设性理论。至于要修改哪一些,不同的人会有不同的判断。假设 p1 和 p2 相矛盾,为消解矛盾,甲可能会修改 p1,而乙可能会修改 p2,因此,有些人达到的反思平衡可能保留了大量的常识,而另一些人达到的反思平衡可能否定了大量的常识,正如 Lycan (2019: 35)所说:"我们可能会陷入一种包含彻底怀疑主义的平衡状态。"

David Lewis(1983: x)似乎认为任何反思平衡都是合理的。他写道:

> 我们的"直觉"只是个人意见:我们的哲学理论也是如此。有些是常识性的,有些是复杂精致的;有些是关于具体情况的;有些是一般性的;有些是比较坚定的,有些是不那么坚定的。但它们都是个人意见,而哲学家的一个合理目标是使我们的直觉和理论达到平衡。我们的共同任务是找出那种经得起检验的平衡……一旦经过深思熟虑的各种理论摆在我们面前,哲学就是一个意见问题。

Lewis 没有明确说什么样的平衡是"经得起检验的"(can withstand examination)。假设一个逻辑能力强的唯我主义者经过漫长的反思,在直觉性判断和假设性理论之间达到了一个非常稳定的平衡,形成了一个坚固而融贯的信念系统。Lewis 似乎会认为这种平衡是经得起检验的。这位唯我主义者已实现了哲学的目标,至于他的理论是对是错,只是“一个意见问题”。

为这种相对主义的一个辩护是:融贯的信念系统就是合理的(justified)信念系统。虽然两个哲学家最后达成的平衡状态非常不同——他们相信的理论是互相矛盾的,但他们各自的信念系统都是融贯的,因此也都是合理的、受到辩护的。而哲学的目标是获得一个合理的信念系统。因此,他们都实现了哲学的目标。①

Lycan(以及一些其他哲学家,比如 Thomas Kelly & Sarah McGrath 2010)则不同意这种看法。他认为不是任何融贯的信念系统都是合理的(justified),因此,不是所有的反思平衡都是认知上值得追求的目标。Lycan 主张,唯一在认知上值得追求的是一种特殊的反思平衡:在这种反思平衡中,S 相信一个理论,而这个理论能尊重和解释普遍而坚定的直觉性判断。②

一个理论能尊重和解释直觉性判断 p,当且仅当:这个理论不但不否定 p,而且能解释为什么 p 为真。假设 S 是一个缸中之脑,相信自己“看到”的人真实存在。我们的直觉性判断是:S 不知道自己“看到”的人是否真实存在。“知道 p=相信 p”这一理论显然不能尊重和解释这一直觉性判断,因为根据这一理论,S 就知道自己“看到”的人

---

① 值得一提的是,Lewis(1973:88)本人并不主张哲学的目标是获得合理的信念,他写道:“我们在研究哲学之前,已经具备了一系列的观点。哲学的任务并非在很大程度上驳斥(undermine)或合理化(justify)这些既有观点,而仅仅是尝试找到将它们变成为一套融贯体系的方法。”

② Lycan 还认为一个好的哲学理论应该尽可能尊重摩尔所谓的常识以及我们目前所拥有的最好的科学理论。但他认为这个条件几乎是寂静或中立的,大多数有趣的哲学理论都满足这个条件。

真实存在。而“知道 p=相信 p,并且 p 为真”这一理论可以尊重和解释我们的直觉性判断:根据这一理论,S 不知道自己“看到”的人存在,因为他“看到”的人不存在;他也不知道自己“看到”的人不存在,因为他不相信自己“看到”的人不存在。但“知道 p=相信 p,并且 p 为真”这一理论不能尊重和解释我们关于 Gettier 例子的直觉性判断。

Lycan 认为,我们的哲学理论不需要尊重所有直觉性判断,只需要尊重普遍而坚定的直觉性判断。普遍的直觉性判断不是哲学家个人的直觉性判断,也不是大多数哲学家都会同意的直觉性判断,而是不同时代、不同文化、不同阶层、不同职业的大多数人都会同意的直觉性判断。坚定的直觉性判断是那种我们不会轻易放弃的直觉性判断。[①] 通常普遍的直觉性判断也是坚定的,但也可能有普遍但不坚定的直觉性判断,比如对于同一个场景,换一种描述方式(描述的内容不变),我们可能会有不同的直觉性判断,这背后可能有我们人类共有的偏见在起作用。

根据 Lycan 的观点,“用直觉去检验假设”的方法并无问题,只是需要把直觉的范围限定一下:只有普遍而坚定的直觉性判断才可以用来检验关于知识定义的假设性理论。[②] 换言之,普遍而坚定的直

---

① Lycan 讲的普遍而坚定的直觉,与罗尔斯所谓的“细思的判断”(considered judgment)不同。罗尔斯认为,p 对 S 而言是细思的判断,当且仅当:(1) S 聚精会神而非漫不经心做出判断 p;(2) S 对其判断 p 比较放心(而非有所怀疑);(3) 比较稳定,S 不会轻易随着时间改变而改变对 p 的判断;(4) 跟 S 自己没有利益关系(比如这个判断是否为真,不会影响到 S 自己获取金钱或社会地位)。罗尔斯认为,“细思的判断”并非一定合理的(justified),但是相比较非细思的判断而言,具有更高一点的可信度。我们的目标是追求细思的判断之间的反思平衡,而非追求所有判断之间的反思平衡。换言之,我们在追求反思平衡时,不考虑非细思的判断,只考虑细思的判断。可见,罗尔斯所谓的“细思的判断”是相对于个人而言的,不一定是普遍而坚定的直觉。对于某些人,普遍而坚定的直觉也不一定是细思的判断。参考 Catherine Elgin(1996)的讨论。

② 要知道不同背景的人是否普遍拥有某个直觉,需要做社会调查。因此,实验哲学对于实现哲学的目标是有帮助的。

觉性判断是哲学中的证据。(更精确一点,我们需要区分直觉与直觉性判断。直觉性判断是基于直觉的判断:如果你直觉到 a+b=b+a,这一直觉是支持"a+b=b+a"的证据。好比如果你观察到前面有一个人,这一观察是支持"前面有一个人"的证据。因此,归根结底,普遍而坚定的直觉是哲学中的证据。)受到证据支持的假设比受到证据反对的假设更好。如果一个假设性理论能尊重和解释一个普遍而坚定的直觉性判断,就受到一个证据的支持。如果一个假设性理论能尊重和解释许多普遍而坚定的直觉性判断,就是受到许多个证据的支持。(这一观点是对亚里士多德 endoxic method 的继承和发展。亚里士多德认为,我们做哲学研究,应该以 endoxa——所有或大多数人都接受的东西,或者所有智者共同接受的东西——作为出发点。一个好的哲学理论应该尽可能尊重和解释这些出发点,把它们贯穿起来。)

有人可能会说:哲学家提出的假设性理论,虽然能尊重和解释许多普遍而坚定的直觉性判断,但总不能尊重或解释某些普遍而坚定的直觉性判断——总有反例存在。比如传统的知识定义没有尊重我们关于 Gettier 例子的直觉性判断,Goldman 的过程可靠主义没有尊重我们关于植入型温度计的直觉性判断。我们甚至原则上无法给出一个尊重和解释所有普遍而坚定之直觉性判断的理论,因为普遍而坚定的直觉性判断之间可能存在矛盾。悖论的存在揭示了这种可能:悖论是一组单个看来都很符合直觉但不能都为真的命题。因此,如 Williamson 所说,寻找一个能尊重和解释所有普遍而坚定之直觉性判断的知识定义是徒劳的。我们应该从 Gettier 以来各种知识定义的失败中吸取这一教训。

但 Lycan 可以这样回应:如果一个知识定义不能尊重和解释所

有普遍而坚定的直觉性判断,并非严重的缺陷:我们可以用一个尊重和解释**大多数**普遍而坚定之直觉性判断的理论去否定掉——平衡掉——少数普遍而坚定之直觉性判断,达到一个融贯的信念系统,实现反思的平衡。假设 D 是所有普遍而坚定的直觉性判断的集合。如果 T1 和 T2 都尊重和解释了 D 中的某些元素,但存在许多元素,T1 能够尊重和解释,但 T2 不能尊重或解释,那么 T1 比 T2 更好地尊重和解释了 D。如果 T1 比 T2 同等地尊重和解释了 D,但 T1 比 T2 更简单,那么 T1 比 T2 更好地尊重和解释了 D。Lycan 会说,**最好的反思平衡**是 S 相信的那个理论能**最好地**尊重和解释普遍而坚定的直觉性判断。当 S 处于最好的反思平衡中,他的信念系统是最合理的。

显然,Lycan 式反思平衡与传统的反思平衡不同。前面提到,传统上反思平衡被理解为一种关于合理性(justification)的融贯主义(参见 Daniels 2020),但 Lycan 的观点却很像基础主义,因为他把普遍而坚定的直觉性判断赋予一个特殊的地位:我们的理论必须尽可能尊重和解释这些东西。Lycan 不否定普遍而坚定的直觉性判断可能有错,但他认为我们用来怀疑(或否定)普遍而坚定的直觉性判断的哲学理论更有可能有错。[①] 当然,如果我们拥有的最好理论虽然

---

① 在这个意义上,Lycan 是个摩尔主义者。英国哲学家摩尔(G. E. Moore,与梁启超是同龄人)认为我们通常情况下没有好的理由怀疑我们的直觉性判断。我们在"JTB 定义的重要性"那一章提到,笛卡尔认为"不可怀疑"的标准有二:要么(A) 如果 S 怀疑 p,那么 p 一定为真,要么(B) S 知道上帝存在,并且 p 在 S 看来是清楚明白的。根据这一标准,在不知道上帝存在的情况下,"我有一个身体""他人存在""我知道 1+1=2"等都是可以怀疑的,因为当我怀疑这些命题的时候,它们都可能为假——我可能被一个恶魔愚弄,他使得这些在我看来清楚明白的命题都为假。据 Lycan 的解读,摩尔则认为,用更确定的命题(更清楚明白的观念)去怀疑不太确定的命题(不太清楚明白的观念)是合理的,但用不太确定的命题(不太清楚明白的观念)去怀疑更确定的命题(更清楚明白的观念)是不合理的。与哲学理论相比,普遍而坚定的直觉性判断更加确定。用前者否定后者,通常情况下是不合理的。对于摩尔知识论的讨论,英文见 Willenken (2011),中文见王华平 (2009)和徐竹(2022)。

与大多数普遍而坚定的直觉性判断相融贯,但它与某个普遍而坚定的直觉性判断 p 相冲突,那么相信 p 就不再合理(unjustified),我们应该否定这个直觉性判断。但 Lycan 会认为,如果一个哲学理论否定大多数普遍而坚定的直觉性判断,那么相信这个理论是不合理的。

Lycan 观点的一个优点是它可以解释哲学的一些典型特征。Hannon & Nguyen(2022)主张理解——而非获得哲学问题的正确答案——是哲学的主要认知目标,因为这一观点能够很好地解释哲学的七个特征:(1) 这 2000 年来,哲学有重要的进步。(2) 哲学具有专业性:有些人是专家,有些人是外行;(3) 哪一个哲学观点正确,我们不应该听从权威(即不应该相信哲学专家的观点),而要独立思考;(4) 在哲学系招聘时,我们不把"候选人的观点正确"作为聘用的标准之一,而愿意聘用与自己观点相反的人;(5) 哲学老师在批改学生作业时,可能会给观点针锋相对的两个学生最高分;(6) 体系性通常被认为是一个优点;(7) 隶属不同哲学流派、在哲学立场上有根本分歧的人可以通过重构对方的论证、揭示对方理论的预设和后果进行有价值的对话。Hannon & Nguyen 认为,"获得哲学问题的正确答案是哲学的主要认知目标"很难解释上面这七个哲学的特征。然而,Hannon & Nguyen 为"理解是哲学的主要目标"这一观点辩护是不充分的,因为 Lycan 的观点——(基于普遍而坚定之直觉的)反思平衡是哲学的主要认知目标——似乎也能解释上面这七个哲学的特征。

第二节　Lycan 理论的三个困难

上一节对 Lycan 的理论做了阐释和辩护,本节将论证这一理论至少面临着三个困难。首先,Lycan 说:他所谓的那种特殊的反思平衡是一个合理的(justified)信念系统。考虑如下反驳:

i. 存在一种情况:甲相信理论 T1,而乙相信理论 T2。T1 和 T2 都同等好地尊重和解释了普遍而坚定的直觉性判断;甲和乙也都达到了 Lycan 说的那种反思平衡;但 T1 和 T2 是矛盾的,并且甲和乙意识到他们作为认知对等者(epistemic peers)持有互相矛盾的观点,但依旧相信 T1 和 T2。①

ii. "各让一步"(conciliationism):如果一个人相信 p,当他发现他的认知对等者——跟他差不多聪明和博学的人——相信¬p 时,他应该悬置判断,继续相信 p 是不合理的(unjustified)。②

iii. 因此,甲和乙的信念系统都不是合理的。

iv. 但如果 Lycan 所谓的那种特殊的反思平衡是一个合理的信念系统,那么甲和乙都有一个合理的信念系统。

v. 因此,Lycan 所谓的那种特殊的反思平衡不是一个合理的信念系统。

Lycan 否定前提(ii)——"各让一步"。他认为如果你相信 p,但你发现你的认知对等者相信¬p,那么你不知道 p,但对你而言,继续相信 p 仍是合理的(cf. Lycan 2019: 88-89)。

然而,许多哲学家(Christensen 2009; Feldman 2006; Frances 2018; Fumerton 2010; Goldberg 2013)捍卫"各让一步"说。Lycan 否定"各让一步",但承认他尚未给出为什么"各让一步"是错误的论证(Lycan 2019: 89)。这是 Lycan 理论的第一个困难。我不否定 Lycan 有能力处理这个困难,给出一个反驳"各让一步"的有趣论证。但要

① 参考 David Lewis (1983: x-xi)。

② 如果用 credence reduction 表述让步主义,不影响这个论证的核心意思。

给出一个有力的论证,并不是一件容易的事。[1]

此外,即使"各让一步"是错误的,Lycan 理论还面临一个更严重的困难。假设 T1 和 T2 是两个互相竞争的理论,甲相信理论 T1,而乙相信理论 T2。假设 T1 和 T2 都为假,但它们同等好地尊重和解释了普遍而坚定的直觉性判断。甲和乙也都达到了 Lycan 说的那种反思平衡。但当甲和乙意识到他们作为认知对等者(epistemic peers)持有互相冲突的观点,甲依旧相信 T1,继续拥有 Lycan 式的反思平衡,而乙却对 T2 悬置判断,丧失了 Lycan 式的反思平衡。根据 Lycan 的理论,甲实现了哲学的认知目标,而乙却没有实现,因此甲在认知上做得比乙更好。但我们的直觉性判断是:乙在认知上做得并不比甲差。注意:如果"各让一步"是错误的,那么面对认知对等者分歧,无论保留原来的信念还是悬置判断,都是合理的(justified)。这是 Lycan 理论的第二个困难。

Lycan 理论的第三个困难与第二个困难相关。Lycan 论证诉诸的一个前提是:哲学的认知目标是获得一个合理的信念系统。如果一个人没有获得这样一个信念系统,那么他没有实现哲学的认知目标(Thomas Kelly & Sarah McGrath 2010 亦持有这一观点)。而要获得一个合理的信念系统(即 Lycan 式反思平衡),必须相信某个哲学理论。

然而,即使我们不相信任何哲学理论,我们似乎也可以在哲学上

---

[1] 参考 Frances and Matheson(2024)为 SEP 撰写的 disagreement 词条中关于 peer disagreement 的综述。关于"各让一步"是否正确,也存在认知对等者分歧。因此,根据"各让一步",在意识到认知对等者分歧后,我们对于"各让一步"是否正确,也应该悬置判断。简言之,根据"各让一步",我们不应该相信"各让一步"。注意:这并不意味着"各让一步"是自相矛盾的,因为"p"和"我们不应该相信 p"可以都为真。"我们不应该相信 p"与"¬p"是两个不同的命题,前者不蕴涵着后者。只有"p 并且¬p"才是自相矛盾的。

获得某种理解,而这种理解是本身值得追求的认知状态,是我们的认知目标之一。假设有一个人不相信量子力学,但他对于量子力学有精深的理解:他能看出量子力学内部各元素之间的关系,能看出量子力学的重要理论蕴含,能熟练地运用量子力学去解决具体问题。我们的直觉性判断是:这个人的认知状态具有内在认知价值,本身是值得追求的,即使他的认知状态不是最理想的。在哲学中,我们可以想象一个类似的人,他不相信任何哲学理论,但他对某个重要的哲学理论有精深的理解:他能看出这个理论内部各元素之间的关系,能看出这个理论的重要逻辑后果,能运用这个理论去处理一些相关的实践问题。直觉上,这个人的认知状态也具有内在认知价值,本身是值得追求的,即使他的认知状态不是最理想的。①

在下一节,我将从一个新的角度捍卫"用直觉检验假设"的方法。我的论证能避免或很好地处理 Lycan 理论碰到的困难。

第三节 理解作为哲学的目标

我认为"用直觉检验假设"的方法是做哲学的正确方法之一,不是因为它有助于我们获得反思平衡,而是因为它有助于我们获得理解。但 Hannon & Nguyen (2022) 不同,我不认为理解是哲学的主要认知目标。我的观点仅仅是:理解是哲学的认知目标之一。我的论证大纲如下:

---

① 当然,Lycan 认为,当哲学家说自己相信某个哲学理论时,这种"相信"通常不是我们日常意义上所说的"相信"。比如,罗尔斯相信自己的正义论,与普通人相信喝牛奶有益健康不同,与宗教人士相信神存在更不同。此外,对 Lycan 的观点也可以做另一种解读:他只是认为合理的信念系统(Lycan 式反思平衡)是哲学的认知目标之一,不是唯一目标。如果这是 Lycan 的观点,我下面说的可以看作是对 Lycan 观点的一个补充——补上他未曾说出的东西,而非反驳他已经说出的东西。

1. “用(普遍而坚定的)直觉检验假设”的方法有助于我们获得一个尊重和解释了大多数普遍而坚定之直觉性判断的理论。

2. 如果一个关于 x 的理论尊重和解释了关于 x 的大多数普遍而坚定的直觉性判断,那么这个理论让我们对这些直觉性判断有了更好的理解。

3. 理解关于 x 的大多数普遍而坚定的直觉性判断是哲学的认知目标之一。

4. 因此,“用(普遍而坚定的)直觉检验假设”的方法有助于实现哲学的一个认知目标。

下面我将依次解释每个前提。前提 1 前面已经说过。“用(普遍而坚定的)直觉检验假设”这个方法的核心是:当我们的理论与普遍而坚定的直觉性判断相冲突时,我们应该怀疑那个理论,试图提出能更好地尊重和解释普遍而坚定之直觉性判断的理论。尊重和解释了大多数普遍而坚定之直觉性判断的理论比只尊重少许普遍而坚定之直觉性判断的理论更好。

我们可以通过一个类比来阐明前提 2:如果一个科学理论尊重和解释了大多数我们共同观察到的自然现象,那么这个理论让我们对这些自然现象有了更好的理解。比如我们都观察到潮涨潮落,观察到月盈月亏,观察到四季变化,观察到鸟儿会飞,观察到石头会落下,等等。这些现象看似没有关联,但牛顿理论能同时尊重和解释这些不同的自然现象,让我们看出这些现象可以统一在几条简单的法则之下,帮助我们更好地理解这些现象。同样,关于知识,大家都有一些简单的直觉性判断,比如,如果我是生活在正常世界中的正常人,那么我可以通过观察知道他人存在,即使从第一人视角,我无法彻底排除“我受到恶魔操控,看到的一切都是幻象”这一可能;一年级小学生能够知道 1+1=2,即使他不会证明 1+1=2;缸中之脑缺乏关于外部世界的知识;Gettier 情况中的主体缺乏知识;彩票例子中的主体缺乏知识;等等。这些直觉性判断看似没有关联,但如果有一个知识定义能够同时尊重和解释这些不同的直觉性判断,让我们看出这些直觉性判断可以统一在这个知识定义之下,那么这个理论就能帮助我们更好地理解这些直觉性判断。

以上分析诉诸了一个关于理解的观点:如果 S 看出了 X1,X2,X3,……,Xn 如何可以统一在理论 T(由几条简单的原则构成)之下,那么 S(在某种程度上)就理解了 X1,X2,X3……Xn。这一观点给出了理解的一个充分条件(不是必要条件),可以追溯到 Carl Hempel(参考 Xingming Hu 2021 对 Hempel 关于理解与解释的讨论),也与最近研究理解之哲学家的共识相契合。最近研究理解之哲学家(如 Kvanvig 2003;Riggs 2003; Grimm 2006)的共识是:理解的核心是看出——把握——不同的东西是如何连接在一起的(seeing the way things fit together)。如果 S 看出了 X1,X2,X3……Xn 如何可以统一在理论 T(由几条简单的原则构成)之下,那么 S 就能看出——把握——不同的东西是如何连接在一起的。

一个可能的反驳:大多数普遍而坚定的直觉性判断可能为假。一个尊重和"解释"了这些直觉性判断的理论也可能为假。一个假理论不能真正地解释任何东西,也无法帮助我们真正理解任何东西。

回应:(1) 正如 Van Fraassen 所说,我们可以承认一种理论的解释力,而不必认为它为真。即使理论是错误的,它们仍然可以很好地解释现象。Van Fraassen(1980: 98)给的例子是:虽然我们现在认为牛顿、惠更斯、玻尔和洛伦兹等科学家的理论是错误的,但我们依旧认为牛顿的引力理论解释了行星和潮汐的运动,惠更斯的理论解释了光的衍射,卢瑟福的原子理论解释了 α 粒子的散射,玻尔的理论解释了氢光谱,洛伦兹的理论解释了时钟的减速。(2) 许多科学哲学家

(如 e. g. , Elgin 2007; de Regt 2017; Rice 2021)注意到,我们可以通过一个非常错误的科学理论或偏离事实很远的理想化模型获得对自然现象的理解。(3) 这种理解似乎是一种工具性理解,不同于理解为什么某个(或某一组)命题为真。广而言之,工具性理解是理解某个工具X(比如锤子)如何通过处理对象O(比如木板和钉子)实现目标G(比如把木板按照某种方式固定起来)。粗略言之:S理解了X如何通过处理对象O实现目标G,当且仅当:S把握了X, O和G之间的依赖关系。这意味着S能够独立地正确回答一系列反事实问题,诸如:如果X的某个部分发生了某种改变,O不变,会如何影响G的实现?如果X不变,O发生了某些改变,会如何影响G的实现?如果我们把目标G调整为G*,X和O不变,那么X还能有效地通过处理O实现G*吗?大略言之,如果S能够回答越多相关的反事实问题,那么S的工具性理解越全面深刻。如果真正的理解是把握事物之间的整合性关联,那么工具性理解是真正的理解。科学中的工具性理解是看出一个理论如何可以拯救和统一看上去纷繁杂乱的现象。一个远离真理的理论——比如托勒密体系——也可以在很大程度上拯救和统一看上去纷繁杂乱的天文现象。(4) 我们在哲学中也可以获得类似的工具性理解。哲学中的工具性理解是理解某个哲学理论如何通过处理我们对各种案例的直觉性判断而实现拯救和统一直觉的目标。我们的直觉性判断是关于精神现象(intellectual seemings)的陈述,我们的观察性判断是关于物理现象的陈述(observation statements)。如果一个科学理论能够与大量的观察性判断相融贯(即能够拯救和统一物理现象)是个优点,那么一个哲学理论能够与大量的直觉性判断相融贯(即能够拯救和统一精神现象)也是个优点。①

最后,我的论证的前提3说:理解大多数普遍而坚定的直觉性判断是哲学的认知目标之一。塞拉斯(Wilfrid Sellars 1962: 35)说:"哲学的目标,抽象的表述,就是要理解事物是如何在最广泛的意义上连接在一起的。"但不是所有的事物都值得理解。有些事物比另一些事物更值得理解。因此,理解一些事物比理解另一些事物具有更大的内在认知价值。假设D1是关于知识的普遍而坚定之直觉性判断的集合,而D2是一个由大家一致不认可的、在历史上没有重要影响的、错误的命题和理论构成的集合。显然,D1远比D2更值得理解。理解D1具有很大的内在认知价值。理解D1——看出大多数普遍而坚定的直觉可以以何种方式连接在一起——可以视为"哲学的目标"的一部分。

第四节　认知对等者的分歧与悬置判断

上一节从理解角度论证了"用直觉检验假设"的方法是做哲学的正确方法之一,因为它有助于我们获得理解。在这一节,我想进一步说明我的观点如何避免Lycan观点面临的困难。

Lycan观点面临的第一个困难是:反驳(面对对等者分歧时)"各让一步"并不容易。我的观点则避免了这一困难。假设甲相信理论T1,而乙相信理论T2。T1和T2都同等好地尊重和解释了普遍而坚定的直觉性判断;甲和乙也都达到了Lycan说的那种反思平衡;但T1和T2是矛盾的,并且甲和乙意识到他们作为认知对等者(epistemic

① 我在一篇未发表的论文中详细论证了这一点。我觉得工具性理解不等同于实践知识(know-how)。但有些哲学家认为解释性理解(understanding-why)也是一种实践知识(know-how)。

peers)持有互相矛盾的观点,但依旧相信 T1 和 T2。那么甲和乙对那些普遍而坚定的直觉性判断都有一定的理解,虽然他们的理解不同。

Lycan 观点面临的第二个和第三个困难是:它很难解释为什么有时候没有达到认知平衡的认知状态(对某个错误的哲学理论悬置判断)并不比达到认知平衡的认知状态(以理性的方式相信那个错误的理论)差。我的观点可以给出一个解释:因为前者和后者都获得了程度相似的理解。(一个类比:一个相信康德哲学理论的人与一个不相信康德哲学理论的人可能会对康德哲学有程度相似的理解。)

到目前为止,我一直说:哲学的认知目标之一是获得对大多数普遍而坚定之直觉性判断的(更好)理解。这个观点可以视为一个更大观点的一部分。更大的观点是:哲学的认知目标之一是获得对值得理解之物的(更好理解)。大多数普遍而坚定之直觉性判断构成的集合只是值得理解的东西之一,还有许多其他值得理解的东西。哲学可以帮助我们(更好地)理解这些东西。[1] 考虑以下两种情况:

> A. 假设你不是怀疑主义者。你有一个关于什么是知识的融贯信念系统:你相信某个知识理论,这个理论(在弱的意义上)尊重和解释了你自己关于知识的大多数直觉性判断,但你的大多数直觉性判断并不是普遍共有的(not widely shared)——其他文化中的大多数人跟你的直觉很不一样。然而,在你那个文化中,你关于知识的大多数直觉性判断是普遍共有的(widely shared)——文化背景跟你一样的人,都跟你有一样的直觉性判断。假设你的文化是重要的。那么你的文化中关于知识的普遍共有的直觉性判断是值得理解的。而你获得了这种理解:你看出你的大多数直觉性判断如何可以通过一个理论连接起来。因

① 的确,自然科学、社会学、历史学、心理学都能帮助我们理解许多东西,但哲学可能会给我们提供更多的或独特的理解。

此,根据我的观点,你也实现了哲学的认知目标之一。

B. 假设你是一个康德研究者。你发现康德虽然没有明确说他持有某一观点,但如果康德持有这一观点,他的许多看似矛盾的说法就不再矛盾,许多看似不相关的观点就能通过这一观点连接成一个融贯的体系。那么你对康德哲学有了更好的理解。显然,康德哲学是重要的、值得理解的东西。因此,根据我的观点,你也实现了哲学的目标之一,即使你不是康德的粉丝,不相信康德的理论。①

Lycan 则会认为在 A 情况中,你是一个失败了的哲学家,因为你没有获得 Lycan 式反思平衡;在 B 情况中,你也没有获得 Lycan 式反思平衡——你只是一个做哲学史的史学家,算不上哲学家。但根据我的观点,你是一个(在自己研究领域)成功的哲学家。理解康德哲学与理解由大多数普遍而坚定的直觉性判断构成的集合并没有本质的不同。②

---

① 有人认为,哲学的认知目标是获得对哲学问题(比如什么是知识、什么是自由、什么是正义)的正确答案(真理),而非理解一个重要的命题系统(比如康德的哲学体系)。理解一个重要的命题系统至多只具有工具认知价值:理解(比如说)康德的哲学体系是有价值的,仅当:这种理解有助于我们解决某个哲学问题——获得对某个哲学问题的正确答案。理解一个重要的命题系统本身并无认知价值,不适合作为哲学的认知目标。由大多数普遍而坚定的直觉性判断构成的集合也可以看成一个命题系统。理解这样的集合本身并无认知价值,不适合作为哲学的认知目标。我觉得这一看法是错误的。

② 当然,当获得了 Lycan 式反思平衡时,你一定获得了对于大多数普遍而坚定之直觉性判断的理解。但 Lycan 式反思平衡是否能让你获得其他认知上有价值的东西(epistemic goods),则视情况而定。或许在某些情况下,获得 Lycan 式反思平衡的人,不仅获得了对大多数普遍而坚定之直觉性判断的理解(objectual understanding),而且理解了为什么大多数普遍而坚定之直觉性判断为真(understanding-why)。假设 Goldman 的过程可靠主义为真,我们关于知识的绝大多数普遍而坚定的直觉也为真,那么,Goldman 不仅看出我们关于知识的大多数普遍而坚定的直觉是如何联系(融贯)在一起的,而且看出为什么这些普遍而坚定的直觉为真。一个不相信过程可靠主义的人似乎无法理解为什么大多数普遍而坚定的直觉为真。

第五节　理解与洞见

在结束之前,我想简单讨论一个关于哲学目标的流行观点:哲学的目标是获得洞见。一般我们所说的洞见,有三个特征:(a) 它是一种能给我们带来理智高潮(Intellectual Orgasm)的东西,小洞见带来小的理智高潮;大洞见带来大的理智高潮。(b) 它给我们打开了一种新的思路:让我们看到了一种新的有趣的可能,或者看到了更大的图景,或者看到了某个有趣的预设,或者看到了某个有趣的逻辑结果,等等;(c) 它可能为真,但不一定为真:当我们说休谟或罗素或 Goldman 的知识论充满洞见时,我们的意思可能不是它们是真理。

我认为对这三个特征的最佳解释是:洞见是能帮助我们获得理解的观点/理论。具体言之,观点/理论 x 对 S 是一个洞见,当且仅当:x 让 S 获得了理解——看出了之前未看出的两个或多个事物之间的重要关联,并且 S 很关心这些事物之间的关系。为方便起见,可将此观点简称为"洞见的理解论"(an understanding account of insight)。我们可以通过两个例子来理解洞见的理解论。例一:巴迪欧说:"爱情是最小的共产主义单位。"如果你关心爱情,又关心共产主义,但之前没有把爱情和共产主义联系起来(之前对你而言,爱情是爱情,共产主义是共产主义),而巴迪欧的这句话让你看到了爱情和共产主义的一个重要关联——理想爱情的双方会无私地、快乐地分享一切资源,跟理想共产主义社会中的成员一样,那么巴迪欧的这句话对你而言便是一个洞见。[1] 例二:假设你关心 Gettier 问题,又关心

---

① 如果模仿巴迪欧,或许我们可以说:婚姻是最小的资本主义单位。婚姻中的一方总是觉得被另一方压迫和剥削。

彩票问题,但之前没有把 Gettier 问题和彩票问题联系起来(你认为这是两个独立的问题),而 Goldman 的过程可靠主义让你看到了 Gettier 问题与彩票问题的重要关联——它们都是不满足“能排除所有相关¬ p 选项”这个条件的例子,那么 Goldman 的过程可靠主义对你而言便是一个洞见。①

首先,洞见的理解论可以解释洞见的特征(a)。当我们对自己很关心的事物获得新的理解时,我们常常会有理智的高潮(中文里用“豁然开朗”、英文里用“Aha!(eureka) effect”描述这种理智的高潮)。

其次,洞见的理解论可以解释洞见的特征(b)。具体言之,

1. x 让我们看到了一种新的有趣的可能,通常是指 x 让我们获得了新理解——看出了之前未看出的两个或多个事物之间的重要关联。不是所有我们新发现的可能都是有趣的。哲学中有趣的可能似乎有两种:(i) 能反驳某个有趣哲学理论的可能,比如 Gettier 例子;(ii) 对我们感兴趣之事物,提供一种与现有解释不同、但有竞争力的新解释(an alternative explanation)。无论是(i)和(ii),都涉及看出之前未看出的两个或多个事物之间的重要关联。

2. x 让我们看到了更大的图景,通常也是指 x 让我们获得了新理解——看出了之前未看出的两个或多个事物之间的重要

① 感谢蒋运鹏的反馈。蒋运鹏认为,如果 x 能帮助我们消除一个很大的误解——我们原来以为某两个东西之间存在某种重要的关系,但 x 能让我们意识到并没有这种重要的关系,那么 x 对我们也是一种洞见。我的回应是:似乎只有给我们带来理解的东西才能帮助我们消除误解。假设你误以为一个论证是有效的,只有当你看出如何修改那个论证使得其有效时,你才能看出那个论证是无效的,才能消除你的误解。

关联。并非所有更大的图景都是有趣的。当我们因为看到更大的图景而感到理智的高潮时,我们看的是更统一更融贯的图景:之前许多东西在我们看来都是分散独立的,现在 x 让我们看到了这些东西和其他东西可以以某种有趣的方式统一起来。

3. x 让我们看到了某个有趣的预设,通常也是指 x 让我们获得了新理解——看出了之前未看出的两个或多个事物之间的重要关联。我们平常说的“预设”似乎可以分为三种:(i) 某个问题 Q 预设了 p=如果 p 为假,那么 Q 不是一个有意义的问题;(ii) 某个理论 T 预设了 p=如果 p 为假,那么 T 不可能为真;(iii) 某个论证 A 预设了 p=如果 p 不是 A 的一部分前提,那么 A 不可能是有效的——从 A 的那些不包括 p 的前提推不出 A 的结论。显然,无论是(i)(ii)还是(iii),看到了某个有趣的预设都涉及看出之前未看出的两个或多个事物之间的重要关联。

4. x 让我们看到了某个有趣的逻辑结果,通常也是指 x 让我们获得了新理解——看出了之前未看出的两个或多个事物之间的重要关联。罗素(Russell 2018: 20)在 *The Philosophy of Logical Atomism* 一书中谈到他理想中做哲学的方法:“哲学的要点是以简单明显到不值一提的前提开始,以荒诞悖谬到无人相信的结论结束。”假设我们单独考虑 P1, P2……Pn 和 C 每个命题,觉得它们每个都简单明了,显然为真,否定任何一个都荒诞悖谬。罗素式的理想论证是:P1, P2……Pn,∴ ¬ C。这种哲学论证能给我们带来洞见,因为我们关心(深信)P1, P2……Pn 和 C,而罗素式的理想论证让我们看出了之前没看出的这些命题之间的一个重要关联:P1, P2……Pn 之合取的一个有趣的逻辑结果是¬ C。

最后,洞见的理解论可以解释洞见的特征(c)。前面说过,一个假的理论也可以帮助我们看出不同事物之间的关联,获得理解。因此,一个假的理论也可以是洞见。(注意:洞见不是理解本身,而是让我们获得理解的东西。)

洞见的理解论也说明了在什么情况下一个观点/理论对我们不构成洞见:如果 x 没让我们看出之前没看出的不同事物之间的重要关联,那么 x 对我们不构成洞见;如果 x 让我们看出某些事物之间的重要关联,但我们不关心这些事物,那么 x 对我们不构成洞见。如果我们觉得一篇哲学论文缺乏洞见,可能是因为它没让我们看出之前没看出的不同观念之间的重要关联,也可能是因为我们不关心这篇论文讨论的东西。

另外,根据洞见的理解论,我们主观上觉得某个观点/理论是一个伟大的洞见,不一定意味着这个观点/理论对我们构成真正的洞见。如果 x 让我们误以为两个事物之间有某种重要的关联,其实它们之间没有这个关联,那么 x 就没有让我们**看出**那两个事物之间有某种重要的关联(因为“看出”是一个表示认知成功的词语)。在这种情况下,我们主观上会觉得 x 是洞见,让我们获得了理解,但其实 x 对我们并不构成洞见,没有让我们获得理解。①

小　　结

综上所述,“用直觉检验假设”的方法是做哲学的正确方法之一,不是因为它能帮助我们获得一个合理的(justified)哲学信念系统,也不是因为它能帮助我们获得反思平衡,而是因为它能帮助我们获得

① 这一节蒋运鹏和周理乾给我了很多启发。

理解。Jaakko Hintikka（1999：147）在他的著名论文 The Emperor's New Intuitions 的结尾之处写道："鉴于'哲学界喜欢诉诸直觉'这种情况，我很想半开玩笑地建议，但也只是半开玩笑地建议：哲学期刊的编辑们全都暂停发表所有诉诸直觉的论文，除非诉诸直觉的基础被明确说明。"①如果我的分析是正确的，那么 Hintikka 的建议是不适当的。

最后，我想简单地讨论一个可能的反驳。一些哲学家同时持有以下三个观点：(a) 哲学研究是一种理智探究(inquiry)，(b) 理智探究的目标是获得真理，并且(c) 哲学研究的目标是获得反思平衡，而非真理。比如，罗尔斯认为伦理学研究是一种理智探究，他在一篇著名文章(John Rawls 1974)中主张伦理学的目标是获得反思平衡(一个合理的信念系统)而非真理。但他在《正义论》(Rawls 1999:3)中又明确说："正义是社会制度的首要德性，正像真理是思想体系的首要德性一样。一种理论，无论它多么精致和简洁，只要它不为真，就必须加以拒绝或修正。"这三个观点不能都成立(详见 Xingming Hu 2015)。我似乎犯了跟罗尔斯一样的错误：在上一章，我提到认知的目标是获得真理和避免错误(认知责任是求真避假的责任)，但在这一章，我却说哲学的认知目标可以不是获得关于哲学问题的正确答案(真理)，而是获得对重要哲学理论和普遍而坚定之直觉的理解。这两个观点是不是有矛盾？如果理解是认知目标之一，那么认知责任似乎不仅是求真避假的责任，也包括追求理解、避免误解的责任。我的简短回应：当我们看出某个哲学理论如何能拯救和统一我们关于众多不同案例的直觉性判断时，我们获得的是一种工具性理解。的确，这种理解不要求哪个哲学理论为真，也不要求我们的直觉性判

① 徐召清让我注意到 Hintikka 的这句话。

断为真。但这种理解仍是通过真理获得的。当 S 理解了 X 如何通过处理对象 O 实现目标 G,S 把握了 X, O 和 G 之间的依赖关系。而 X, O 和 G 之间的依赖关系是客观的:S 必须对它们之间的依赖关系有正确的认识,能够独立地正确回答相关的反事实问题,才算把握它们之间的依赖关系。在这个意义上,工具性理解是奠基在真理上的。说"哲学的认知目标之一是获得工具性理解",与说"哲学的认知目标是获得真理"并不矛盾。

结　论

责任知识论既吸收了新证据主义(Conee & Feldman)、过程可靠主义者(Goldman)和德性知识论(Sosa-Greco)的洞见,又与它们有所不同。

根据责任知识论,S 知道 p,当且仅当:(i) p 为真,(ii) S 之所以相信真命题 p,而没有相信某个假命题,是因为 S 相信 p 的方式是认知上负责的,并且(iii) 不存在削弱者:S 相信 p 的方式之所以是认知上无可指责/批评的,不是因为缺乏相关信息。简言之,知识是通过认知上(底定)负责的(undefeated responsible)方式获得的理智成功。如果 S 相信 p,但从未有支持 p 的任何证据,那么 S 不是以认知上负责的方式相信 p。因此,与过程可靠主义者和德性知识论者不同,责任知识论赞同传统证据主义和新证据主义的核心洞见:如果S从没有支持p的证据,那么S不知道p。

然而,责任知识论与证据主义也有重要的不同之处。无论传统证据主义者还是新证据主义者,都主张以下两点:(a)如果S在t时刻没有支持p的证据,那么S在t时刻一定不知道p,即使S曾经拥有支持p的充分证据,只是在t时刻忘记了。(b)如果S在t时刻拥有支持p的证据,但这一证据平等地支持p和某些¬p选项,那么S在t时刻不知道p。责任知识论否定这两个点,因为责任知识论认为,S是否以认知上负责的方式相信p,不仅仅依赖于S拥有多少支持p的证据,还依赖于S的认知能力、社会角色以及"p是否为真?"这一问题的道德/实践重要性。这意味着(a*)如果S曾经拥有支持p的充分证据,即使在t时刻完全忘记了,不再有任何支持p的证据,S仍有可能知道p;(b*)如果S在t时刻拥有支持p的证据,即使这一证据平等地支持p和某些¬p选项(不是邻近可能世界的¬p选项),S仍有可能知道p。(过程可靠主义者和德性知识论者也赞同a*和b*,但他们赞同a*和b*的理由与责任知识论不同。)

责任知识论最显著的特征是:它不是一种可靠主义。众所周知,过程可靠主义者(Goldman)和德性知识论(Sosa-Greco)是一种可靠主义。新证据主义者在辩护(justification)问题上不是一种可靠主义,但在知识问题上是一种可靠主义,因为知识意味着没有削弱者(no defeaters),而新证据主义的"无削弱者"条件——正如John Pollock所说——蕴含了"S基于证据E相信p的过程是可靠的"。责任知识论则不是一种可靠主义,因为责任知识论的"无削弱者"条件并不蕴含"S基于证据E相信p的过程是可靠的":如果你基于e相信p,后来又意识到"基于e相信p"这一过程是不可靠的,但你无法找到更可靠的方法,那么再继续基于e相信p,在某些情况下仍可能是认知上负责的。

责任知识论也不属于那种反对可靠主义的德性知识论。一些德性知识论学者反对可靠主义，倾向主张以下观点（虽然没有明确说）：S 知道 p，仅当 S 拥有和展现（一个认知上负责的人所具有）的理智德性。这种德性是一种后天习得的稳定品质，比如专注、细心、开明、谦逊等。这些品质不一定能让其拥有者可靠地获得真理，但拥有这些品质的人会以认知上负责的方式进行探究。展现这些品质，意味着拥有恰当的认知动机（如"爱真理"）。责任知识论可以解释为什么拥有恰当的认知动机、展现这些品质有助于我们获得知识。但根据责任知识论，要知道 p，恰当的认知动机不是必要的（即使你不想获知某件事的真相，也可能知道），也不一定需要拥有这些品质（一个人即使缺乏这些品质，也可能在某个问题上以认知上无可批评/指责的方式相信某个命题）。因此，责任知识论能避免处境主义的挑战。

此外，根据责任知识论，安全性不是知识的必要条件。许多哲学家给出了"某些不安全的真信念是知识"的具体例子。责任知识论可以解释为什么那些例子中不安全的真信念是知识（当然，也可以解释为什么另一些不安全的真信念不是知识）。对于敏感性，责任知识论可以给出类似的分析。

本书的目标不在证明责任知识论是唯一正确的知识论，而在于：通过提出和捍卫一个（与三种主流知识论相比）有竞争力的新理论，帮助读者更好地理解知识的本质和三种主流知识论。

参考文献

Alexander, Larry & Ferzan, Kimberly Kessler (eds.) (2019). *The Palgrave Handbook of Applied Ethics and the Criminal Law*. Springer Verlag.

Alfano, Mark (2013). *Character as Moral Fiction*. New York: Cambridge University Press.

Alston, William P. (2005). *Beyond "Justification": Dimensions of Epistemic Evaluation*. Ithaca: Cornell University Press.

Armstrong, David M. (1973). *Belief, Truth and Knowledge*. London: Cambridge University Press.

Audi, Robert (1995). Memorial Justification. *Philosophical Topics* 23 (1):31-45.

Axtell, Guy (2011). From Internalist Evidentialism to Virtue Responsibilism. In Trent Dougherty (ed.), *Evidentialism and its Discontents*. Oxford, GB: Oxford: Oxford University Press. pp. 71-87.

Baehr, Jason (2009). Is There a Value Problem? In Adrian Haddock, Alan Millar & Duncan Pritchard (eds.), *Epistemic Value*. Oxford University Press. pp. 42-59.

Baehr, Jason (2009). Evidentialism, vice, and virtue. *Philosophy and Phenomenological Research* 78 (3):545-567.

Ball, Brian & Blome-Tillmann, Michael (2013). Indexical Reliabilism and the New Evil Demon. *Erkenntnis* 78 (6):1317-1336.

Ballantyne, Nathan (2019). *Knowing Our Limits*. New York, NY, USA: Oxford University Press.

Beddor, Bob (2015). Process reliabilism's troubles with defeat. *Philosophical Quarterly* 65 (259):145-159.

Beebe, James R. (2009). The Abductivist Reply to Skepticism. *Philosophy and Phenomenological Research* 79 (3):605-636.

Beebee, Helen (2018). The Presidential Address: Philosophical Scepticism and the Aims of Philosophy. *Proceedings of the Aristotelian Society* 118 (1): 1-24.

Berker, Selim (2015). Coherentism via Graphs. *Philosophical Issues* 25 (1):322-352.

Berker, Selim (2015). Reply to Goldman: Cutting Up the One to Save the Five in Epistemology. *Episteme* 12 (2):145-153.

Bishop, Michael A. (2010). Why the generality problem is everybody's problem. *Philosophical Studies* 151 (2):285-298.

BonJour, Laurence (1985). *The structure of empirical knowledge*. Cambridge, Mass.: Harvard University Press.

BonJour, L., & Sosa, E. (2003). *Epistemic Justification: Internalism vs. Externalism, Foundations vs. Virtues*. MA: Blackwell.

BonJour, Laurence (2009). *Epistemology: Classic Problems and Contemporary Responses*. Rowman & Littlefield Publishers.

Borges, Rodrigo; de Almeida, Claudio & Klein, Peter David (eds.) (2017). *Explaining Knowledge: New Essays on the Gettier Problem*. Oxford, United Kingdom: Oxford University Press.

Boult, Cameron (2021). There is a distinctively epistemic kind of blame. *Philosophy and Phenomenological Research* 103 (3):518-534.

Boult, Cameron (2021). Epistemic blame. *Philosophy Compass* 16 (8):e12762.

Brennan, Jason (2010). Scepticism about philosophy. *Ratio* 23 (1):1-16.

Brown, Jessica (2018). What is Epistemic Blame? *Noûs* 54 (2): 389-407.

Brown, Jessica (2020). Epistemically blameworthy belief. *Philosophical Studies* 177 (12):3595-3614.

Brueckner, Anthony (1994). The Structure of the Skeptical Argument. *Philosophy and Phenomenological Research* 54 (4):827-835.

Cappelen, Herman (2012). *Philosophy Without Intuitions*. Oxford, GB: Oxford University Press UK.

Carel, Havi & Gamez, David (2004). *What Philosophy Is*. A&C Black.

Carter, J. Adam (2013). A problem for Pritchard's anti-luck virtue epistemology. *Erkenntnis* 78 (2):253-275.

Carter, J. Adam & McKenna, Robin (2019). Kornblith versus Sosa on grades of knowledge. *Synthese* 196 (12):4989-5007.

Chisholm, Roderick M. (1957). *Perceiving: A Philosophical Study*. Ithaca,: Cornell University Press.

Chisholm, R. M. (1977). *Theory of Knowledge*. 2nd edition. Englewood Cliffs, NJ: Prentice-Hall.

Chisholm, R. M. (1989). *Theory of knowledge*. 3rd edition. Englewood Cliffs, NJ: Prentice-Hall.

Cohen, Stewart (1998). Contextualist solutions to epistemological problems: Scepticism, Gettier, and the lottery. *Australasian Journal of Philosophy* 76 (2):289-306.

Christensen, David (2009). Disagreement as evidence: The epistemology of controversy. *Philosophy Compass* 4 (5):756-767.

Christensen, David (2021). The Ineliminability of Epistemic Rationality. *Philosophy and Phenomenological Research* 103 (3):501-517.

Climenhaga, Nevin (2018). Intuitions are Used as Evidence in Philosophy. *Mind* 127 (505):69-104.

Code, L. (1987). *Epistemic responsibility*. Brown University Press.

Cohen, S., & Lehrer, K. (1983). Justification, truth, and knowledge. *Synthese*, 55(2), 191-207.

Cohen, Stewart (1984). Justification and truth. *Philosophical Studies* 46 (3):279-95.

Cohen, Stewart (1988). How to be a fallibilist. *Philosophical Perspectives* 2:91-123.

Cohen, Stewart (1999). Contextualism, skepticism, and the structure of reasons. *Philosophical Perspectives* 13:57-89.

Comesaña, J. (2002). "The Diagonal and the Demon." *Philosophical Studies* 110(3): 249-266.

Comesaña, J. (2010). Evidentialist Reliabilism. *Noûs* 44 (4):571-600.

Conee, E. & Feldman, R. (1998). The generality problem for reliabilism. *Philosophical Studies* 89 (1):1-29.

Conee, Earl (2013). The specificity of the generality problem. *Philosophical Studies* 163 (3):751-762.

Conee, Earl Brink & Feldman, Richard (2004). *Evidentialism: Essays in Epistemology*. Oxford, England: Oxford University Press.

Conee, Earl & Feldman, Richard (2008). Evidence. In Quentin Smith (ed.), *Epistemology: New Essays*. Oxford University Press.

Craig, Edward (1990). *Knowledge and the state of nature: an essay in conceptual synthesis*. New York: Oxford University Press.

Daniels, Norman (2020), "Reflective Equilibrium", in Edward N. Zalta (ed.). *The Stanford Encyclopedia of Philosophy*.

Davia, Carlo (2017). Aristotle and the Endoxic Method. *Journal of the History of Philosophy* 55 (3):383-405.

Davidson, D. (1996). The Folly of Trying to Define Truth. *Journal of Philosophy* 93: 263-278.

de Almeida, Claudio & Fett, J. R. (2016). Defeasibility and Gettierization: A Reminder. *Australasian Journal of Philosophy* 94 (1):152-169.

de Grefte, Job (2023). Knowledge as Justified True Belief. *Erkenntnis* 88 (2):531-549.

de Regt, Henk W. (2017). *Understanding Scientific Understanding*. New York: Oxford University Press.

de Ridder, Jeroen (2014). Why Only Externalists Can Be Steadfast.

Erkenntnis 79 (S1):185-199.

Della Rocca, Michael (2005). Descartes, the cartesian circle, and epistemology without God. *Philosophy and Phenomenological Research* 70 (1):1-33.

DePaul, Michael R. (1993). *Balance and Refinement: Beyond Coherence Methods of Moral Inquiry*. New York: Routledge.

DePaul, Michael R. (2001). "Value Monism in Epistemology", in Matthias Steup (ed.), *Knowledge, Truth, and Duty: Essays on Epistemic Justification, Responsibility, and Virtue*. New York: OUP.

DeRose, Keith (1992). Descartes, epistemic principles, epistemic circularity, and scientia. *Pacific Philosophical Quarterly* 73 (3):220-238.

Dickie, George (1983). The New Institutional Theory of Art. *Proceedings of the 8th Wittgenstein Symposium* 10: 57-64.

Dougherty, Trent (2010). Reducing Responsibility: An Evidentialist Account of Epistemic Blame. *European Journal of Philosophy* 20 (4):534-547.

Dougherty, Trent (ed.) (2011). *Evidentialism and its Discontents*. Oxford, GB: Oxford: Oxford University Press.

Dougherty, Trent (2014). "Faith, Trust, and Testimony: An Evidentialist Account", in Laura Frances Callahan, and Timothy O'Connor (eds), *Religious Faith and Intellectual Virtue*. Oxford University Press.

Dretske, Fred (1969). *Seeing And Knowing*. Chicago: University Of Chicago Press.

Dretske, Fred (2003). Skepticism: What perception teaches. In *The Skeptics: Contemporary Essays*. Aldershot: Ashgate Publishing.

Dretske, Fred (2005). Is Knowledge Closed Under Known Entailment The Case Against Closure. In Matthias Steup & Ernest Sosa (eds.), *Contemporary Debates in Epistemology*. Blackwell. pp. 13-26.

Dretske, Fred I. (1970). Epistemic operators. *Journal of Philosophy* 67 (24):1007-1023.

Dutant, Julien (2015). The legend of the justified true belief analysis. *Philosophical Perspectives* 29 (1):95-145.

Eddington, A. S. (1939). *The philosophy of physical science: Tarner lectures 1938*. CUP Archive.

Elgin, Catherine Z. (1996). *Considered Judgment*. Princeton: New Jersey: Princeton University Press.

Elgin, Catherine (2007). Understanding and the facts. *Philosophical Studies* 132 (1):33-42.

Elgin, Catherine (2014). Non-foundationalist Epistemology: Holism, Coherence, and Tenability. In Matthias Steup, John Turri & Ernest Sosa (eds.), *Contemporary Debates in Epistemology*. Blackwell. pp. 244-273.

Engel, Mylan (1992). Is epistemic luck compatible with knowledge? *Southern Journal of Philosophy* 30 (2):59-75.

Engel, Pascal (2013). Is epistemic agency possible? *Philosophical Issues* 23 (1):158-178.

Fantl, Jeremy & McGrath, Matthew (2002). Evidence, pragmatics, and justification. *Philosophical Review* 111 (1):67-94.

Fantl, Jeremy & McGrath, Matthew (2012). Pragmatic encroachment: It's not just about knowledge. *Episteme* 9 (1):27-42.

Faulkner, Paul (2014). A Virtue Theory of Testimony. *Proceedings of the Aristotelian Society* 114 (2pt2):189-211.

Feldman, Fred (1992). *Confrontations with the Reaper: A Philosophical Study of the Nature and Value of Death*. New York, US: Oxford University Press USA.

Feldman, Richard (1974). An alleged defect in Gettier counter-examples. *Australasian Journal of Philosophy* 52 (1):68- 69.

Feldman, Richard (1981). Fallibilism and knowing that one knows. *Philosophical Review* 90 (2):266-282.

Feldman, Richard (1985). Reliability and Justification. *The Monist* 68 (2):159-174.

Feldman, Richard (1988). Rationality, reliability, and natural selection. *Philosophy of Science* 55 (June):218-227.

Feldman, Richard (2000). The ethics of belief. *Philosophy and Phenomenological Research* 60 (3):667-695.

Feldman, Richard & Conee, Earl (2002). Typing problems. *Philosophy and Phenomenological Research* 65 (1):98-105.

Feldman, Richard (2003). *Epistemology*. Prentice-Hall.

Feldman, Richard (2006). "Reasonable Religious Disagreements," in L. Antony (ed.), *Philosophers without Gods: Meditations on Atheism and the Secular Life*, New York: Oxford University Press, 194-214.

Feldman, Richard (2007). Reasonable religious disagreements. In Louise Antony (ed.), *Philosophers Without Gods: Meditations on Atheism and the Secular Life*. Oxford University Press. pp. 194-214.

Feldman, Richard (2014). "Justification is internal." In Matthias Steup, John Turri & Ernest Sosa (eds) *Contemporary debates in epistemology (2nd edition)*, Wiley-Blackwell.

Feldman, Richard & Cullison, Andrew (2012). Evidentialism. In Andrew Cullison (ed.), *The Continuum Companion to Epistemology*. Continuum.

Fine, Gail (2021). *Essays in Ancient Epistemology*. Oxford University Press.

Foley, Richard (2005). Justified belief as responsible belief. In Ernest Sosa & Matthias Steup (eds.), *Contemporary Debates in Epistemology*. Blackwell. pp. 313-326.

Foley, Richard (2012). *When is True Belief Knowledge?* Princeton University Press.

Frances, Bryan (2018). Scepticism and Disagreement. In Diego Machuca & Baron Reed (eds.), *Skepticism: From Antiquity to the Present*. Bloomsbury Academic. pp. 581-591.

Frances, Bryan and Jonathan Matheson (2024). "Disagreement", in Edward N. Zalta & Uri Nodelman (eds.) *The Stanford Encyclopedia of Philosophy* (Winter 2024 Edition), URL = <https://plato.stanford.edu/archives/win2024/entries/disagreement/>.

Franklin, A. et al. (1989). Can a theory-Laden observation test the theory? *British Journal for the Philosophy of Science* 40 (2):229-231.

Fratantonio, Giada (2024). Evidential Internalism and Evidential Externalism. In Maria Lasonen-Aarnio & Clayton M. Littlejohn (eds.), *The Routledge Handbook for The Philosophy of Evidence*. Routledge.

Fumerton, Richard, 2010, "You Can't Trust a Philosopher," in Richard

Feldman and Ted Warfield (eds.), *Disagreement*, New York: Oxford University Press.

Gao, Jie (2019). Credal pragmatism. *Philosophical Studies* 176 (6):1595-1617.

Gerken, Mikkel (2011). Warrant and action. *Synthese* 178 (3):529-547.

Gettier, Edmund L. (1963). Is Justified True Belief Knowledge? *Analysis* 23 (6):121-123.

Goldberg, Sanford (2013). Defending Philosophy in the Face of Systematic Disagreement. In Diego E. Machuca (ed.), *Disagreement and Skepticism*. Routledge. pp. 277-294.

Goldberg, Sanford (2018). *To the Best of Our Knowledge: Social Expectations and Epistemic Normativity*. Oxford, United Kingdom: Oxford University Press.

Goldberg, Sanford C. (2019). Doxastic Responsibility is Owed to Others. *Journal of Philosophical Research* 44:63-77.

Goldman, Alvin I. (1976). Discrimination and perceptual knowledge. *Journal of Philosophy* 73 (November):771-791.

Goldman, Alvin I. (1979). What is Justified Belief? In George Pappas (ed.), *Justification and Knowledge*. Boston: D. Reidel. pp. 1-25.

Goldman, Alvin I. (1986). *Epistemology and cognition*. Cambridge: Harvard University Press.

Goldman, Alvin I. (1987). Foundations of social epistemics. *Synthese* 73 (1):109-144.

Goldman, Alvin (1988). Strong and weak justification. *Philosophical Perspectives* 2:51-69.

Goldman, Alvin I. (1992). *Liaisons: Philosophy Meets the Cognitive and Social Sciences*. Cambridge, MA: MIT Press.

Goldman, A. (1998). Reliabilism. In The Routledge Encyclopedia of Philosophy. Taylor and Francis. Retrieved 25 Nov. 2021, from https://www.rep.routledge.com/articles/thematic/reliabilism/v-1. doi:10.4324/9780415249126-P044-1

Goldman, Alvin I. (1999). Internalism exposed. *Journal of Philosophy* 96

(6):271-293.

Goldman, Alvin I. (2011). Toward a synthesis of reliabilism and evidentialism? Or: evidentialism's troubles, reliabilism's rescue package. In Trent Dougherty (ed.), *Evidentialism and its Discontents*. Oxford University Press. pp. 254-280.

Goldman, Alvin I. (2012). *Reliabilism and Contemporary Epistemology: Essays*. New York: Oxford University Press.

Goldman, Alvin (2021). A Different Solution to the Generality Problem for Process Reliabilism. *Philosophical Topics* 49 (2):105-111.

Goldman, Alvin I. & McGrath, Matthew (2015). *Epistemology: A Contemporary Introduction*. New York: Oxford University Press. Edited by Matthew McGrath.

Goldman, Alvin I. & Olsson, Erik J. (2009). Reliabilism and the Value of Knowledge. In Adrian Haddock, Alan Millar & Duncan Pritchard (eds.), *Epistemic Value*. Oxford: Oxford University Press. pp. 19-41.

Goodman, Nelson (1953). *Fact, Fiction, and Forecast*. Harvard: Harvard University Press.

Grant, A. M. (2021). *Think again: The power of knowing what you don′t know*. New York: Viking.

Greco, John (2000). Two Kinds of Intellectual Virtue. *Philosophy and Phenomenological Research* 60 (1):179-184.

Greco, John (2002). How to Reid Moore. *Philosophical Quarterly* 52 (209):544-563.

Greco, John (2003). Knowledge as Credit for True Belief. In Michael DePaul & Linda Zagzebski (eds.), *Intellectual Virtue: Perspectives From Ethics and Epistemology*. Clarendon Press. pp. 111-134.

Greco, John (2004). A Different Sort of Contextualism. *Erkenntnis* 61 (2-3):383-400.

Greco, John (2007). Worries about Pritchard's safety. *Synthese* 158 (3): 299-302.

Greco, John (2010). *Achieving knowledge: a virtue-theoretic account of epistemic normativity*. New York: Cambridge University Press.

Greco, J. (2012). A (different) virtue epistemology. *Philosophy and phenomenological research*, *85*(1), 1-26.

Greco, John (2020). Safety in Sosa. *Synthese* 197 (12):5147-5157.

Greco, John (2020). *The Transmission of Knowledge*. New York: Cambridge University Press.

Greco, John & Reibsamen, Jonathan (2018). Reliabilist Virtue Epistemology. In Nancy Snow (ed.), *The Oxford Handbook of Virtue*. New York, USA: Oxford University Press. pp. 725-746.

Grimm, Stephen R. (2001). Ernest Sosa, knowledge, and understanding. *Philosophical Studies* 106 (3):171-191.

Grimm, Stephen R. (2006). Is understanding a species of knowledge? *British Journal for the Philosophy of Science* 57 (3):515-535.

Grimm, Stephen R. (2009). Epistemic Normativity. In Adrian Haddock, Alan Millar & Duncan Pritchard (eds.), *Epistemic Value*. Oxford: Oxford University Press. pp. 243-264.

Grimm, Stephen R. (2011). On Intellectualism in Epistemology. *Mind* 120 (479):705-733.

Grimm, Stephen R. (2015). Knowledge, Practical Interests, and Rising Tides. In John Greco & David Henderson (eds.), *Epistemic Evaluation: Purposeful Epistemology*. Oxford University Press.

Hannon, Michael (2019). *What's the Point of Knowledge? A Function-First Epistemology*. New York, NY, USA: Oxford University Press.

Hannon, Michael & Nguyen, James (2022). Understanding Philosophy. *Inquiry: An Interdisciplinary Journal of Philosophy*.

Harman, Gilbert (1973). *Thought*. Princeton, NJ, USA: Princeton University Press.

Harman, Gilbert (1986). *Change in View: Principles of Reasoning*. Cambridge, MA, USA: MIT Press.

Hatfield, Gary C. (2014). *The Routledge Guidebook to Descartes' Meditations*. New York: Routledge.

Hawthorne, John (2000). Implicit Belief and A Priori Knowledge. *Southern Journal of Philosophy* 38 (S1):191-210.

Hawthorne, John (2004). *Knowledge and lotteries*. New York: Oxford University Press.

Hetherington, Stephen (1998). Actually knowing. *Philosophical Quarterly* 48 (193):453-469.

Hieronymi, Pamela (2008). Responsibility for believing. *Synthese* 161 (3):357-373.

Hintikka, Jaakko (1999). The Emperor's New Intuitions. *Journal of Philosophy* 96 (3):127-147.

Hirvelä, Jaakko (2019). Knowing Without Having The Competence to Do So. *Thought: A Journal of Philosophy* 8 (2):110-118.

Horvath, Joachim & Wiegmann, Alex (2016). Intuitive expertise and intuitions about knowledge. *Philosophical Studies* 173 (10):2701-2726.

Howson, Colin (2000). *Hume's problem: induction and the justification of belief*. New York: Oxford University Press.

Hoyningen-Huene, Paul (1987). Context of discovery and context of justification. *Studies in History and Philosophy of Science Part A* 18 (4):501-515.

Hu, Xingming (2015). Is Epistemology a Kind of Inquiry? *Journal of Philosophical Research* 40:483-488.

Hu, Xingming (2017). Why do True Beliefs Differ in Epistemic Value? *Ratio* 30 (3):255-269.

Hu, Xingming (2021). Hempel on Scientific Understanding. *Studies in History and Philosophy of Science Part A* 88 (8):164-171.

Huemer, Michael (2000). Direct realism and the brain-in-a-vat argument. *Philosophy and Phenomenological Research* 61 (2):397-413.

Hyman, John (2017). II—Knowledge and Belief. *Aristotelian Society Supplementary Volume* 91 (1):267-288.

Kagan, Shelly (1998). Rethinking intrinsic value. *The Journal of Ethics* 2 (4):277-297.

Kallestrup, Jesper & Pritchard, Duncan (2012). Robust virtue epistemology and epistemic anti-individualism. *Pacific Philosophical Quarterly* 93 (1):84-103.

Kaplan, Mark (1985). It's not what you know that counts. *Journal of Phi-*

losophy 82 (7):350-363.

Keller, Simon (2004). Friendship and Belief. *Philosophical Papers* 33 (3):329-351.

Kelly, Thomas & McGrath, Sarah (2010). Is reflective equilibrium enough? *Philosophical Perspectives* 24 (1):325-359.

King, Nathan L. (2014). Responsibilist Virtue Epistemology: A Reply to the Situationist Challenge. *Philosophical Quarterly* 64 (255):243-253.

Klein, Peter D. (1976). Knowledge, causality, and defeasibility. *Journal of Philosophy* 73 (20):792-812.

Klein, Peter D. (1999). Human knowledge and the infinite regress of reasons. *Philosophical Perspectives* 13:297-325.

Klein, Peter D. (2010). Self-Profile. *Blackwell Companion to Epistemology*.

Kornblith, Hilary (1983). Justified belief and epistemically responsible action. *Philosophical Review* 92 (1):33-48.

Kornblith, Hilary (2004). Does reliabilism make knowledge merely conditional? *Philosophical Issues* 14 (1):185-200.

Kornblith, Hilary (2008). Knowledge needs no justification. In Quentin Smith (ed.), *Epistemology: New Essays*. Oxford University Press. pp. 5-23.

Kornblith, Hilary (2009). Sosa in perspective. *Philosophical Studies* 144 (1):127-136.

Kornblith, Hilary (2012). *On Reflection*. Oxford, GB: Oxford University Press.

Kornblith, Hilary (2016). Epistemic Agency. In Miguel ángel Fernández Vargas (ed.), *Performance Epistemology: Foundations and Applications*. Oxford University Press UK.

Kvanvig, Jonathan L. (2003). *The Value of Knowledge and the Pursuit of Understanding*. Cambridge University Press.

Kvanvig, Jonathan (2009). The value of understanding. In Pritchard, Haddock & MIllar (eds.), *Epistemic Value*. Oxford: Oxford University Press. pp. 95-112.

Kvanvig, Jonathan L. (2010). Sosa's virtue epistemology. *Critica* 42

(125):47-62.

Lackey, Jennifer (2007). Why we don't deserve credit for everything we know. *Synthese* 158 (3):345-361.

Lackey, Jennifer (2009). Knowledge and credit. *Philosophical Studies* 142 (1):27-42.

Lai, Changsheng (2021a). Against epistemic absolutism. *Synthese* 199 (1-2):3945-3967.

Lai, Changsheng (2021b). Epistemic Gradualism Versus Epistemic Absolutism. *Pacific Philosophical Quarterly* 103 (1):186-207.

Lai, Changsheng (2022). Memory, Knowledge, and Epistemic Luck. *Philosophical Quarterly* 72 (4):896-917.

Laudan, Larry (2012). Put "proof beyond a reasonable doubt" out to pasture? In Marmor Andrei (ed.), *The Routledge Companion to Philosophy of Law*. Routledge. pp. 317.

Le Morvan, Pierre (2017). Knowledge before Gettier. *British Journal for the History of Philosophy* 25 (6):1216-1238.

Lehrer, Keith & Paxson, Thomas (1969). Knowledge: Undefeated justified true belief. *Journal of Philosophy* 66 (8):225-237.

Lehrer, Keith (1990). *Theory of knowledge*. New York: Routledge.

Lewis, David (1973). *Counterfactuals*, Cambridge: Harvard University Press.

Lewis, David (1996). Elusive knowledge. *Australasian Journal of Philosophy* 74 (4):549-567.

Lewis, David (1983). *Philosophical Papers*, *Volume 1*. New York, US: Oxford University Press USA.

Lycan, William G. (2019). *On Evidence in Philosophy*. New York, NY: Oxford University Press.

Lyons, Jack C. (2016). Goldman on Evidence and Reliability. In H. Kornblith & B. McLaughlin (eds.), *Goldman and his Critics*. Blackwell.

MacFarlane, John (2003). Future contingents and relative truth. *Philosophical Quarterly* 53 (212):321-336.

Matheson, Jonathan D. (2015). Is there a well-founded solution to the generality problem? *Philosophical Studies* 172 (2):459-468.

McCain, Kevin (2013). Two skeptical arguments or only one? *Philosophical Studies* 164 (2):289-300.

McCain, Kevin (2014). *Evidentialism and Epistemic Justification*. New York: Routledge.

Mcgrath, Jeremy Fantl and Matthew (2002). Evidence, Pragmatics, and Justification. *Philosophical Review* 111 (1):67-94.

Meyers, Robert G. & Stern, Kenneth (1973). Knowledge without paradox. *Journal of Philosophy* 70 (6):147-160.

Moon, Andrew (2012). Knowing Without Evidence. *Mind* 121 (482): 309-331.

Montmarquet, James (1993). *Epistemic Virtue and Doxastic Responsibility*. Rowman & Littlefield.

Moser, Paul K. (1987). Propositional knowledge. *Philosophical Studies* 52 (1):91-114.

Moss, Sarah (2018). Moral Encroachment. *Proceedings of the Aristotelian Society* 118 (2):177-205.

Musgrave, Alan (2012). Getting Over Gettier. In James Maclaurin (ed.), *Rationis Defensor: Essays in Honour of Colin Cheyne*. Springer.

Nadler, Steven M. (2013). *The philosopher, the priest, and the painter: a portrait of Descartes*. Princeton, N.J.: Princeton University Press.

Newman, Lex (2019). Descartes' epistemology. *Stanford Encyclopedia of Philosophy*.

Ostlie, D. A. (2022). *Astronomy: The human quest for understanding*. Oxford University Press.

Pavese, Carlotta & Bob, Beddor (2023). Skills as Knowledge. *Australasian Journal of Philosophy* 101 (3):609-624.

Paul, Elliot Samuel (2020). Cartesian Clarity. *Philosophers' Imprint* 20 (19):1-28.

Pearson, Phyllis (2023). Justification and epistemic agency. *Synthese* 201 (4):1-17.

Peels, Rik (2017). Responsible belief and epistemic justification. *Syn-*

these 194 (8):2895-2915.

Peels, Rik (2017). *Responsible Belief: A Theory in Ethics and Epistemology*. New York, NY: Oxford University Press USA.

Peels, Rik (2019). The Social Dimension of Responsible Belief: Response to Sanford Goldberg. *Journal of Philosophical Research* 44:79-88.

Piazza, Tommaso (2016). Problems for Mainstream Evidentialism. *Canadian Journal of Philosophy* 47 (1):148-165.

Plantinga, Alvin (1990). Justification in the 20th Century. *Philosophy and Phenomenological Research* 50:45-71.

Plantinga, Alvin (1993). *Warrant and Proper Function*. New York: Oxford University Press.

Pollock, John L. (1984). Reliability and Justified Belief. *Canadian Journal of Philosophy* 14 (1):103-114.

Pollock, John L. (1986). *Contemporary theories of knowledge*. London: Hutchinson.

Pritchard, Duncan (2009). Safety-Based Epistemology: Wither Now? *Journal of Philosophical Research* 34:33-45.

Pritchard, Duncan, *et al.* (2010), *The Nature and Value of Knowledge: Three Investigations*, New York: Oxford University Press.

Pritchard, Duncan (2011). What is the swamping problem? In Andrew Evan Reisner & Asbjørn Steglich-Petersen (eds.), *Reasons for Belief*. Cambridge University Press.

Pryor, James (2014). There is immediate justification. In Matthias Steup & Ernest Sosa (eds.), *Contemporary Debates in Epistemology*. Blackwell. pp. 181-202.

Putnam, Hilary (1981). *Reason, Truth and History*. New York: Cambridge University Press.

Ramsey, F. (1931), "Knowledge," in *The Foundations of Mathematics and Other Logical Essays*, Routledge & Kegan Paul.

Ranalli, Chris (forthcoming). Is Radical Doubt Morally Wrong? *Erkenntnis*.

Rawls, John (1974). The Independence of Moral Theory. *Proceedings and*

Addresses of the American Philosophical Association 48:5-22.

Rawls, John (1999). *A Theory of Justice: Revised Edition.* Harvard University Press.

Raykov, P. P., Varga, D., & Bird, C. M. (2023). False memories for ending of events. *Journal of Experimental Psychology: General.*

Reeder, G. D., Pryor, J. B., A., M. J., & Griswell, M. L. (2005). "On Attributing Negative Motives to Others Who Disagree With Our Opinions." *Personality and Social Psychology Bulletin* 31(11): 1498-1510.

Rescher, Nicholas (1994). *Philosophical Standardism: An Empiricist Approach to Philosophical Methodology.* University of Pittsburgh Press.

Rice, Collin (2021). *Leveraging distortions: explanation, idealization, and universality in science.* Cambridge, Massachusetts: The MIT Press.

Riggs, Wayne D. (2003). "Understanding 'Virtue' and the Virtue of Understanding". In Michael Raymond DePaul & Linda Trinkaus Zagzebski, *Intellectual virtue: perspectives from ethics and epistemology.* New York: Oxford University Press. pp. 203-227.

Riggs, Wayne (2009). Two problems of easy credit. *Synthese* 169 (1): 201-216.

Rinard, Susanna (2017). No Exception for Belief. *Philosophy and Phenomenological Research* 94 (1):121-143.

Rinard, Susanna (2019). Equal treatment for belief. *Philosophical Studies* 176 (7):1923-1950.

Rinard, Susanna (2022). Eliminating epistemic rationality#. *Philosophy and Phenomenological Research* 104 (1):3-18.

Rowley, William D. (2012). Evidence of evidence and testimonial reductionism. *Episteme* 9 (4):377-391.

Rudner, Richard (1953). The Scientist Qua Scientist Makes Value Judgments. *Philosophy of Science* 20 (1):1-6.

Russell, B. (1948). *Human knowledge: Its scope and limits.* London: Allen & Unwin

Russell, Bertrand (2018). *The Philosophy of Logical Atomism.* Routledge.

Schmitt, Frederick F. (2009). Review of Ernest Sosa, *Reflective Knowl-*

edge: *Apt Belief and Reflective Knowledge*, *Volume Ii*. *Notre Dame Philosophical Reviews* 2009 (8).

Sellars, Wilfrid S. (1962). Philosophy and the scientific image of man. In Robert Colodny (ed.), *Science*, *Perception*, *and Reality*. Humanities Press/Ridgeview. pp. 35-78.

Senor, Thomas D. (1996). The prima/ultima facie justification distinction in epistemology. *Philosophy and Phenomenological Research* 56 (3):551-566.

Setiya, Kieran (2013). Epistemic agency: Some doubts. *Philosophical Issues* 23 (1):179-198.

Shope, Robert K. (1983). *The Analysis of Knowing*: *A Decade of Research*. Princeton: New Jersey: Princeton University Press.

Silva, Paul (2023). Merely statistical evidence: when and why it justifies belief. *Philosophical Studies* 180 (9):2639-2664.

Sosa, Ernest (1991). *Knowledge in Perspective*: *Selected Essays in Epistemology*. New York: Cambridge University Press.

Sosa, Ernest. (1993). Epistemology, Realism, and Truth. *Philosophical Perspectives* 7, pp. 1-16

Sosa, Ernest. (1993). Proper Functionalism and Virtue Epistemology. *Nous* 27:1, 51-65.

Sosa, Ernest (1997). Reflective knowledge in the best circles. *Journal of Philosophy* 94 (8):410-430.

Sosa, Ernest (1999). Skepticism and the internal/external divide. In John Greco & Ernest Sosa (eds.), *The Blackwell Guide to Epistemology*. Blackwell. pp. 145-157.

Sosa, Ernest (1999). How to defeat opposition to Moore. *Philosophical Perspectives* 13:137-149.

Sosa, Ernest (2001). Goldman's Reliabilism and Virtue Epistemology. *Philosophical Topics* 29 (1-2):383-400.

Sosa, Ernest (2003). The Place of Truth in Epistemology. In Linda Zagzebski & Michael DePaul (eds.), *Intellectual Virtue*: *Perspectives From Ethics and Epistemology*. New York: Oxford University Press. pp. 155-180.

Sosa, Ernest (2004). Reply to Linda Zagzebski. In Greco John (ed.),

Ernest Sosa and His Critics. pp. 319-322.

Sosa, Ernest (2007). *A Virtue Epistemology: Apt Belief and Reflective Knowledge, Volume I*. Oxford, GB: Oxford University Press.

Sosa, Ernest (2009). *Reflective knowledge*. New York: Oxford University Press.

Sosa, Ernest (2010). *Knowing Full Well*. Princeton University Press.

Sosa, Ernest (2015). *Judgment & Agency*. Oxford, GB: Oxford University Press UK.

Sosa, Ernest (2017). Virtue theory against situationism. In Mark Alfano & Abrol Fairweather, *Epistemic Situationism*. Oxford: Oxford University Press.

Sosa, Ernest (2021). *Epistemic Explanations: A Theory of Telic Normativity, and What It Explains*. Oxford: Oxford University Press.

Sosa, Ernest (2022). John Greco's The Transmission of Knowledge. *Synthese* 200 (4):1-11.

Stanley, Jason (2011). *Know How*. Oxford, GB: Oxford University Press.

Stine, G. C. (1976). Skepticism, relevant alternatives, and deductive closure. *Philosophical Studies* 29 (4):249-261.

Strawson, Peter F. (1992). *Analysis and metaphysics: an introduction to philosophy*. New York: Oxford University Press.

Stroud, B. (1968). Transcendental arguments. *The Journal of Philosophy*, *65*(9), 241-256.

Stroud, Sarah (2006). Epistemic partiality in friendship. *Ethics* 116 (3): 498-524.

Swain, Marshall (1974). Epistemic Defeasibility. *American Philosophical Quarterly* 11 (1):15-25.

Swinburne, Richard (1999). *Providence and the Problem of Evil*, Oxford: Oxford University Press.

Tang, Refeng (2022). Exorcising the Myth of the Given: the idea of doxasticism. *Synthese* 200 (4):1-32.

Turri, John (2011). Manifest Failure: The Gettier Problem Solved. *Philosophers' Imprint* 11.

Turri, John (2013). Unreliable Knowledge. *Philosophy and Phenomeno-*

logical Research 90 (3):529-545.

Turri, John (2015). From Virtue Epistemology to Abilism: Theoretical and Empirical Developments. In Christian B. Miller, Michael R. Furr, William Fleeson & Angela Knobel (eds.), *Character: new directions from philosophy, psychology, and theology*. Oxford: pp. 315-330.

Turri, John (2016). A New Paradigm for Epistemology From Reliabilism to Abilism. *Ergo: An Open Access Journal of Philosophy* 3.

Turri, John (2017). Knowledge attributions in iterated fake barn cases. *Analysis* 77 (1):104-115.

Turri, John & Friedman, Ori (forthcoming). Winners and Losers in the Folk Epistemology of Lotteries. In James Beebe (ed.), *Advances in Experimental Epistemology*. London, United Kingdom: pp. 45-69.

Tversky, A.; Kahneman, D. (1982). "Judgments of and by representativeness". In Kahneman, D.; Slovic, P.; Tversky, A. (eds.). *Judgment under uncertainty: Heuristics and biases*. Cambridge, UK: Cambridge University Press.

Van Fraassen Bas, C. (1980). *The scientific image*. New York: Oxford University Press.

Van Inwagen, Peter (2006). *The Problem of Evil*. New York: Oxford University Press.

Vogel, Jonathan (1990). Cartesian Skepticism and Inference to the Best Explanation. *Journal of Philosophy* 87 (11):658-666.

Vogel, Jonathan (2005). The refutation of skepticism. In Steup Matthias & Sosa Ernest (eds.), *Contemporary Debates in Epistemology*. Blackwell. pp. 72-84.

Wang, Ju (2014). Closure and Underdetermination Again. *Philosophia* 42 (4):1129-1140.

Wang, Q., & Jeon, H. J. (2020). Bias in bias recognition: People view others but not themselves as biased by preexisting beliefs and social stigmas. *PloS one*, *15*(10), e0240232.

Wedgwood, Ralph (2002). Internalism Explained. *Philosophy and Phenomenological Research* 65 (2):349-369.

Weitz, Morris (1956). The role of theory in aesthetics. *Journal of Aesthetics and Art Criticism* 15 (1):27-35.

Willard-Kyle, Christopher (2017). Do great minds really think alike? *Synthese*194 (3).

Willenken, T. (2011). Moorean responses to skepticism: a defense. *Philosophical Studies*, *154*, 1-25.

Williams, Michael (1978). Inference, justification, and the analysis of knowledge. *Journal of Philosophy* 75 (5):249-263.

Williamson, Timothy (2000). *Knowledge and its limits*. New York: Oxford University Press.

Wynn, K., & Bloom, P. (2013). The moral baby. In *Handbook of moral development* (pp. 435-453). Psychology Press.

Yaffe, Gideon (2019). When Does Evidence Support Guilt "Beyond a Reasonable Doubt"? In Larry Alexander & Kimberly Kessler Ferzan (eds.), *The Palgrave Handbook of Applied Ethics and the Criminal Law*. Springer Verlag. pp. 97-116.

Yalçin, ümit D. (1992). Skeptical arguments from underdetermination. *Philosophical Studies* 68 (1):1-34.

Ye, Ru (2020a). A Doxastic-Causal Theory of Epistemic Basing. In J. Adam Carter & Patrick Bondy (eds.), *Well-Founded Belief: New Essays on the Epistemic Basing Relation*. New York, NY, USA: pp. 15-33.

Ye, Ru (2020b). Higher-order defeat and intellectual responsibility. *Synthese* 197 (12):5435-5455.

Zagzebski, Linda (2003). The Search for the Source of Epistemic Good. *Metaphilosophy* 34 (1-2):12-28.

Zagzebski, Linda (2006). The admirable life and the desirable life. In Timothy Chappell (ed.), *Values and Virtues: Aristotelianism in Contemporary Ethics*. Oxford University Press.

Zagzebski, Linda Trinkaus (1996). *Virtues of the Mind: An Inquiry Into the Nature of Virtue and the Ethical Foundations of Knowledge*. Cambridge, England: Cambridge University Press.

Zhang, Xiaoxing (2023). Practical knowledge without practical expertise:

the social cognitive extension via outsourcing. *Philosophical Studies* 180 (4): 1255-1275.

Zhao, Bin (2022). A Dilemma for Globalized Safety. *Acta Analytica* 37 (2):249-261.

Zhao, Bin (2024). On Translating the Sensitivity Condition to the Possible Worlds Idiom in Different Ways. *American Philosophical Quarterly* 61 (1): 87-98.

Zhao, Bin (forthcoming). On Mentioning Belief-Formation Methods in the Sensitivity Subjunctives. *Ergo: An Open Access Journal of Philosophy*.

Zhao, Haicheng (2020). Knowledge without safety. *Synthese* 197 (8): 3261-3278.

Zhao, Haicheng & Baumann, Peter (2021). Inductive knowledge and lotteries: Could one explain both 'safely'? *Ratio* 34 (2):118-126.

Zhao, Haicheng (2023). How to Play the Lottery Safely? *Episteme* 20 (1):23-38.

Ziff, Paul (1953). The task of defining a work of art. *Philosophical Review* 62 (1):58-78.

中文文献

曹剑波 (2019). 确证非必要性论题的实证研究.《世界哲学》(1), 9, 151-159.

陈嘉明 (2003a).《知识与确证:当代知识论引论》. 上海人民出版社.

陈嘉明 (2003b). 当代知识论中"知识的确证"问题.《复旦学报:社会科学版》(2), 7, 15-21.

方红庆 (2024). 纯粹主义,不纯主义与阈值问题——兼论共同体纯粹主义.《哲学分析》, 15(3), 114-130.

费多益 (2020). 如何理解分析哲学的"分析".《哲学研究》(3), 119-126.

冯书怡(2024)《模态知识论:常见模态认知理论和它们的解释范围》, 载《哲学评鉴(第二辑)》。上海:上海社会科学院出版社,142-180.

韩林合(2025). 分析的中国哲学:过去、现在和未来.《哲学动态》(01), 69-79.

胡军(2006).《知识论》.北京大学出版社.

胡星铭(2014).为什么相信专家?.《哲学评论》(3),142-156.

胡星铭(2016).真理为何不平等?.《自然辩证法通讯》,38(3),54-60.

江怡(2017).论分析哲学运动的历史特征与现实意义.《苏州大学学报(哲学社会科学版)》(01),1-10-191.

李麒麟.(2013).可错主义的认知观念与语用论.《世界哲学》(4),9,72-80.

李麒麟(2016).普理查德对彩票难题的处理及其局限.《自然辩证法通讯》,38(5),10,10-19.

王华平(2009).怀疑论与新摩尔主义.《自然辩证法研究》(8),6.

舒卓(2024).《证据究竟是什么?——关于证据本性的哲学考察》,中国社会科学出版社.

徐向东(2006).《怀疑论、知识与辩护》.北京大学出版社.

徐召清(2022).如何理解知识的基始性?.《自然辩证法研究》38(09),3-11.

徐竹(2022).摩尔论证,枢轴命题与常识确定性探赜.《哲学评论》(1),3-21.

郁振华(2012).《人类知识的默会维度》.北京大学出版社.

张小星(2018a).我思与怀疑的语境.《哲学研究》(12),10,92-101.

张小星(2018b).笛卡尔,清楚明晰与意志自由.《法国哲学研究》,72-80.

张子夏(2019).海曼关于知识本性的理论及其问题.《自然辩证法研究》35(06),15-20.

赵海丞(2022).《安全性原则:一个非批判的综述》,载《哲学评鉴:认知、结构与规范》.上海社会科学院出版社,167-203.

郑伟平(2018).证言知识及其价值.《自然辩证法通讯》,40(2),5,19-23.

后　记

一个哲学研究者写一本哲学书，应该尽到哪些认知责任？很多人的回答是：(A) 作者应该清楚地说明这本书研究的具体哲学问题是什么，他是如何回答这一问题的，他的回答与已有回答有何重要的不同之处(原创之处)，以及为什么他的回答更好；(B) 在写完初稿后，作者应该尽可能寻求同行——特别是值得信任的同行——的批评性反馈，并根据这些反馈修改原来的稿子，避免硬伤，提升质量。①

① 这并不意味着没有做到 A 和 B 的作品一定没有价值。此外，有人可能觉得没有同行值得信任，因为(i)如果就自己未发表的想法向同行征求反馈，会有被同行剽窃并抢先发表的风险；(ii) 同行相轻，会倾向贬低甚至完全否定自己的想法，进而导致自己放弃很有价值的原创思想。我承认(i)和(ii)是个问题。这意味着我们是否有某种认知责任在一定程度上依赖于我们处在何种认知共同体中。如果我们有好的理由相信某些同行是诚实的，会努力给建设性而非摧毁性的修改意见，那么我们有向他们征求反馈的认知责任。

然而,A 和 B 的内容有些含糊。比如,(1) 要履行 A,作者必须写得足够清楚。但在一群人看起来很清楚的书,在另一群人看来可能很不清楚。一本研究知识论的书要写得清楚,应该以哪些人为目标读者?是哲学新手,还是专业研究者?如果是专业研究者,是分析哲学学者,还是欧陆哲学学者?如果是分析哲学学者,是研究知识论的专家,还是研究形而上学或伦理学的专家?(2) 要履行 A,作者需要阅读并讨论重要的相关文献,但哪些文献是重要的?对于"什么是知识?"这一经典哲学问题,文献就汗牛充栋,任何人都不可能全部读完、理解并记得每一篇的关键内容,也不可能在一本书中讨论所有的已有回答,必须有所选择。有人可能会说:只需要讨论最近 10 年的相关文献。然而,为什么不是最近 15 年或者最近 30 年?有没有可能最近 10 年的大多数研究是"劈头发丝"式的,不值得关注?我们是根据被引次数来判断一篇文献的重要性,还是根据个人品位来判断?(3) 要履行 B,作者应该在多大程度上寻求同行的批评性反馈?给每个能读懂的同行寄稿子,并询问他们是否愿意给反馈?(如果他们说最近没空,需要等到半年之后,作者是否应该等半年?)还是就写作过程中碰到的具体问题,随时征询同行的意见?作者应该怎么对待同行的批评性反馈?必须在书中回应每一个疑问吗?还是有选择地进行回应?如果可以有选择地回应,应该采取什么标准?(4) 要履行 B,作者应该把书稿修改多少遍?是修改一遍初稿就算尽责,还是要花 10 年时间反复修改?有人可能会说,不需要花 10 年时间反复修改,但至少得花 2 年修改 3 遍。但为什么是 2 年 3 遍,不是 3 年 5 遍?如果作者不是面临"非升即走"压力的青年教师,而是教授,为什么不应该十年磨一剑,把自己的书稿修改 50 遍以上才出版?这些问题都很难回答。

我无意在这里讨论这些问题,只想简单说明一下我在本书写作过程中所做的一些选择和努力。我写这本书,主要是为了帮助有一定哲学基础、但对当代知识论不甚了解的人更好地理解当代知识论,同时也希望这本书对研究知识论的同行有参考价值。对目标读者的设定,决定了我的选材和写作风格:在导论和前两章,我从流行的知识概念出发,引出 JTB 定义,并说明了 JTB 定义与哲学史上一些著名学说的关系;中间三章则对当代最有影响的三个知识理论(而非最新发表、影响不大的一些知识理论)做了较为深入的解读,揭示了它们之间的一些重要关系,并论证了它们为什么都是有缺陷的;最后两章我提出了一个不同的知识定义,说明了这一定义何以比三个主流知识定义更好,并对这本书的研究方法——当代分析哲学的主流方法——做了辩护。对知识论有点兴趣、但没有读过任何当代知识论文献的读者,我希望本书的导论和前两章清晰易懂,能激发他们去读中间三章的兴趣;对于读过一些当代知识论作品的读者,我希望本书的中间三章足够清晰,能帮助他们更深入地理解当代知识论;对于研究知识论的同行,我希望他们觉得本书的最后两章不仅清晰,而且足够有趣。

这本书写了三年多,前后修改了几十遍,其中有两次是完全重写。最初,我的想法与 Richard Foley(2012)很接近。Foley 在纽约大学哲学系任教,是老辈中研究知识论的著名哲学家,但他的知识理论并没有引起学术界的重视。我觉得很遗憾,于是想在其核心思想的基础上发展出一个更完善的理论。初稿写成之后,我到处寻求同行的反馈,也读了更多的论文。慢慢地,我发现 Foley 的核心思想面临一些难以克服的困难。于是决定扔掉原稿,从头开始写。写完后,我在不同高校做了几场报告,并把核心观点用英文写成三篇论文向国际期刊投稿,前后收到不少反馈,获益匪浅,于是又把这本书稿大修了几遍。后来因为教学工作量大,我同时不得不修改一些其他话题

(比如"理解")的英文论文,有三个月左右完全放下了这本书稿。三个月后再看时,我发现原来的结构有严重问题,行文也过于"专业化",觉得必须再次重写。重写完"初稿"后,我又根据同行和学生的反馈,前后修改了很多遍。这导致我一再拖延向出版社交稿的时间。

可以想见,如果这本书稿再晚交给出版社三个月,我很可能还会第三次重写这本书。波普尔说:"没有一本书可以写完。我们在写的时候,学到很多,多到让我们一停下,就发现写得不够好。"(《开放社会及其敌人》第2版序)然而,修改的次数不一定与作品的质量成正比:十年磨一剑,可能会把剑磨坏了。去年读 David Edmonds 关于 Parfit 的传记,我了解到 Parfit 在撰写 *Reasons and Persons* 时,也多次向多个同行征求反馈,修改了无数遍,结果反而不太理想。比如,*Reasons and Persons* 的第一版有20个左右的注脚并不存在(如第14个注脚之后是第16个注脚,第48个注脚之后是第53个注脚),似乎是作者删了之后而忘了更新。此外,这本书的排版也有问题,比如第471页的内容,中断了几十页,到538页后才续上。更糟糕的是这本书的结构:四个部分没有统一在一个主旨下,而是牵强地拼凑在一起。有人说,读 *Reasons and Persons*,好像"把披萨、寿司、汉堡、咖喱拼在一起吃"。一些哲学家认为,如果 Parfit 忽视一些批评性的反馈,少修改几遍 *Reasons and Persons*,这本经典会更好。我的哲学造诣远赶不上 Parfit,更不能排除"修改的次数越多越糟糕"的情况。所以,我决定先交稿出版,不再等三个月之后第三次重写了。

有人可能会说:你是否尽到认知上的责任,不在于你把书稿重写或修改多少次。即使你重写了100次,大小修改了1000次,如果书中仍有硬伤,那么你将书出版,仍是认知上不负责的。所谓"硬伤",不是需要非凡的智力和深刻的洞见才能发现的错误,而是那种普通同行就能发现的逻辑性错误和事实性错误。如果你发现不了书中的硬伤，那说明你不够细心，从认知角度应该受到谴责。

我不同意“足够细心就会发现书中所有硬伤”这一观点。我同意作者应该足够细心，但我觉得“足够细心”的门槛不宜过高。凡人皆会犯错，无论如何博学、睿智和谨慎，都可能有一些盲点，不能保证不会犯低级错误（即“硬伤”）。著名哲学家 Daniel C. Dennett 晚年提到，在 *Content and Consciousness* 出版后，他发现书中有很多让他感到尴尬的错误，其中一个是对 Quine 举的一个著名例子的误读（他误以为 Giorgione 所指的是 Little George，而非 Big George）。他立刻写信向 Quine 道歉，说自己“屠杀”（butcher）了他的例子。Quine 的回复很友善。后来 Dennett 把自己的另一本书 *Darwin's Dangerous Idea* 献给 Quine。Quine 又在这本书中找到一些事实性错误，告知 Dennett。Dennett 没有不高兴，反而把许多 Quine 没有发现的事实性错误也发给他。

有人可能会说：如果 Dennett 在他的书出版之前，找几个同行帮忙看一下手稿，就能避免那些让他尴尬的硬伤。这也是同行评审很重要的原因之一。比如，1970 年，逻辑学家 Gödel 向 Tarski 负责的 *Proceedings of the National Academy of Sciences* 投稿。Tarski 感觉 Gödel 的稿子有问题，就让集合论的权威专家 Robert Solovay 评审。Solovay 的评审意见说：如果作者不是 Gödel，他肯定会建议拒稿。后来，该领域的另一位专家 Donald A. Martin 指出，Gödel 这篇论文的一个关键论证“显然不能成立”（demonstrably wrong）。Gödel 通过同行的反馈认识到自己的错误后，觉得非常尴尬，没有再公开发表此文。①

---

① Gödel 写信给 Tarski 说，他的论文之所以犯了这样一个严重的错误，是因为他最近一年神经衰弱，得了抑郁症，睡不好，又服用了会伤害思考能力的药物。然而，我们平心而论，即使 Gödel 身心健康，智者千虑，也难免会犯一些普通人都可以避免的错误。

我同意同行评审会比较可靠地筛除掉含有硬伤的东西,但“比较可靠”不是“100%可靠”。有时候同行跟作者一样,即使非常认真地阅读手稿,也不一定能发现手稿中所有的硬伤。我读博时,有一次耶鲁著名哲学教授 Stephen Darwall 来我们系讲座,提前发了所要讨论的论文稿子“Making the ‘Hard’ Problem of Moral Normativity Easier”。从“致谢”部分看,他已经根据同行的反馈把这篇稿子修改了很多遍。然而,我还是发现这篇稿子的某一段犯了一个简单的逻辑错误,就跟 Darwall 说了。后来这篇论文收在 Lord 和 Maguire 编的论文集 *Weighing Reasons* 中,他在文中特别感谢我帮他避免了“一个严重的笔误”(an egregious typo)。我不觉得这个“严重的笔误”一定是 Darwall 不够细心导致的,因为读过这篇论文的许多同行也没有发现这个错误。他们可能有一些很难通过反思和细心去消除的盲点,让他们没有察觉到这种错误。如果我那次没认真读 Darwall 的论文,或者 Darwall 那次没来我们系做报告,他就有可能将含有这一错误的论文发表出来。

有人可能会说:的确,作品有硬伤并不一定意味着作者在认知上应受谴责。但评价一个作品,不仅要看作者是否尽到了认知责任,还要看这个作品的质量。有些作者可能尽到了认知责任,但写出的东西依然非常糟糕——可能作者已经尽了最大努力,只是他能力不够,又无法意识到自己能力不够(根据 Justin Kruger 和 David Dunning 等心理学家的研究,大多数人都觉得自己的能力或水平在中等以上,水平越低的人,越容易高估自己的水平)。我们可以说某本书的质量很差,但不指责/批评作者没有尽到认知责任。

我同意这一观点。如果有读者能阐明为什么这本书在某些地方有严重问题,我乐于受教。在哲学界很多年,让我感触最深的是同行之间关于论证质量的分歧。有时候,甲觉得乙的核心论证非常糟糕,自己的反驳非常有力。而乙则觉得甲的反驳毫无力量,完全没有撼动自己的核心论证。在甲和乙充分交流和辩论后,双方不但没有消除分歧,反而会觉得对方有严重的偏见或虚荣心(或别有用心)。这种互相鄙视的分歧不仅存在于普通的哲学研究者之间,也存在于著名哲学家之间。比如,Putnam 和 Nozick 同在哈佛哲学系任教,经常在一起讨论,但在政治哲学上有很大分歧。Putnam 认为他的观点显然是正确的,而 Nozick 的观点显然是错误的。为什么 Nozick 会持有错误的观点呢? Putnam 的解释是:不是因为 Nozick 邪恶,而是因为 Nozick 受到了非理性之情绪的影响,有严重的偏见。一些中国古代哲学家则直接骂与他们有深度分歧的同行"非愚则诬"——不是蠢,就是坏。比如,《庄子·秋水》的作者这样评论儒家:"是未明天地之理,万物之情者也。是犹师天而无地,师阴而无阳,其不可行明矣。然且语而不舍,非愚则诬也。"《韩非子·显学》的作者也这样评论儒家:"明据先王,必定尧舜者,非愚则诬也。"据一些心理学家的研究(Reeder et al 2005;Wang et al 2020),大多数人都倾向从"别人的观点与我们相反"推出"对方不是蠢,就是坏,在认知或道德上低我们一等"。在了解这些研究后,或许我们——作为哲学研究者——在评论同行作品时有宽厚解读、慎之又慎的认知责任。

2024 年 5 月 22 日